日本建筑集成

茶室与露地

林理蕙光 编著

华中科技大学出版社
http://www.hustp.com
有书至美 BOOK & BEAUTY

中国·武汉

目录

日本建筑集成 | 茶室与露地

不审庵
中潜……9
茶室外观……10
蹲踞、刀挂附近……11
床之间和给仕口、点前座……12

今日庵
腰挂……14
蹲踞、蹲口和沓脱石……15
壁床……16
向板、中柱、蹲口……17

又隐
延段、蹲踞……18
茶室外观……19
床之间……20
蹲口……21

官休庵
枯流和石桥、中门附近……22
蹲口附近……23
床之间……24
蹲口……25

如庵
蹲踞、井栏、茶室外观……27
床之间……28
点前座附近、有乐窗……29

白鹭
寄付……30
床之间和给仕口……31
客座……32
中门、取水口……33

好日庵

腰挂对面的苑路……34
蹲踞、蹲口的底部……35
床之间……36
蹲口……37

自在庵

茶室远景、腰挂……38
茶室外观……39
床之间和地炉……40
蹲口、水屋……41
立礼席……42

珍散莲

通往腰挂的檐廊……43
腰挂、蹲踞……44
内露地……45
床之间、点前座、突上窗、门把手……47
点前座、蹲口、水屋……48

设计图详解（一）

不审庵……50
今日庵、又隐……52
官休庵……54
如庵……55
白鹭……56
好日庵……63
自在庵……64
珍散莲……72

松隐亭

寄付外观……81
茶室……82
露地……83
床之间、给仕口、下地窗、天花板……85
中柱、贵人口、蹲口……86

成趣庵

露地和茶室外观、蹲踞……87

床之间……88

点前座……89

吉田生风庵

腰挂……90

中门……91

手水钵、茶室外观……92

床之间……94

点前座……95

不白堂

茶室远景……96

蹲踞、茶室外观……97

床之间和给仕口……98

中柱、躙口……99

成胜轩

茶室远景……100

茶室外观……101

床之间……102

床之间、水屋……103

带东

茶室和腰挂……104

蹲踞、尘穴……105

床之间……106

点前座……107

贵人口和躙口、水屋……108

清惠庵

茶室外观……109

腰挂……110

床之间……111

水屋、广间内部……112

设计图详解（二）

松隐亭……114

成趣庵……116

生风庵……122

不白堂……124

成胜轩……128

带东……133

清惠庵……138

常芳庵

茶室外观……145

茶室、尘穴和刀挂石……146

床之间……147

点前座……148

水屋……149

契悟庵

茶室外观……150

床之间和给仕口……151

点前座……152

寄付、水屋……153

松风庵

腰挂、蹲踞……154

露地和茶室外观……155

贵人口、床之间、点前座……156

水屋……158

松喜庵

茶室和腰挂……159

蹲踞、圆窗……160

床之间……161

点前座……162

水屋……163

无字庵

躏口、蹲踞……164

露地……165

贵人口、水屋……166

床之间、点前座、地炉……167

应庵

通往茶室的渡廊、蹲踞……168

躏口……169

床之间……170

床之间、茶道口、相伴席、中柱、客座……171

香积庵

露地……172

躏口和腰挂……173

床之间……174

蓬声庵

茶室外观……175

床之间另一侧……176

贵人口、躏口……177

柏庵

通往茶室的苑路……178

床之间、点前座……179

兴庵

轩先、刀挂、露地和茶室外观……180

茶道口、床之间、相伴席……182

中柱、躏口……183

水屋、茶道口和置物架……184

设计图详解（三）

常芳庵……186

契悟庵……190

松风庵……196

松喜庵……204

无字庵……208

应庵……209

香积庵……216

蓬声庵……217

柏庵……221

兴庵……227

总论

茶室与露地的意义及构成……234

茶室与露地的历史……236

露地的建筑……246

茶室的施工……248

露地的施工……252

不审庵

中潜（露地中门）

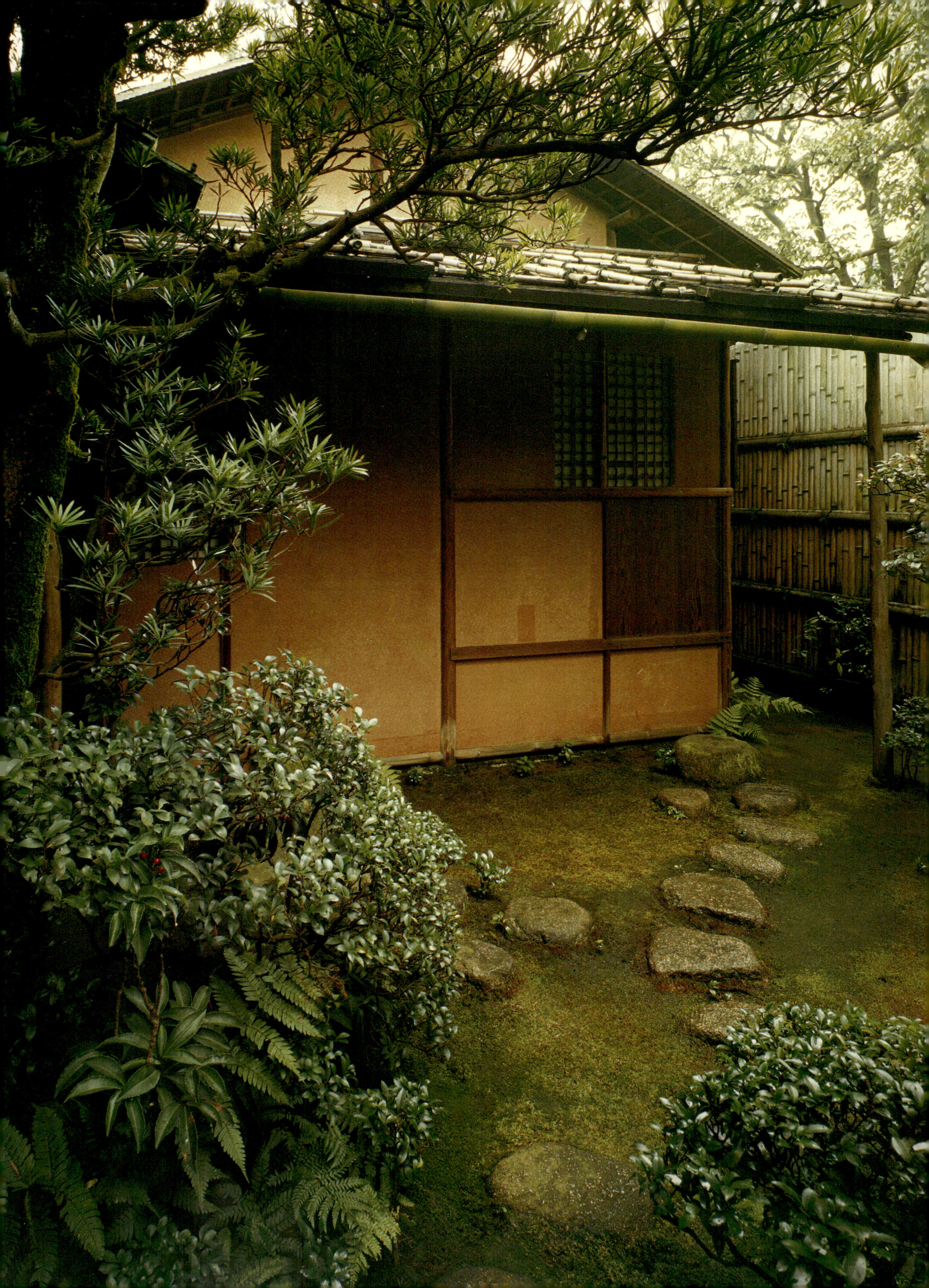

左页图＝茶室外观
上＝蹲踞　下＝刀挂附近

右＝床之间和给仕口
左＝点前座

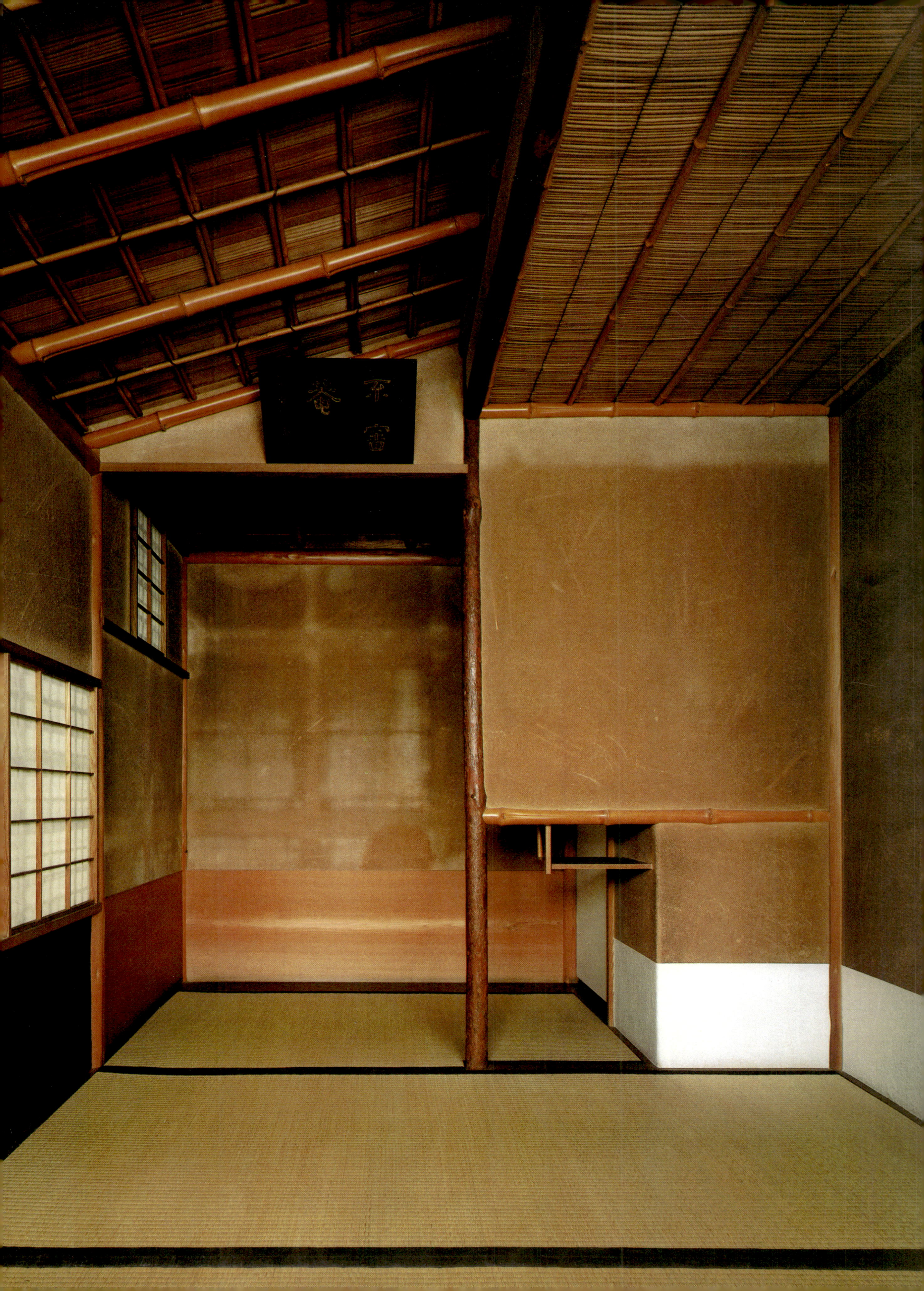
不審菴

今日庵
腰挂

上＝蹲踞
下＝躙口和沓脱石

壁床

向板、中柱、躙口

又隐

上＝延段　下＝蹲踞
右页图＝茶室外观

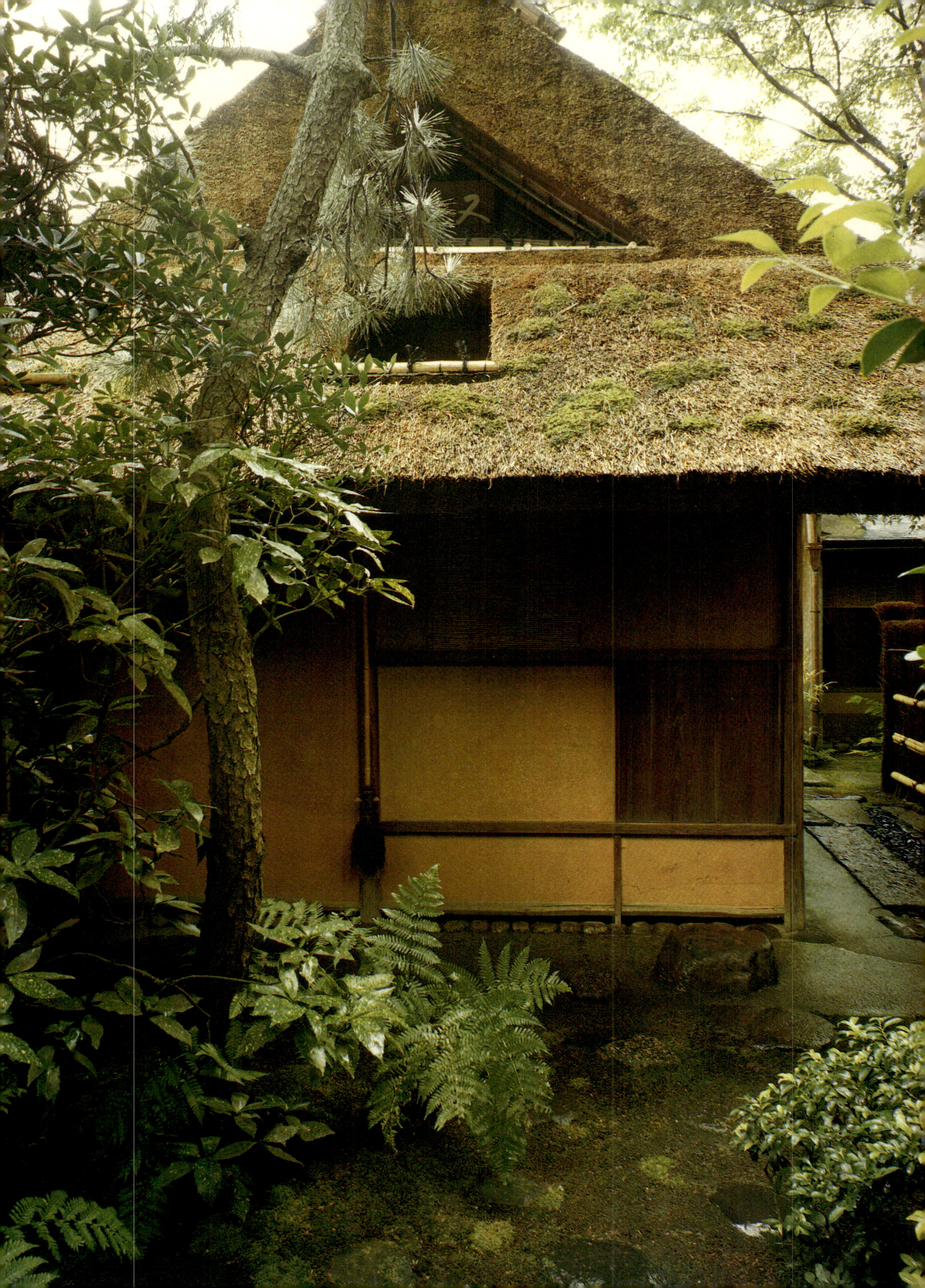

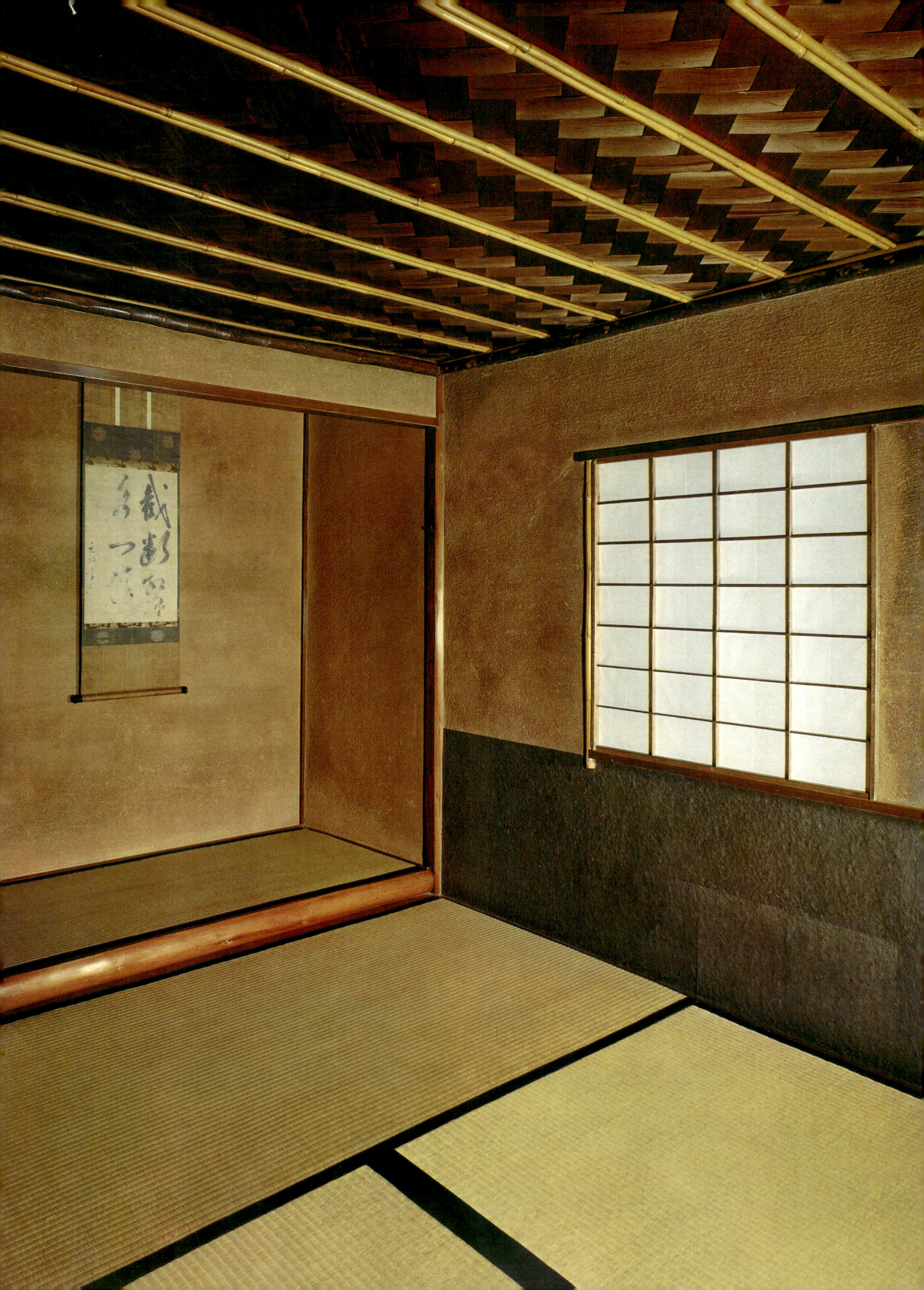

左页图＝床之间

上＝躙口

官休庵

上＝枯流和石桥　下＝中门附近
右页图＝蹲口附近

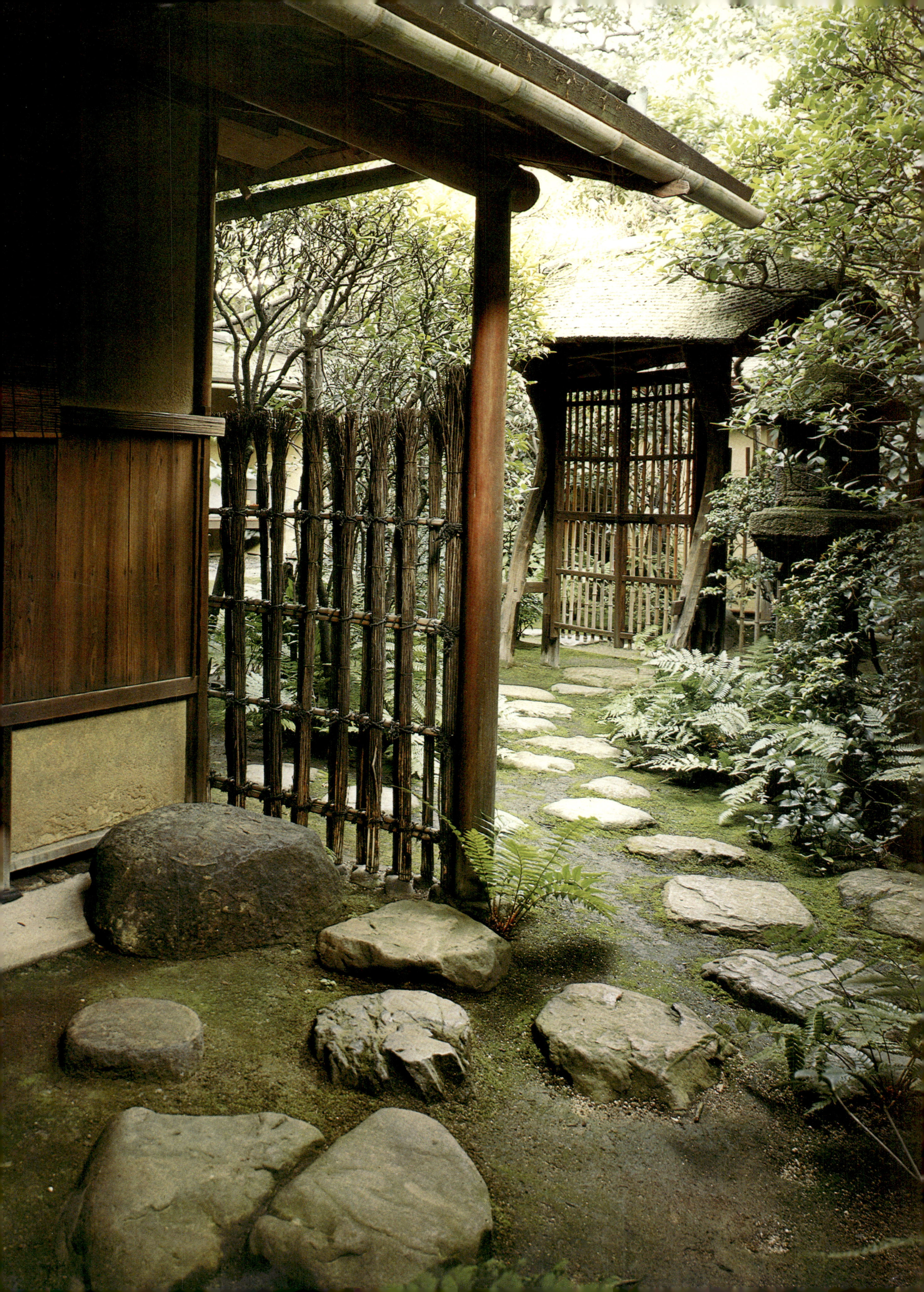

床之间

躙口

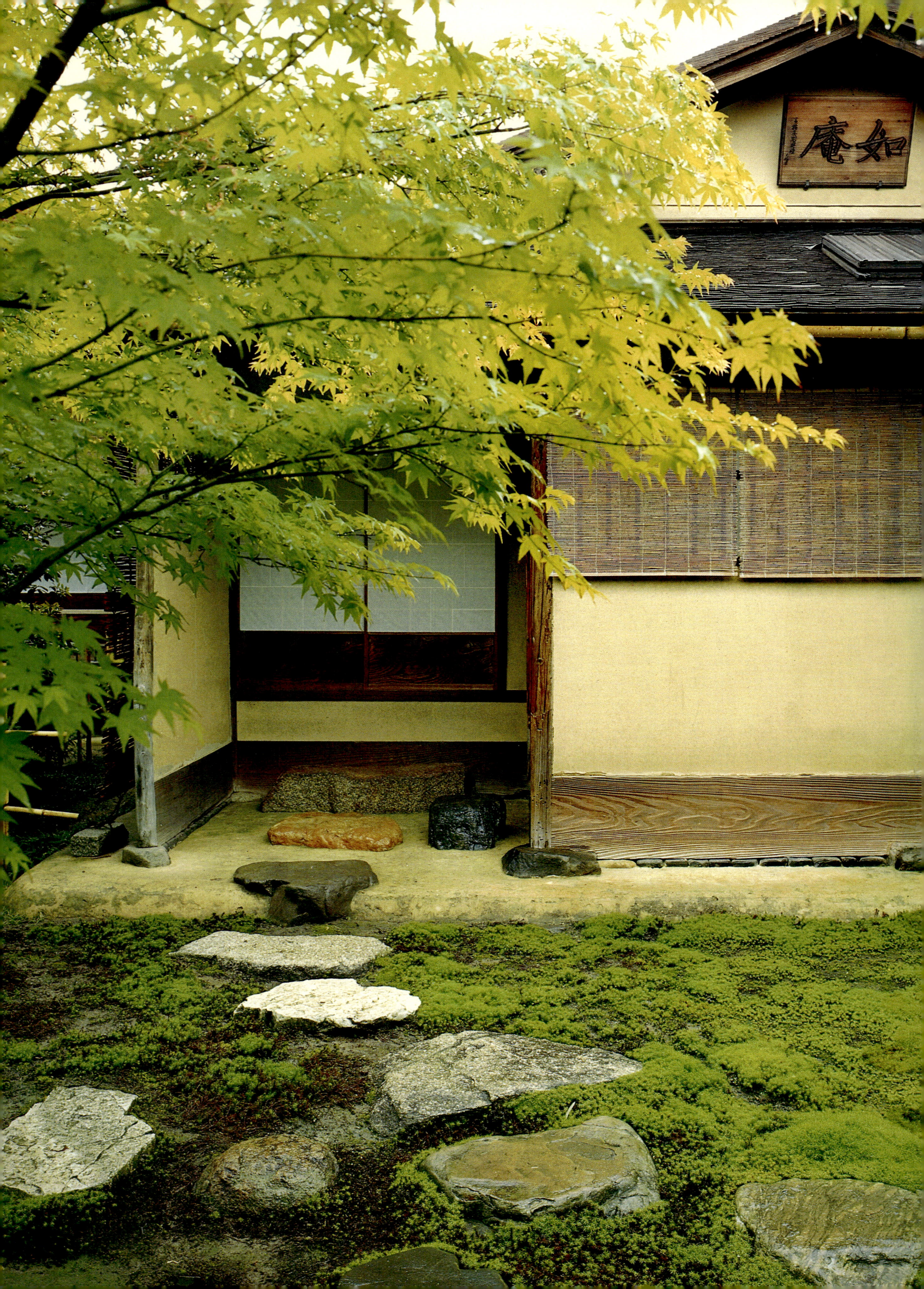
如庵

如庵

上＝蹲踞　下＝井栏
左＝茶室外观

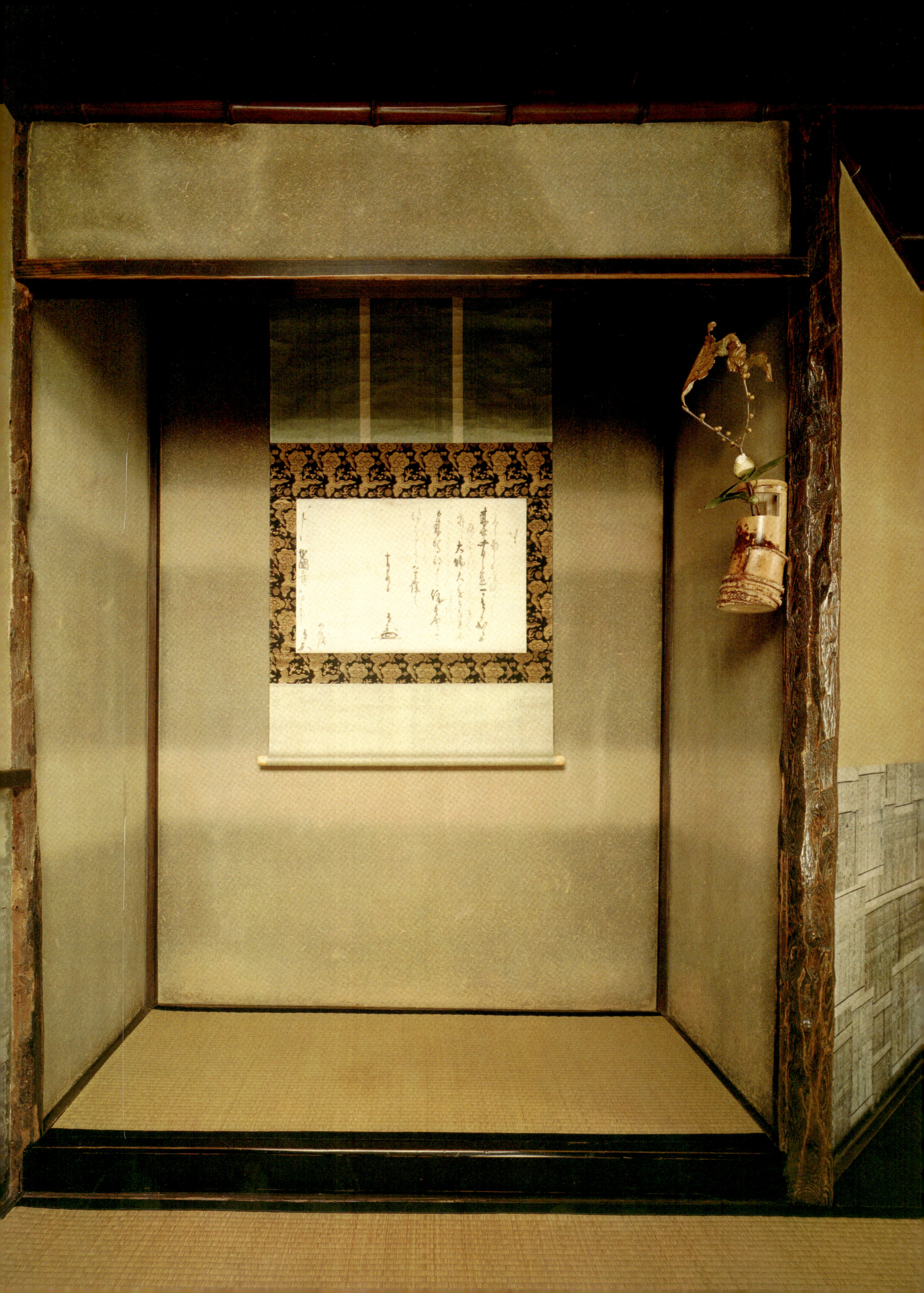

左页图＝床之间
上＝点前座附近　下＝有乐窗

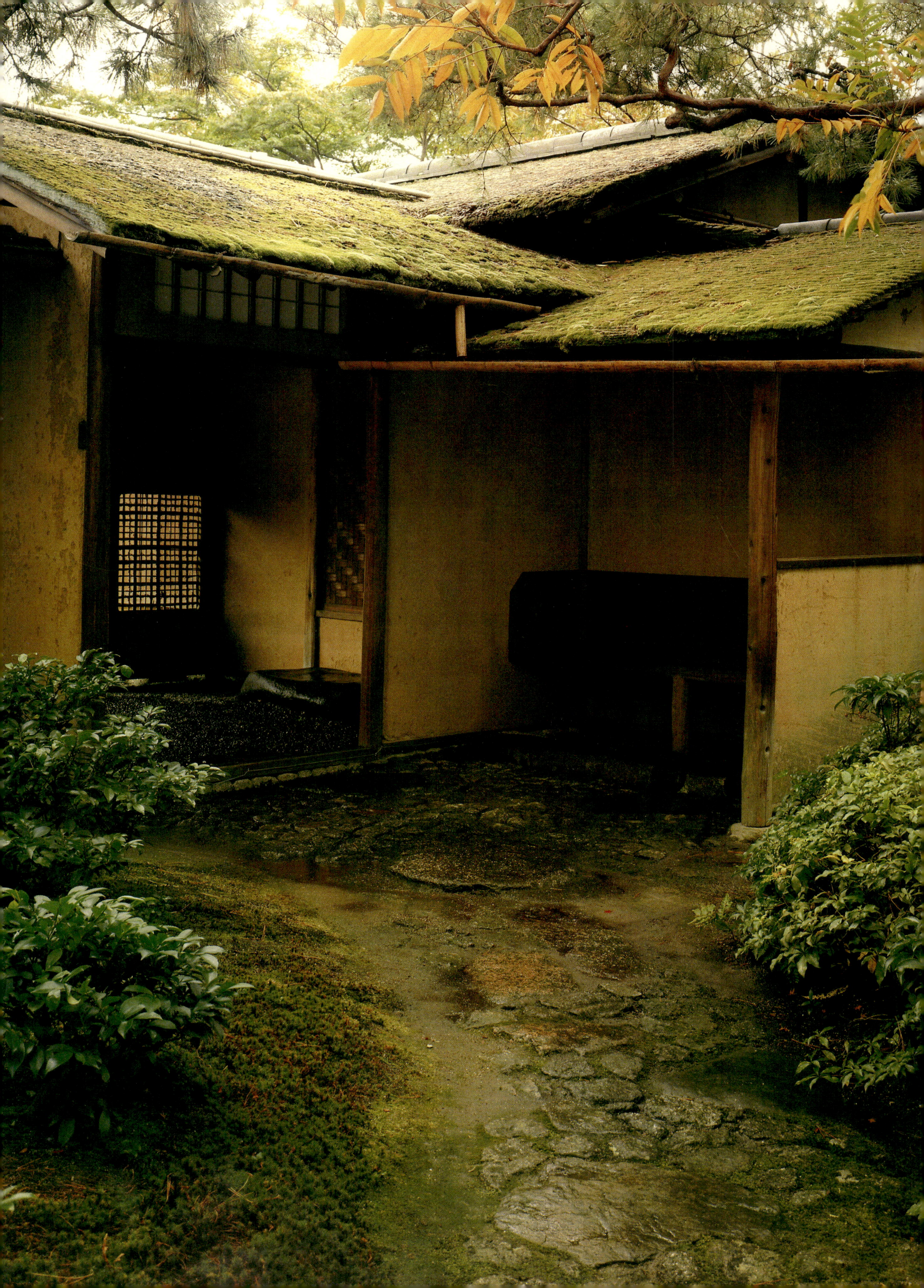

白鹭

左页图＝寄付
上＝床之间和给仕口

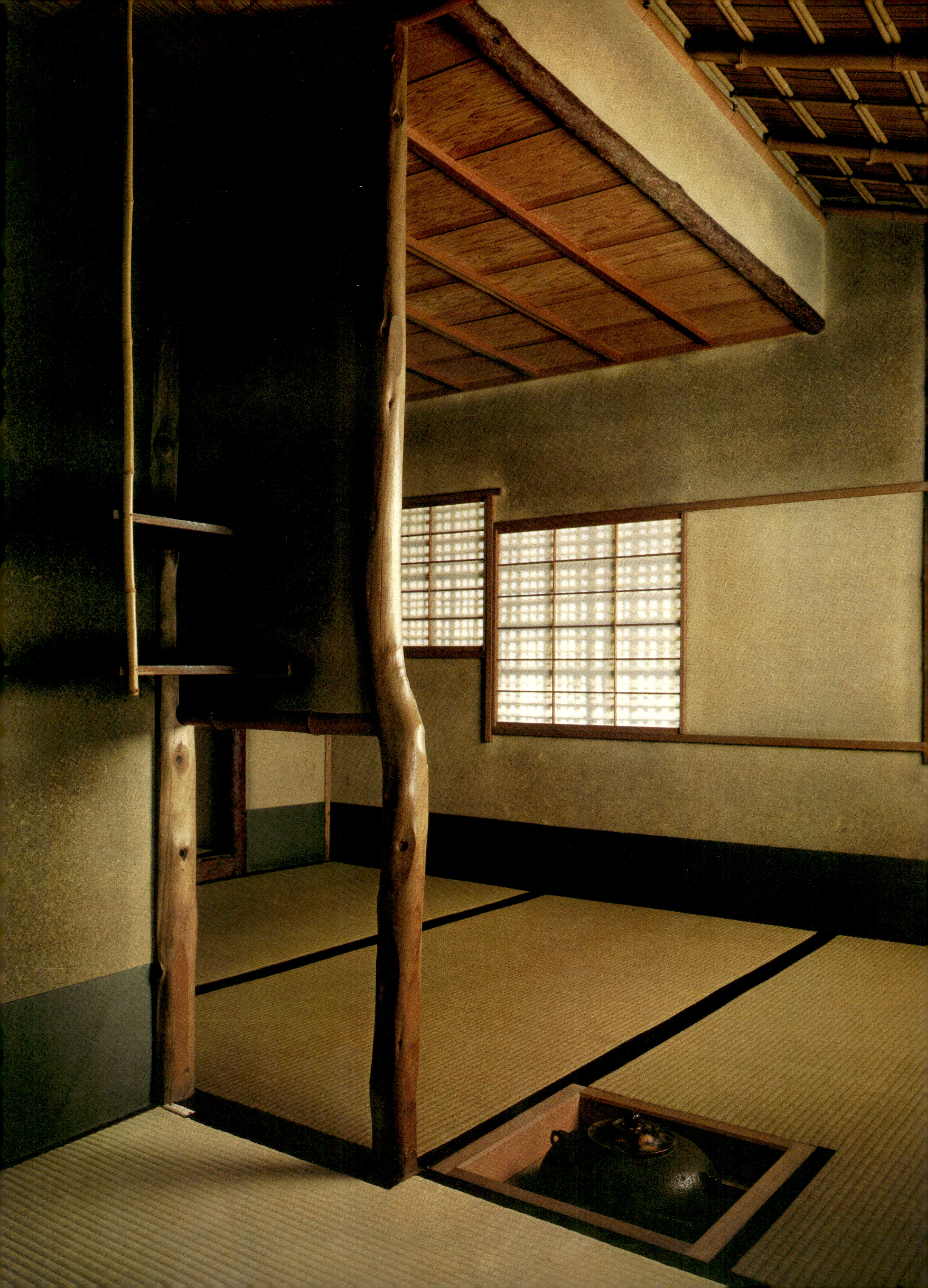

左页图＝客座
上＝中门　下＝取水口

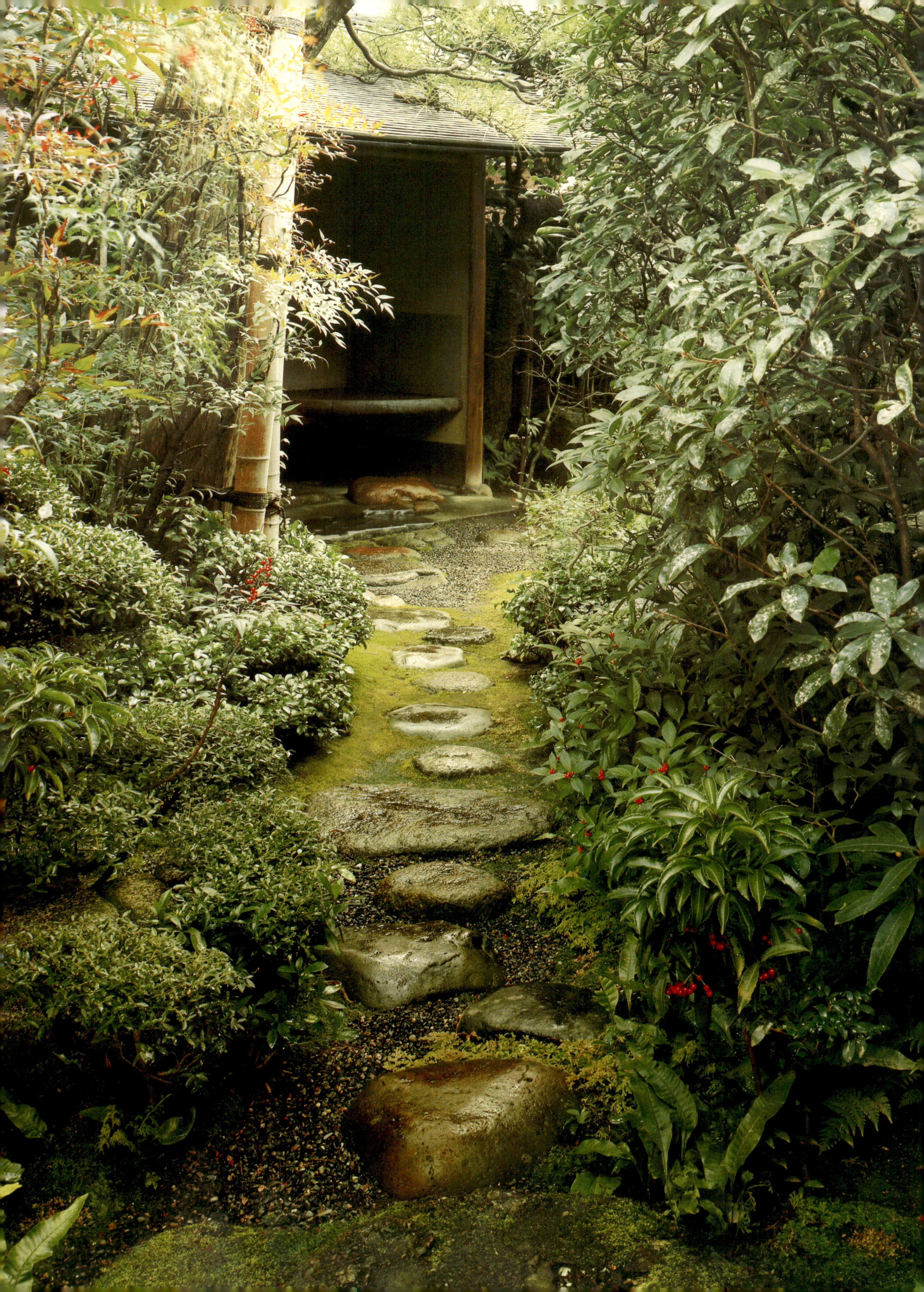

好日庵

左页图＝腰挂对面的苑路
上＝蹲踞　下＝躙口的底部

上＝床之间
右页图＝蹲口

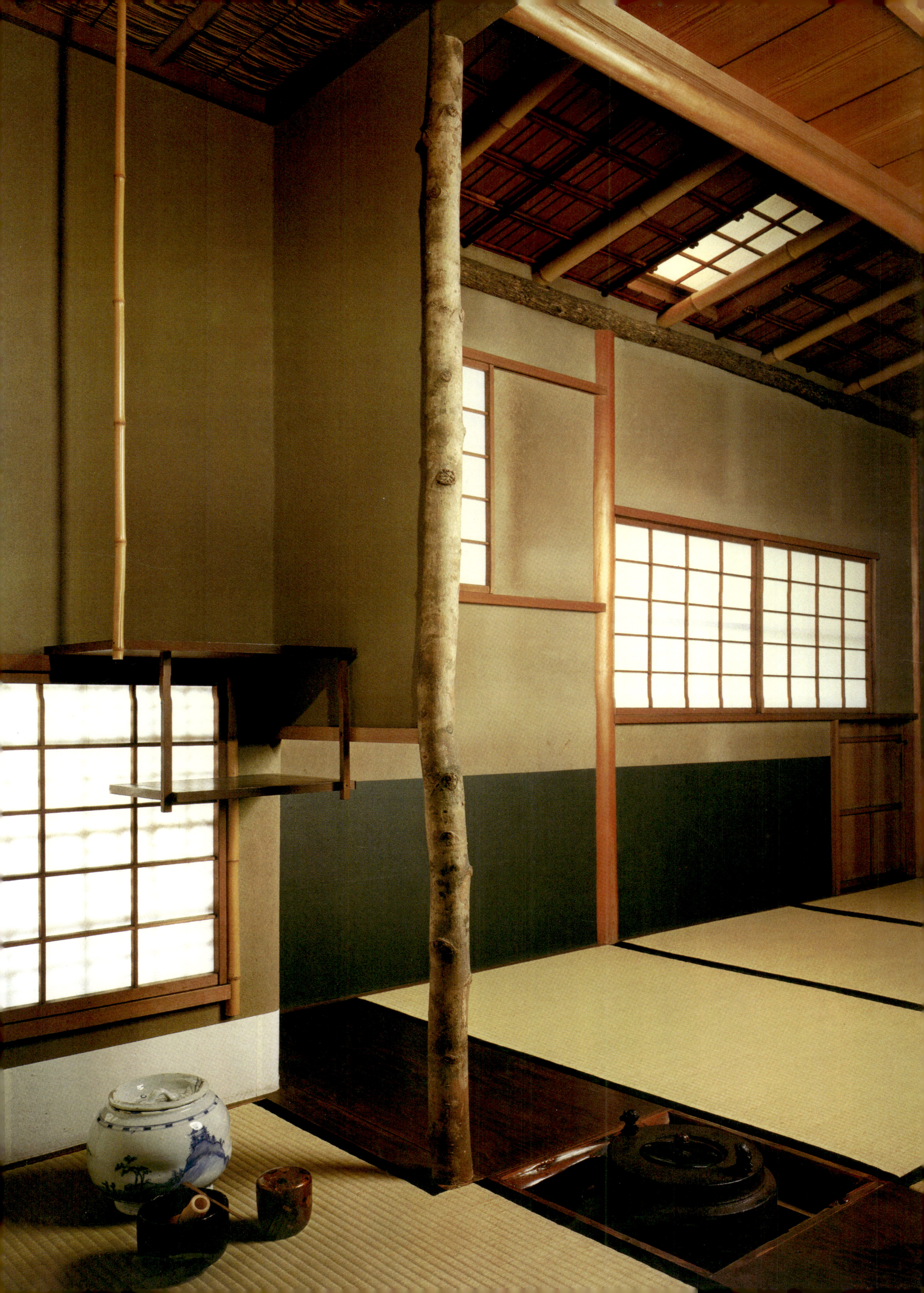

自在庵

上＝茶室远景　下＝腰挂
右页图＝茶室外观

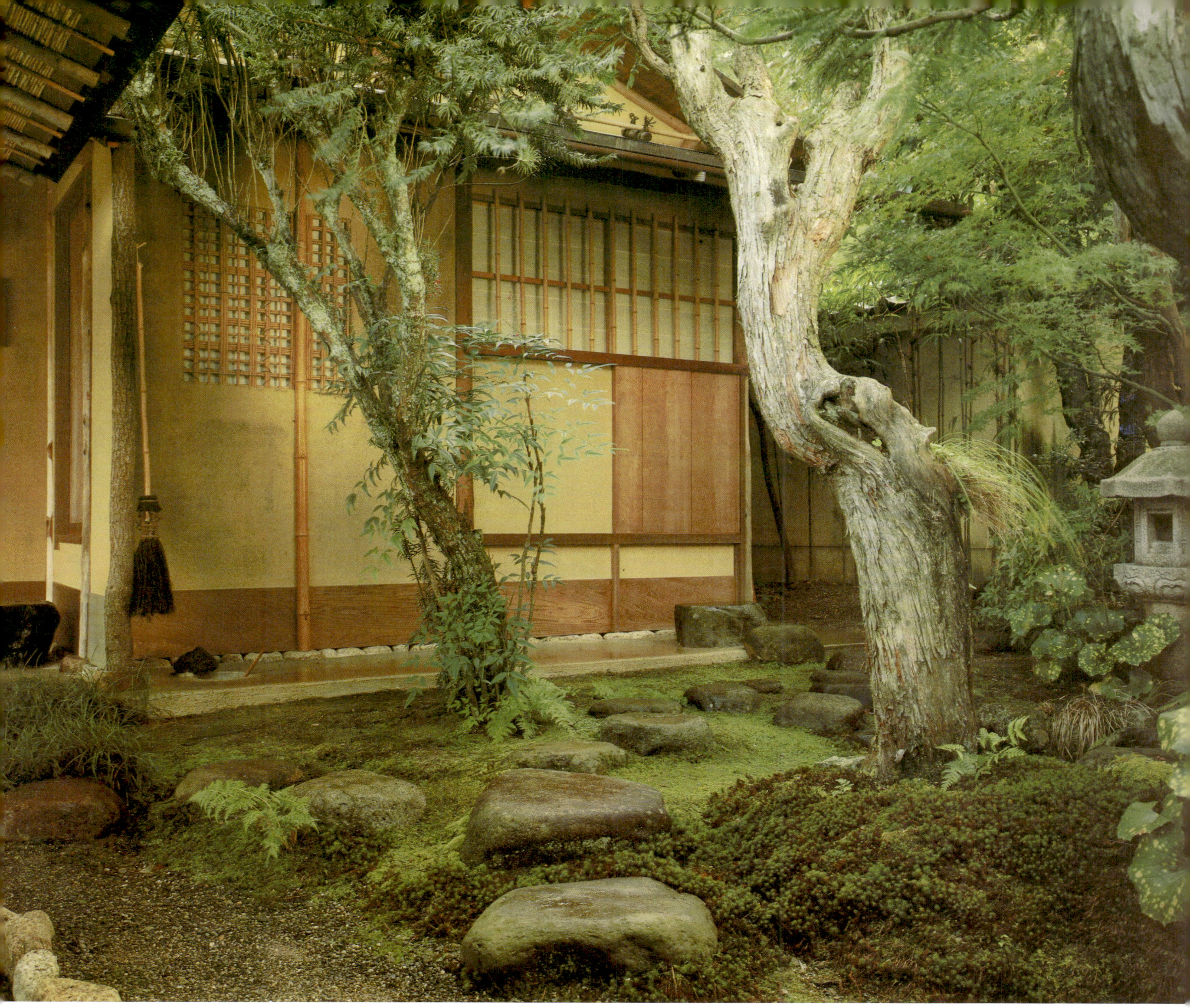

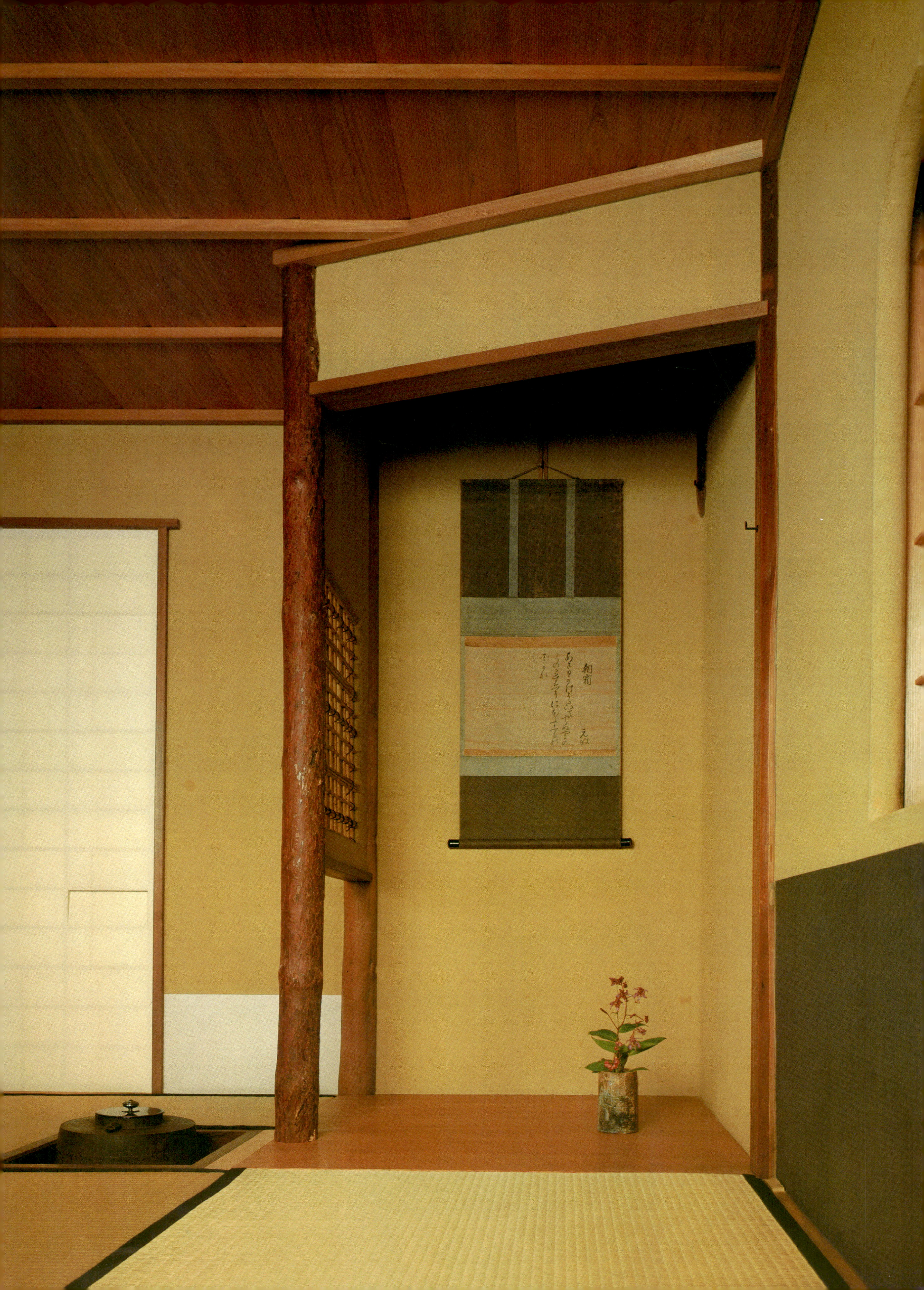

左页图＝床之间和地炉
上＝躏口　下＝水屋（摆放茶具、准备用水、清洗茶具的小房间）

立礼席（主人以坐在座位上沏茶的形式代替传统的席地而坐）

珍散蓮

通往腰挂的檐廊

上＝腰挂　下＝蹲踞
右页图＝内露地

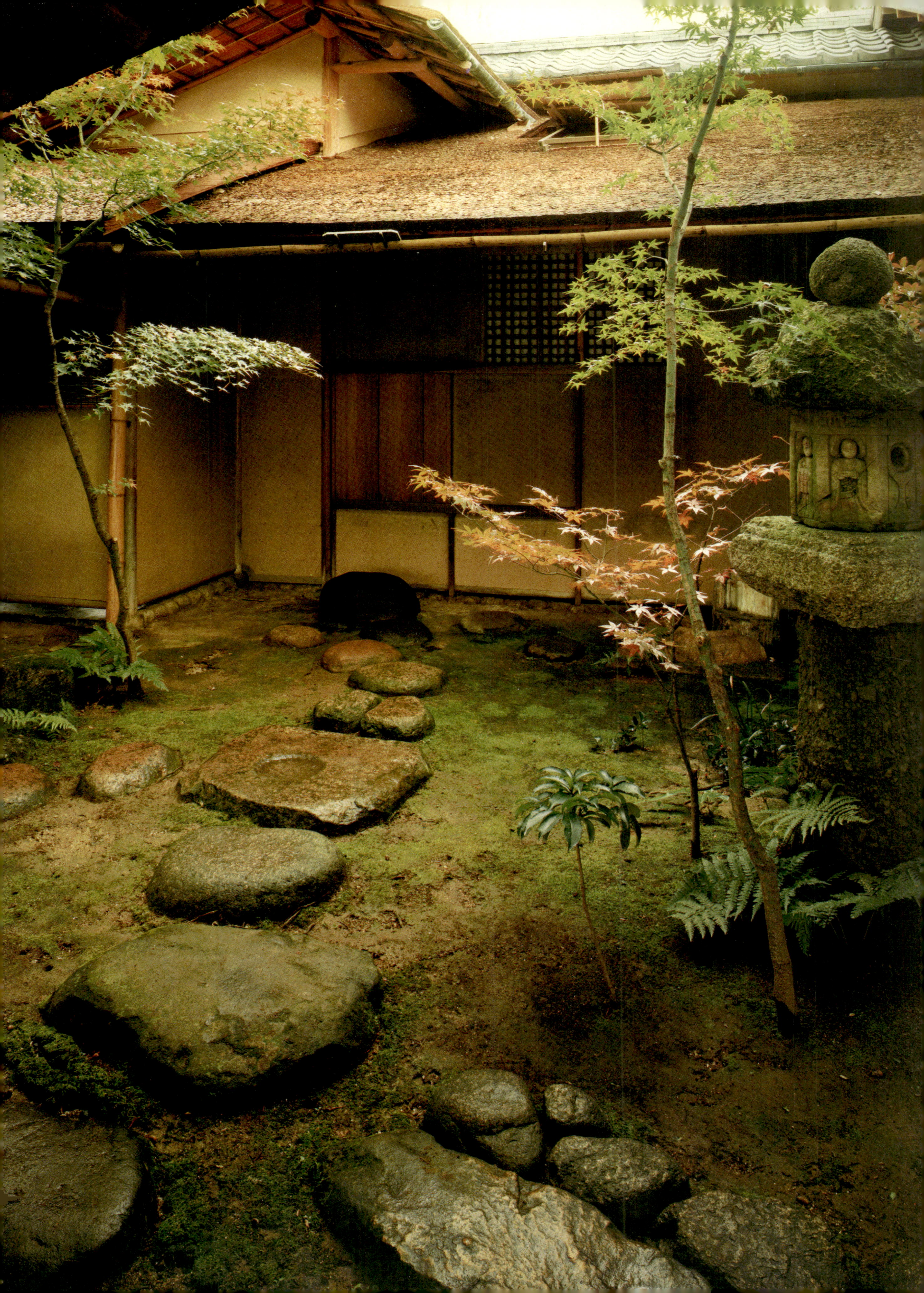

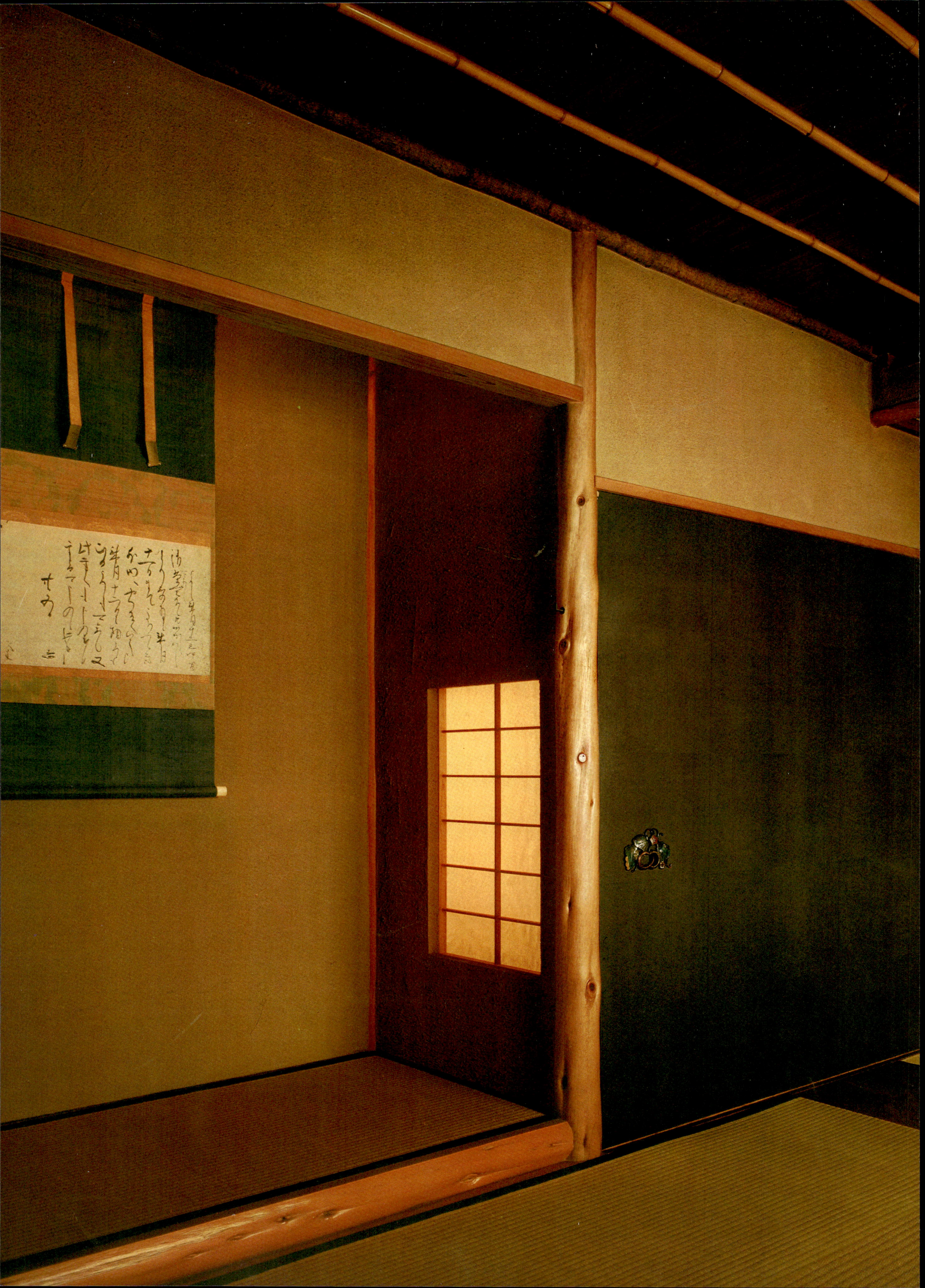

上＝突上窗　下＝门把手
左页图＝床之间、点前座

上＝点前座、躙口　下＝水屋

设计图详解（一）

不审庵

所有者 千　宗左
所在地 京都市上京区
建造年份 16世纪末
大正二年（1913年）重建

不审庵是表千家流派的代表性茶室。起源于利休的深三叠台目（三又四分之三张榻榻米的纵向构成的形式）茶室，后被表千家第四代的江岑改建为平三叠台目（三张榻榻米短边并排铺设）茶室，其格局沿用至今。现存于世的茶室是大正二年（1913年）重建的，一直忠实于旧规。

与通常的台目格局不同，表千家不审庵的茶道口设在有钓棚（悬挂置物架）的风炉先（风炉处的屏风）一侧，所以胜手付（在距离客人较远的位置）一侧设有板叠（一种被当作榻榻米来使用的板材，宽五寸）和襖（推拉门），这种形式是不审庵最大的特色。

床之间的顶棚是蒲天井（铺着香蒲编织席的平天井），躙口一侧上方是化妆屋根里天井（直接用屋顶构造的内侧当顶棚），采用竹椽竹竿，点前座上方采用了西斜的化妆屋根里天井，天井交接处立着中柱。中柱使用皮付红松木（带树皮的红松木），四

キャラボク	紫杉	タカノハススキ	鹰尾芒草	クス	樟木	クロガネモチ	铁冬青
スキ	杉木	ラカンマキ	小叶罗汉松	モッコク	厚皮香	ハマシノブ	铁杆蕨
シコロチワ	棕榈竹	ゴヨウマツ	五针松	サカキ	杨桐	ツワブキ	大吴风草
サンゴジュ	珊瑚珠	ボケ	木瓜	アズマザサ	东小竹	ヒノキ	扁柏
アオキ	青木	ウメ	梅	カクレミノ	半枫荷	オカメザサ	倭竹
マサキ	大叶黄杨	ツバキ	山茶	ニシキギ	卫矛	シャシャンボ	南烛
イワナンテン	筒花木藜芦	オオムラサキ	大紫杜鹃	アラカシ	青冈	カシ	栎树
サカキ	常青树	イヌシデ	榛木	ツツジ	杜鹃花	ヤブコウジ	紫金牛
カナメモチ	光叶石楠	ヤマモモ	杨梅	ドウダン	日本吊钟		
ゴロタ	铺圆木	ヒサカキ	柃木	ハクチョウゲ	满天星		

不审庵　实测图

节的竹子插在壁留（墙壁下边的横木）中，整体格局风格极其端庄、朴素，因此被称作千家流派的台目格局典型。

这种内部结构的复杂性与立体性也体现在外观上，特别是顶棚，充分体现了结构复杂性。

可以说如果能够做到完全复制不审庵，那一定就完全掌握了草庵茶室的技术。

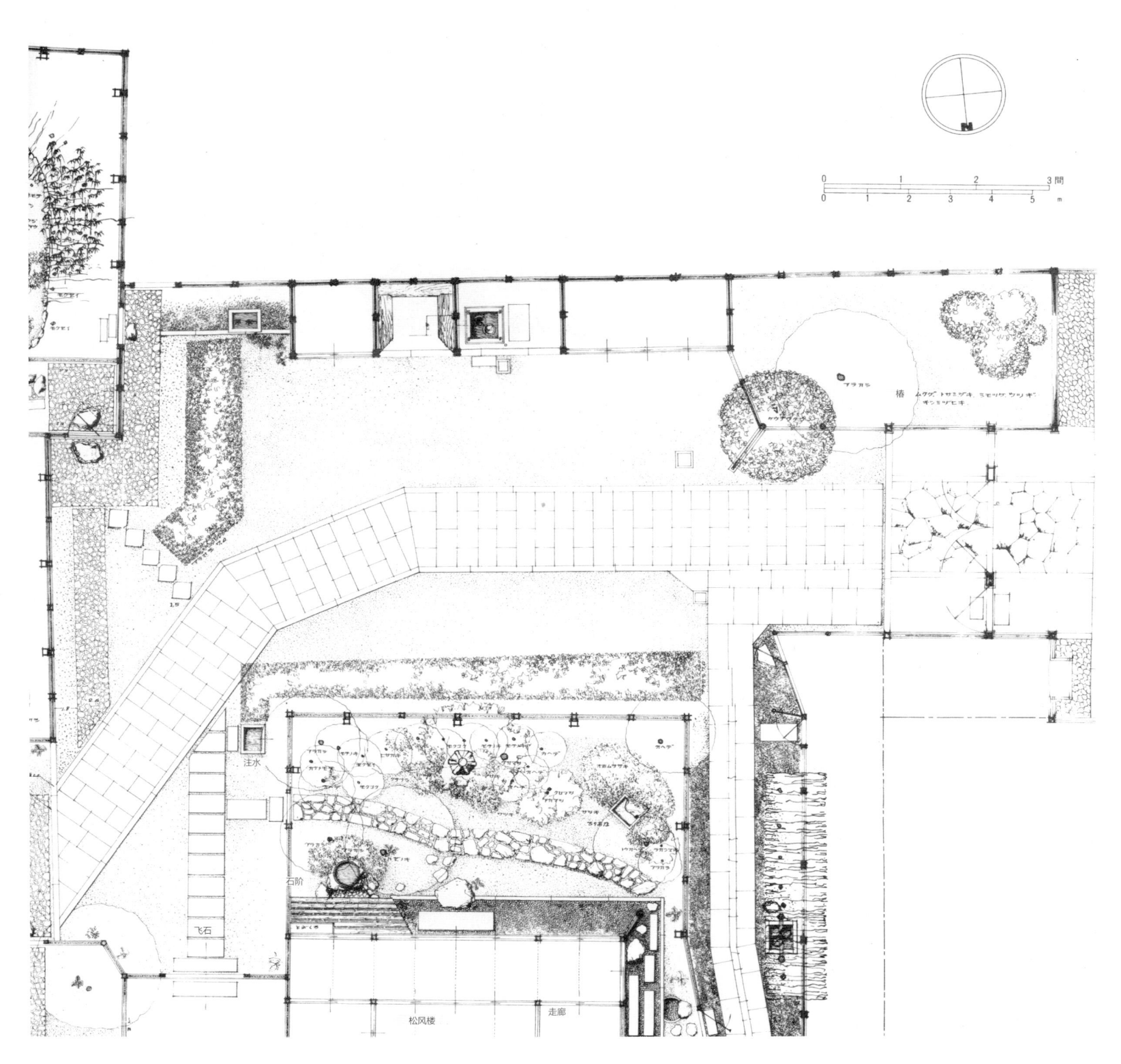

刀挂石附近　　　　　　中门

不审庵　实测图

今日庵

里千家流派的代表性茶室。正保三年（1646年），千宗旦隐居后最初建造的就是这个二叠茶室。虽说是二叠，但是却在没有床之间的一叠台目中铺设了向板，设置了水屋洞库（储物壁柜）。顶棚全部采用化妆屋根里天井，彰显侘寂的格局设计。

铺设在点前座前的向板取代床之间，在甚至没有床之间的侘寂小座敷内发挥床之间的作用。也许正是因为这样，所以在阳角处立了中柱，设置了袖壁吧。

连床之间和水屋都一并包含的二叠小空间中，随处可见侘茶巨匠的茶道精神。

又隐

又隐位于今日庵的东边，相传是千宗旦承应二年（1653年）再次隐居后建造的茶室。又隐被认为再现了晚年利休的四叠半。江户时代，作为利休四叠半的典型之一广为流传，出现了很多仿作。

出入口仅设客人使用的蹦口和亭主使用的茶道口，窗户仅设下地窗和突上窗，和二叠的小座敷一样保持着

今日庵、又隐

所有者　千 宗室
所在地　京都市上京区
建造年份
　今日庵（重文）
　　正保三年（1646年）创建
　　宽政元年（1789年）前后重建
　又隐（重文）
　　承应二年（1653年）创建
　　宽政元年（1789年）前后重建

キャラボク	紫杉	サカキ	常青树	ウメ	梅	モッコク	厚皮香	ドウダン	日本吊钟	シャシャンボ	南烛
スキ	杉木	カナメモチ	光叶石楠	ツバキ	山茶	サカキ	杨桐	ハクチョウゲ	满天星	カシ	栎树
シコロチワ	棕榈竹	ゴロタ	铺圆木	アズマザサ	东小竹	クロガネモチ	铁冬青	ヤブコウジ	紫金牛
サンゴジュ	珊瑚树	タカノハススキ	鹰尾羽汉草	オオムラサキ	大紫蛱蝶	カケレミノ	半枫荷	ハマシノブ	铁杆蕨
アオキ	青木	ラカンマキ	小叶罗汉松	イヌデ	榛木	ニシキギ	卫矛	ツワブキ	大吴风草
マサキ	大叶黄杨	ゴヨウマツ	五针松	ヤマモモ	杨梅	アラカシ	青冈	ヒノキ	扁柏
イワナンテン	筒花木藜芦	ボテ	木瓜	ヒサカキ	柃木	ツツジ	杜鹃花	オカメザサ	倭竹
				クス	樟木

今日庵・又隐　实测图

侘茶道的庄严意境。床之间前方到点前座上方的顶棚采用网代（编织成网状）平天井，只在躙口处上方采用化妆屋根里天井，结构较矮。点前座的阴角处运用了扬子柱（涂立柱）的手法，钉有柳钉（用于挂结柳花器）。

又隐前露地的飞石都是小小一块，使侘趣的意境更深了。从有名的宗旦豆撒石（以撒豆子的方式布置飞石位置）可以看出反复试炼的老练手法。

今日庵 壁床和茶道口

又隐 尘穴附近

又隐 躙口附近的乱飞石

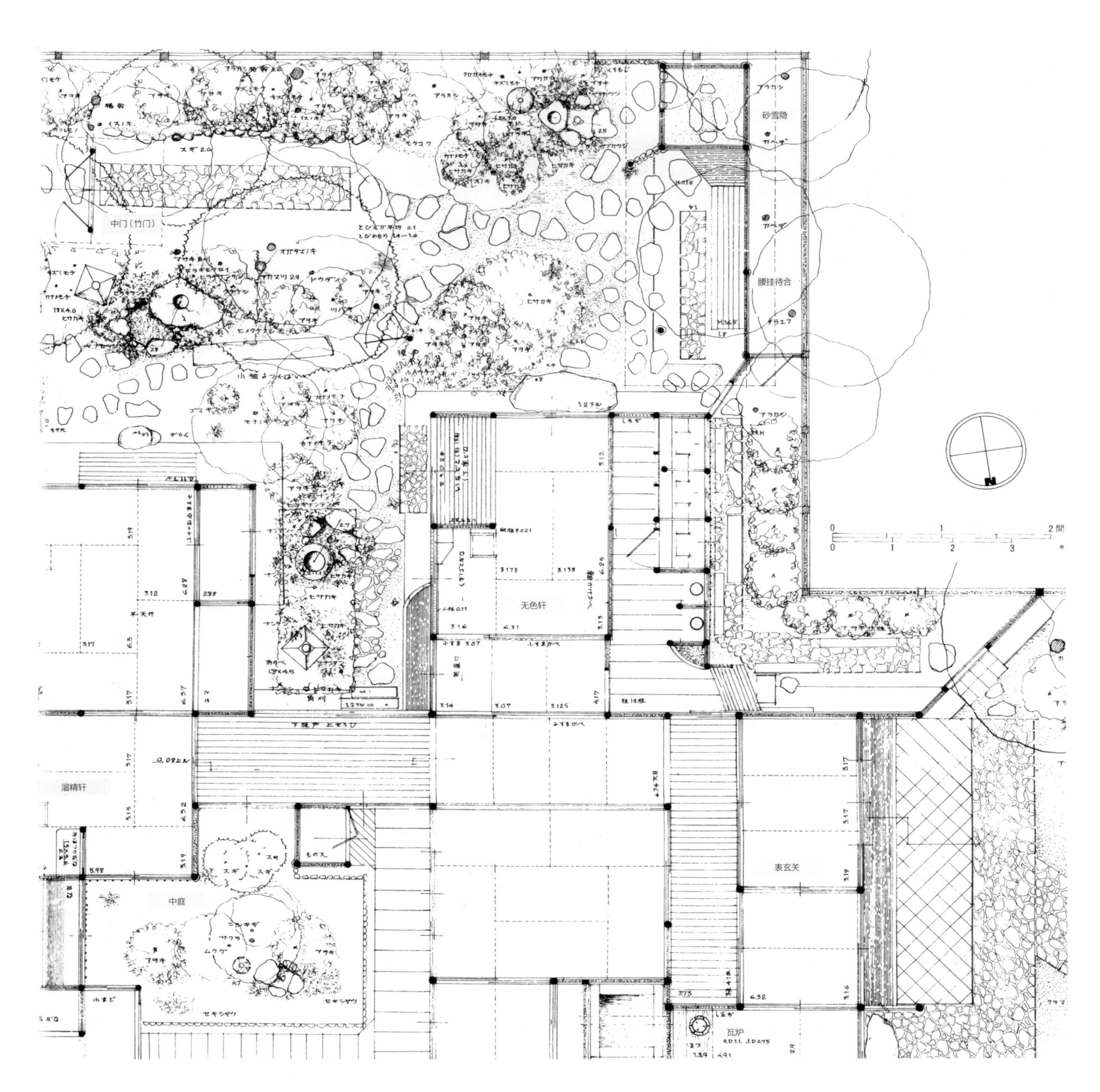

今日庵・又隐 实测图

官休庵

所有者 千宗屋
所在地 京都市下京区
建造年份 17世纪中期创建
大正十五年（1926年）重建

武者小路千家流派的代表性茶室。相传是初代一翁宗守的偏好。

采用一叠台目、设半板、下座床的格局，其特色就是客座和点前座之间加入了宽五寸的半板。相较于利休的一叠半（指一叠台目）茶室和宗旦的今日庵，官休庵可以说是充分展现了一翁的独特创意。

因为大小只有一叠半，所以亭主与客人之间的空间已经小到极限。但是通过加入小小的半板，使主客之间的空间变得略微宽松。正因如此，一叠半的茶之味才更胜一筹吧。点前座的位置上依然设有水屋洞库。

顶棚是一整面的蒲天井，设不了中柱，将风炉先阳角处抹灰采用圆角设计，可谓构思新颖，独具匠心。

内露地也展现了对狭小空间的巧妙运用。蹲踞组石中的西方佛水钵据说是一翁生前心爱之物。

中门被称为编笠门（草笠门），顶棚被做成编笠状的曲面形状，相传是直斋的偏好。

尘穴

キャラボク	紫杉	ヒサカキ	柃木
スギ	杉木	クス	樟木
シコロチワ	棕榈竹	モッコク	厚皮香
サンゴジュ	珊瑚珠	サカキ	杨桐
アオキ	青木	アズマザサ	东小竹
マサキ	大叶黄杨	カクレミノ	半枫荷
イワナンテン	筒花木藜芦	ニシキギ	卫矛
サカキ	常青树	アラカシ	青冈
カナメモチ	光叶石楠	ツツジ	杜鹃花
ゴロタ	铺圆木	ドウダン	日本吊钟
タカノハススキ	鹰尾羽芒草	ハクチョウゲ	满天星
ラカンマキ	小叶罗汉松	クロガネモチ	铁冬青
ゴヨウマツ	五针松	ハマシノブ	铁杆蒿
ボケ	木瓜	ツワブキ	大吴风草
ウメ	梅	ヒノキ	扁柏
ツバキ	山茶	オカメザサ	倭竹
オオムラサキ	大紫蛱蝶	シャシャンボ	南烛
イヌシデ	榛木	カシ	栎树
ヤマモモ	杨梅	ヤブコウジ	紫金牛

官休庵　实测图

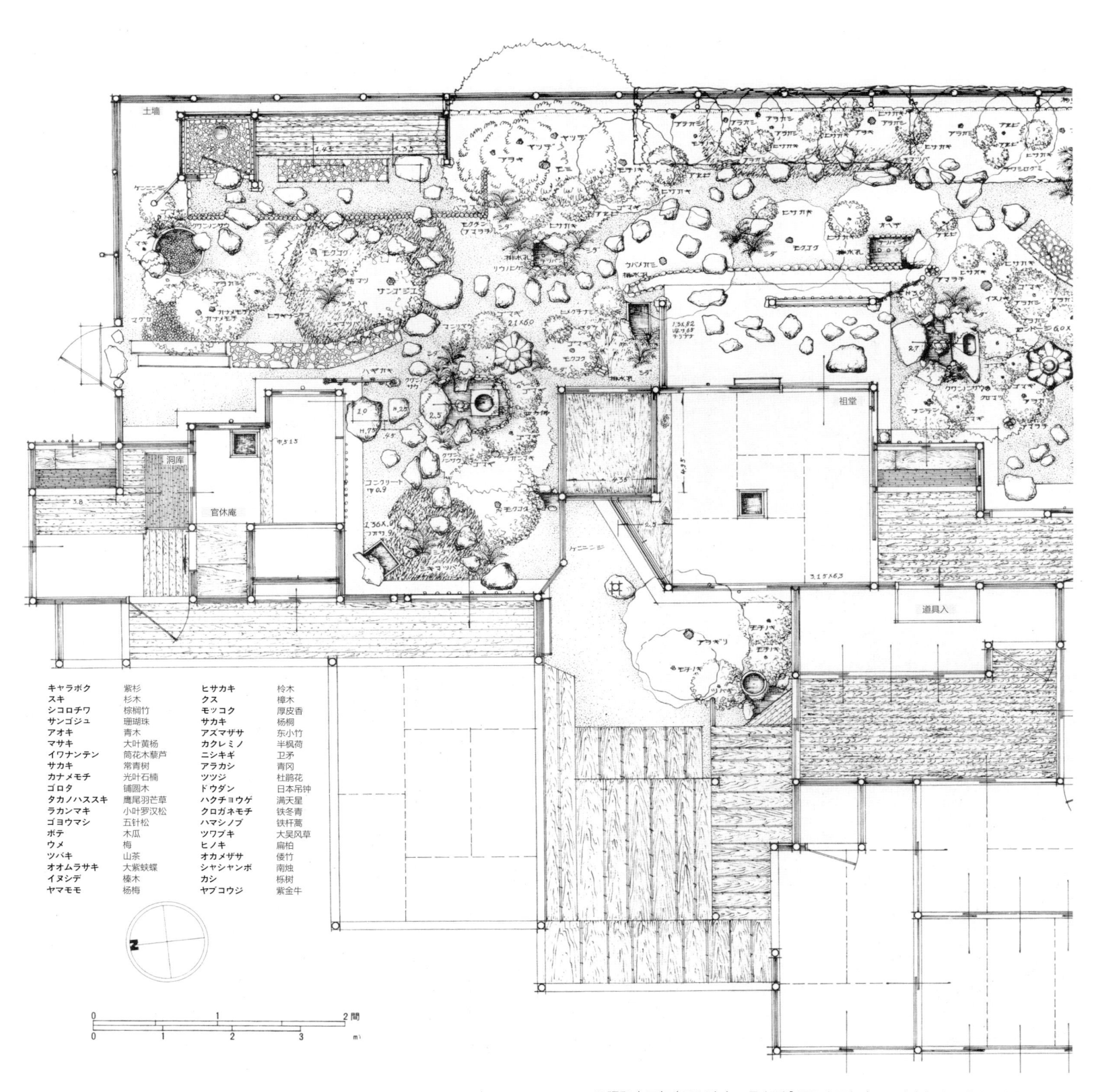

※昭和十三年（1938年）二月实测［昭和十五年（1940年）新建弘道庵，编笠门、腰排等被迁筑，露地被改建］

如庵是织田有乐晚年在建仁寺正传院内的一处隐居场所的基础之上建造的茶室。先后迁移至东京的三井邸、大矶的城山庄，现在坐落于犬山城下的名铁有乐苑内。

内露地中有装饰井和蹲踞，但是一个灯笼都没有，基本复原了当初正传院的样貌。

如庵虽然属于草庵风格，但却与千家流派的村野风格有所不同。外观形状端庄，正对面左侧有土间庇（未经装饰的屋檐），蹲口就开在对面，正面的小房间里有用于放置武器的刀挂。

内部是三叠半台目、下座床的形式。床之间旁铺设了鳞板（三角形的木板），这种设计让服务客人的通道更顺畅，茶道口也兼具了给仕口的功能。同时也构建了带有斜度的墙面，给空间格局增添了一抹变化感。

点前座采用向切炉（靠近茶室中央并面向客人）格局，前角处立着中柱，风炉先设有火灯窗的板壁。这种格局的创意很新颖，给人以新鲜感。

胜手付一侧的两个窗户被称作有乐窗，外侧用竹材紧密编排而成。这也是出于对客座和点前座的细腻心思吧。

茶室外观

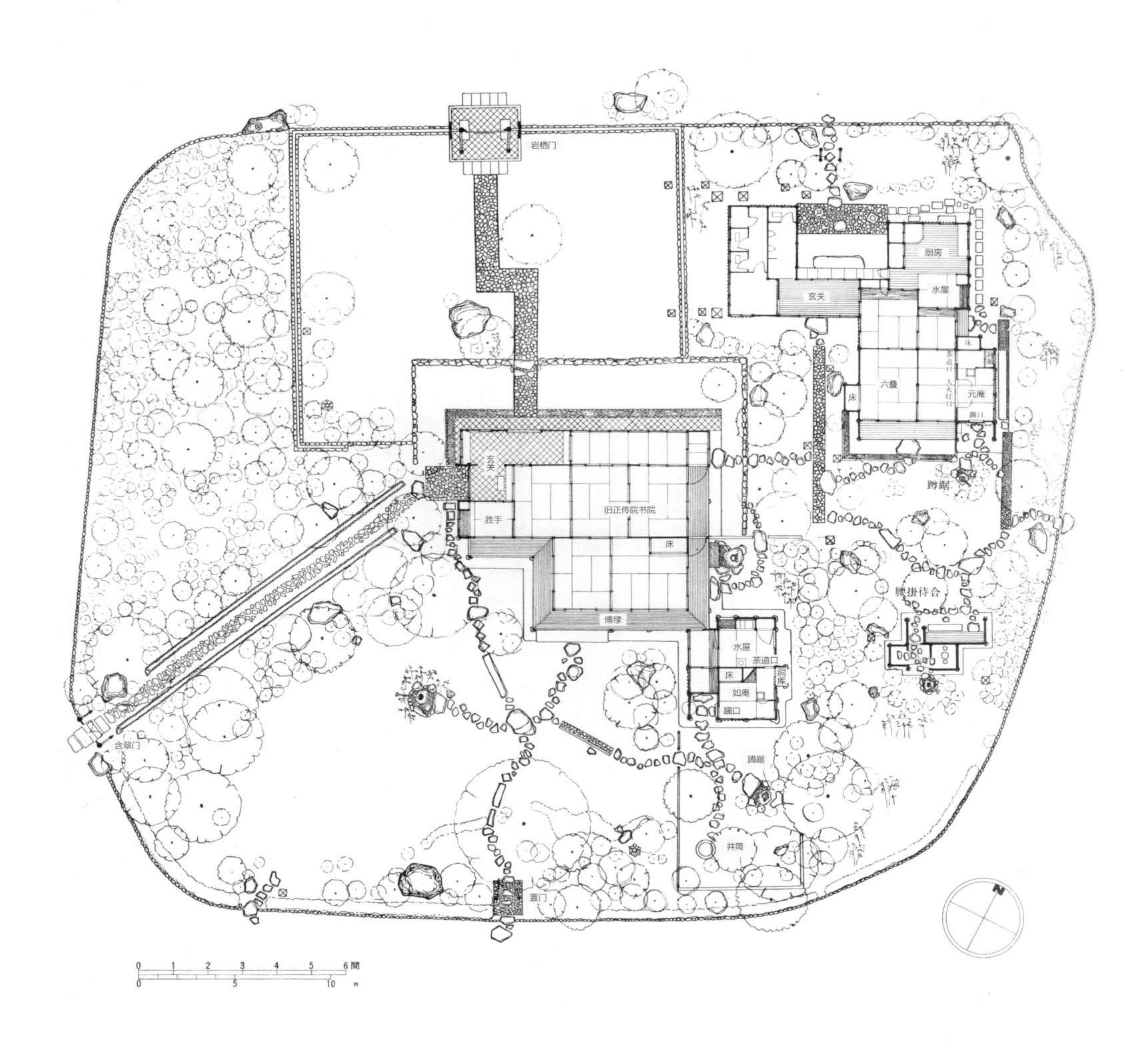

如庵

管理者　名古屋铁道株式会社
所在地　爱知县犬山市有乐苑内
建造年份　元和四年（1618年）前后创建
迁筑、造园年份　昭和四十七年（1972年）
施工　安井杢工务店（迁筑）

如庵　实测图

白鹭	
管理者	大松株式会社
所在地	京都市左京区
建造、造园年份	明治末期
设计、施工	茶室 北村舍次郎
露地	不明

　　白鹭是残月亭的仿作，大厅东边有一个深三叠台目的小间（小于四叠半的空间），庭院的东侧道路对面设有寄付。

　　茶室三叠台目的格局在江户时代广为流传。与残月亭一起源于表千家的三叠台目是平三叠台目，而这里看到的深三叠台目属于利休在大阪宅地建造的风格，他最开始也是在本法寺前的宅地复兴了这一风格。但是，在这个茶室中，茶道口是腹口，看不出现在不审庵那样的点前座特殊格局。顶棚也是三段构成，窗户的配置也再现了江户时代布局图的样貌。点前座的二重钓棚（悬吊置物架）的材料是杉木，下层架并没有从横竹处吊下来这一点实属与众不同。

　　给仕口的外侧是丸炉的位置，茶道口的外侧是铺有地板的水屋，外面有草坪庭院。从广间、胜手水屋、小间之间的配置关系可以看出设计者花费了很多心思。

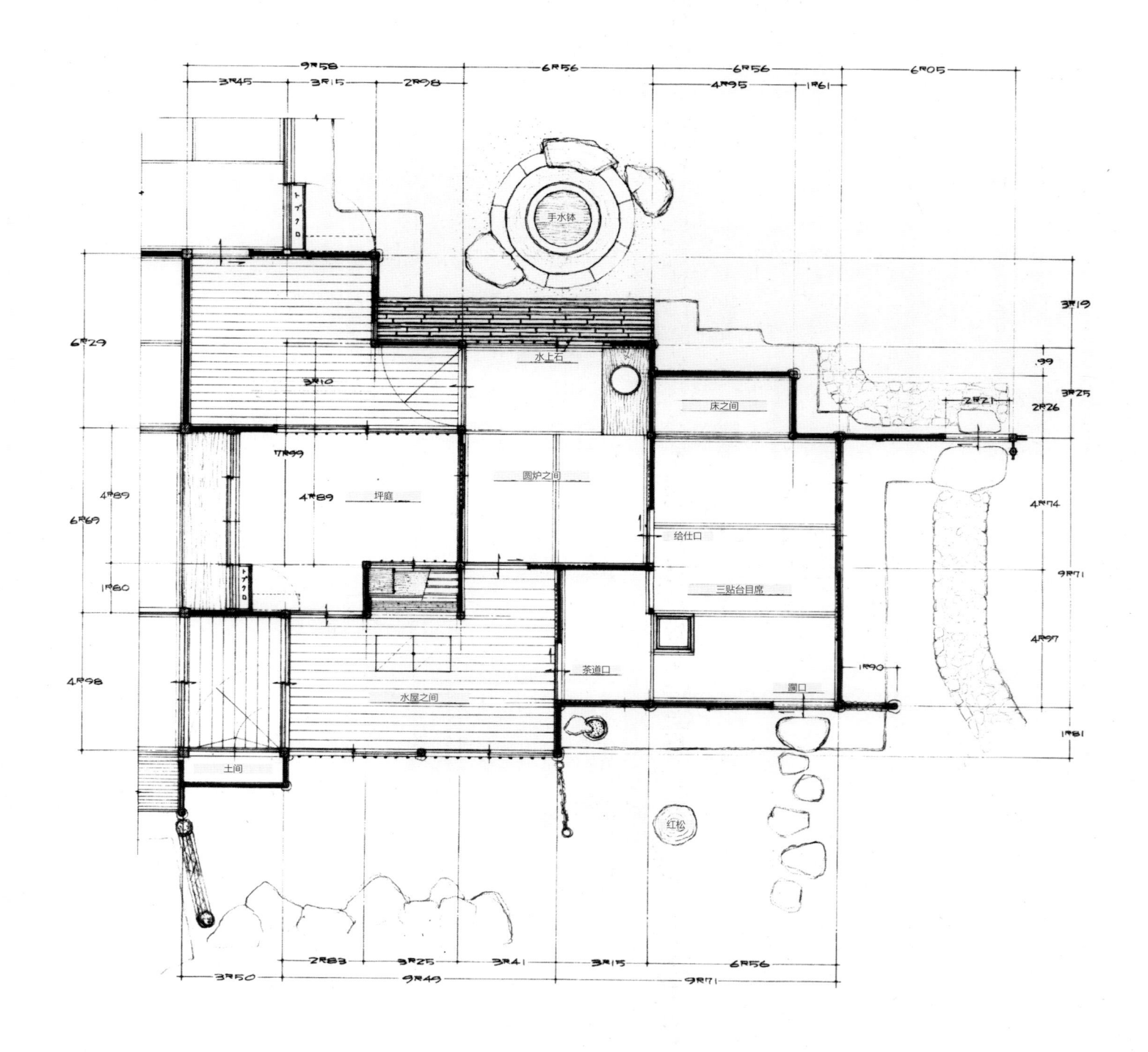

白鹭平面图　比例尺1:50

白鹭　实测图

从床之间看蹦口 　　　　　　点前座和给仕口 　　　　　　匾额

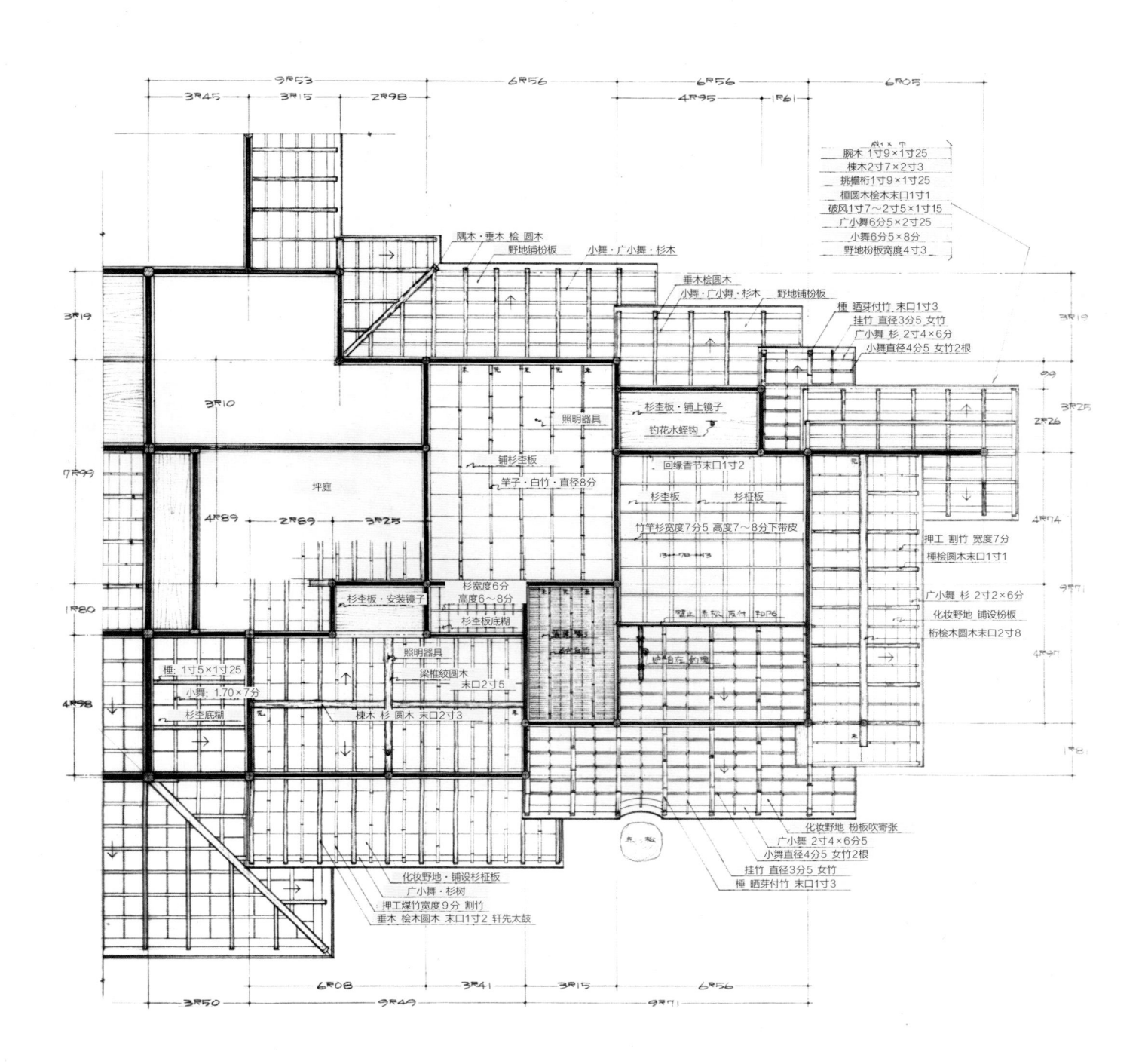

天井平面投影图　比例尺1:50

白鹭　实测图

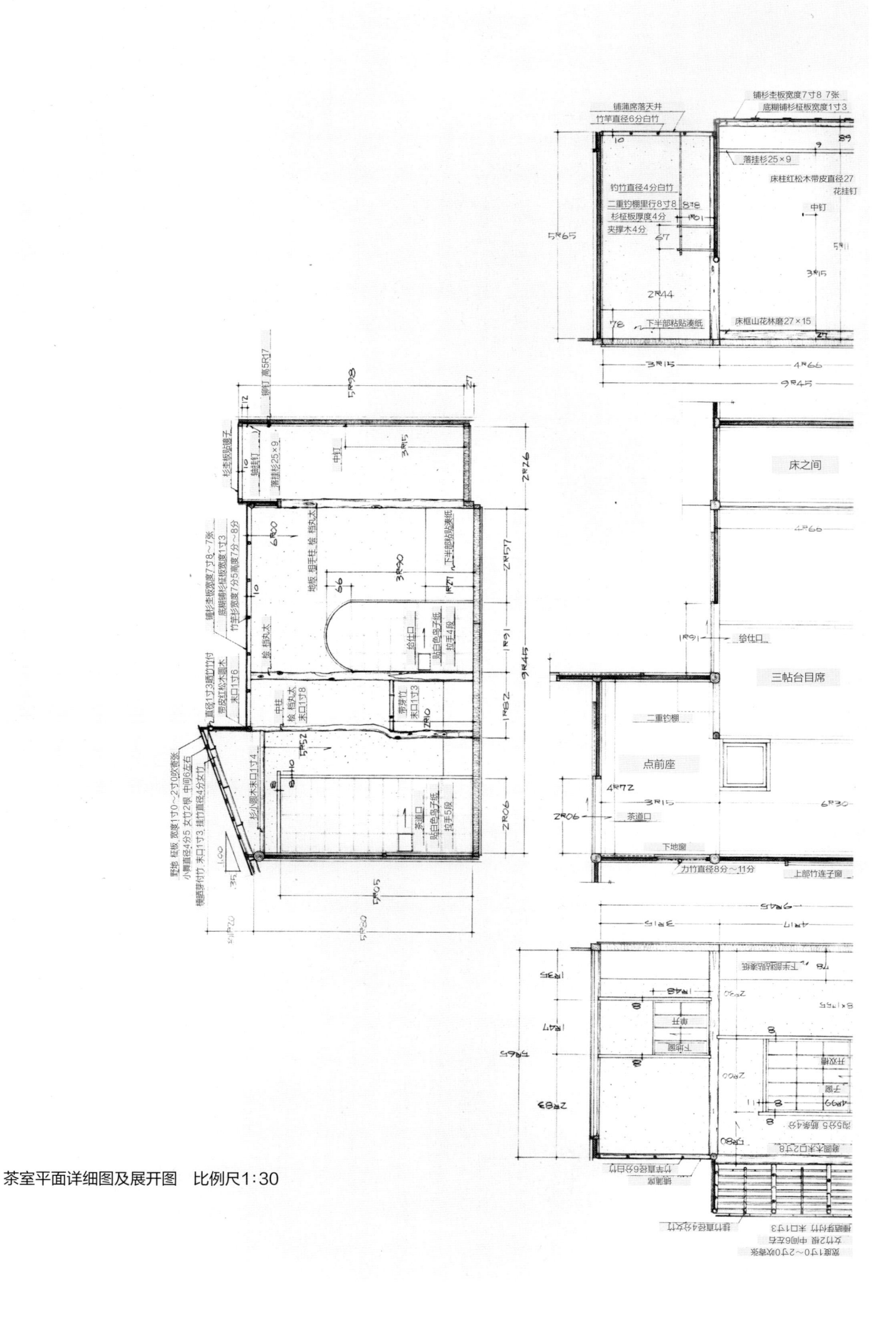

茶室平面详细图及展开图　比例尺1:30

白鹭　实测图

白鷺　実測図

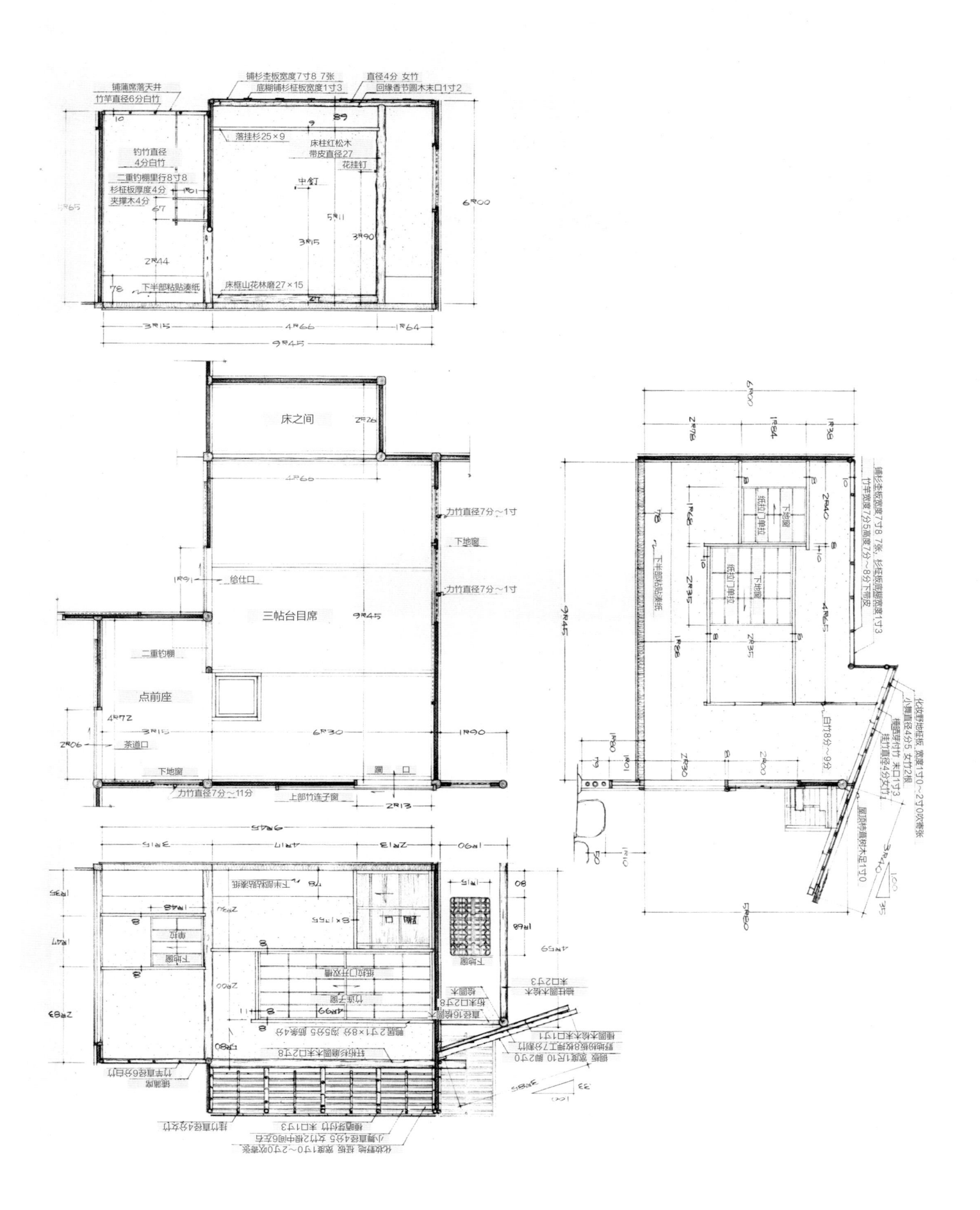

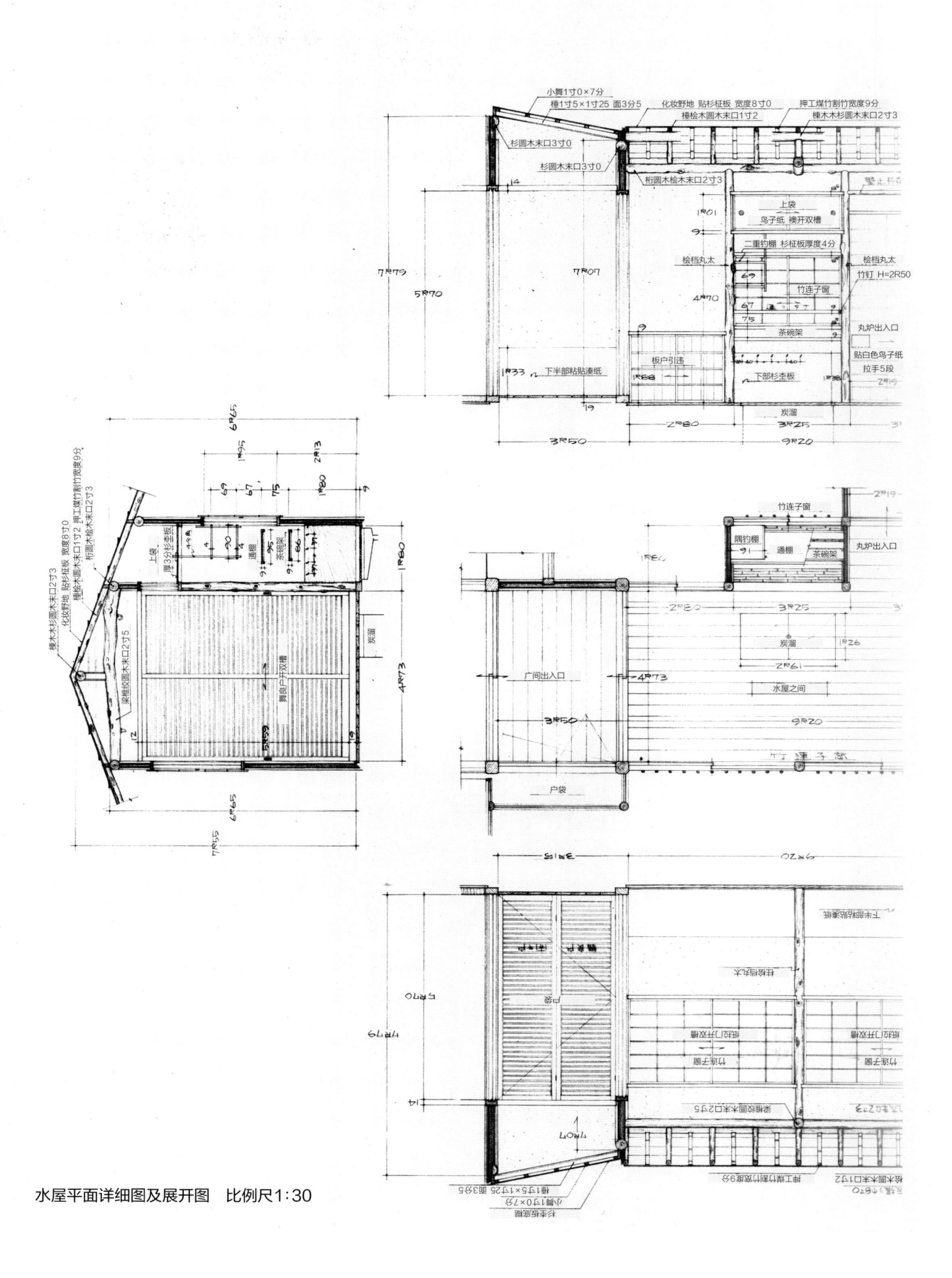

水屋平面详细图及展开图　比例尺1:30

白鹭　实测图

白鷺　実測図

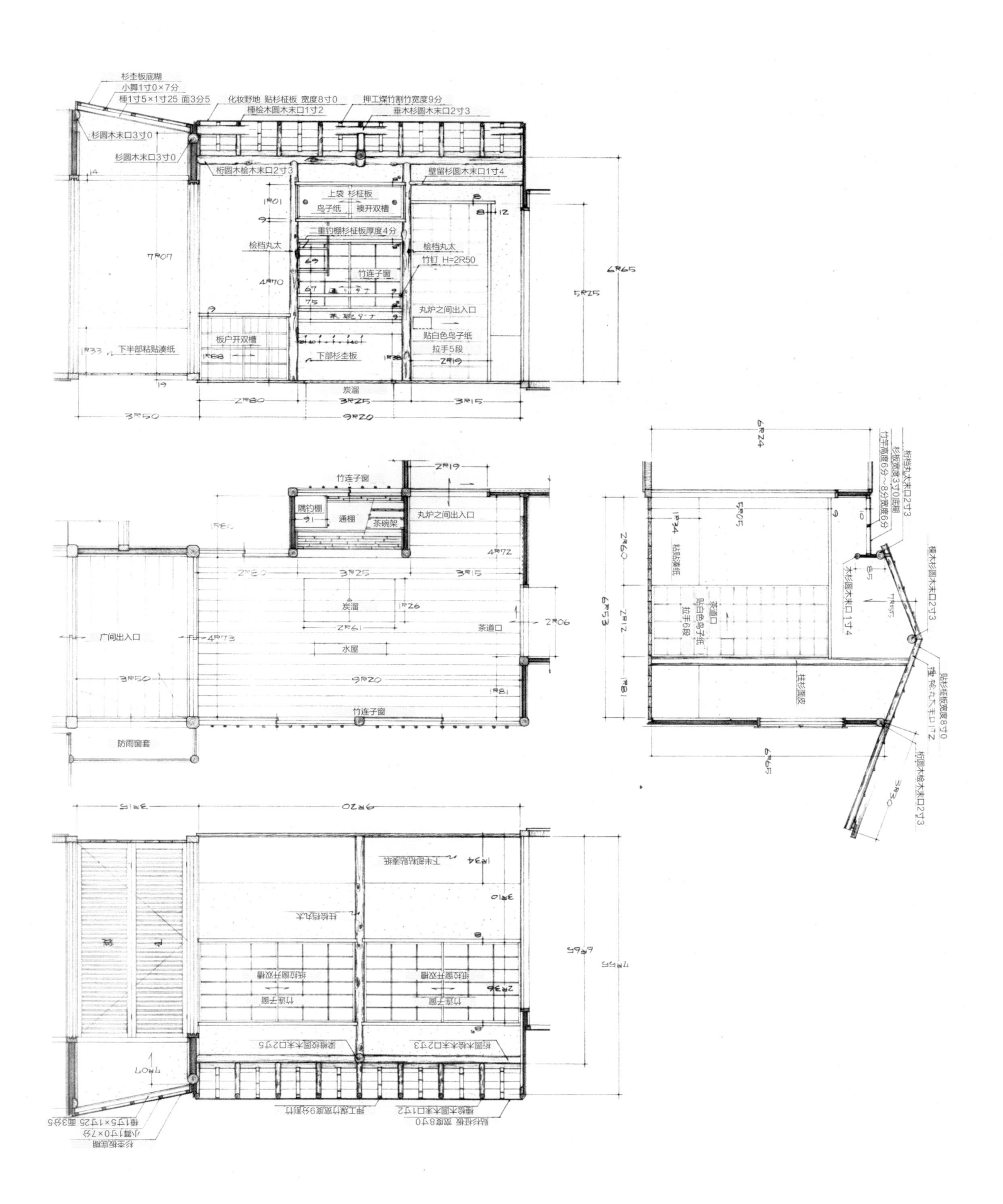

蹲踞和寸松庵杵型灯笼 　　　从中门眺望茶室 　　　苑路和中门

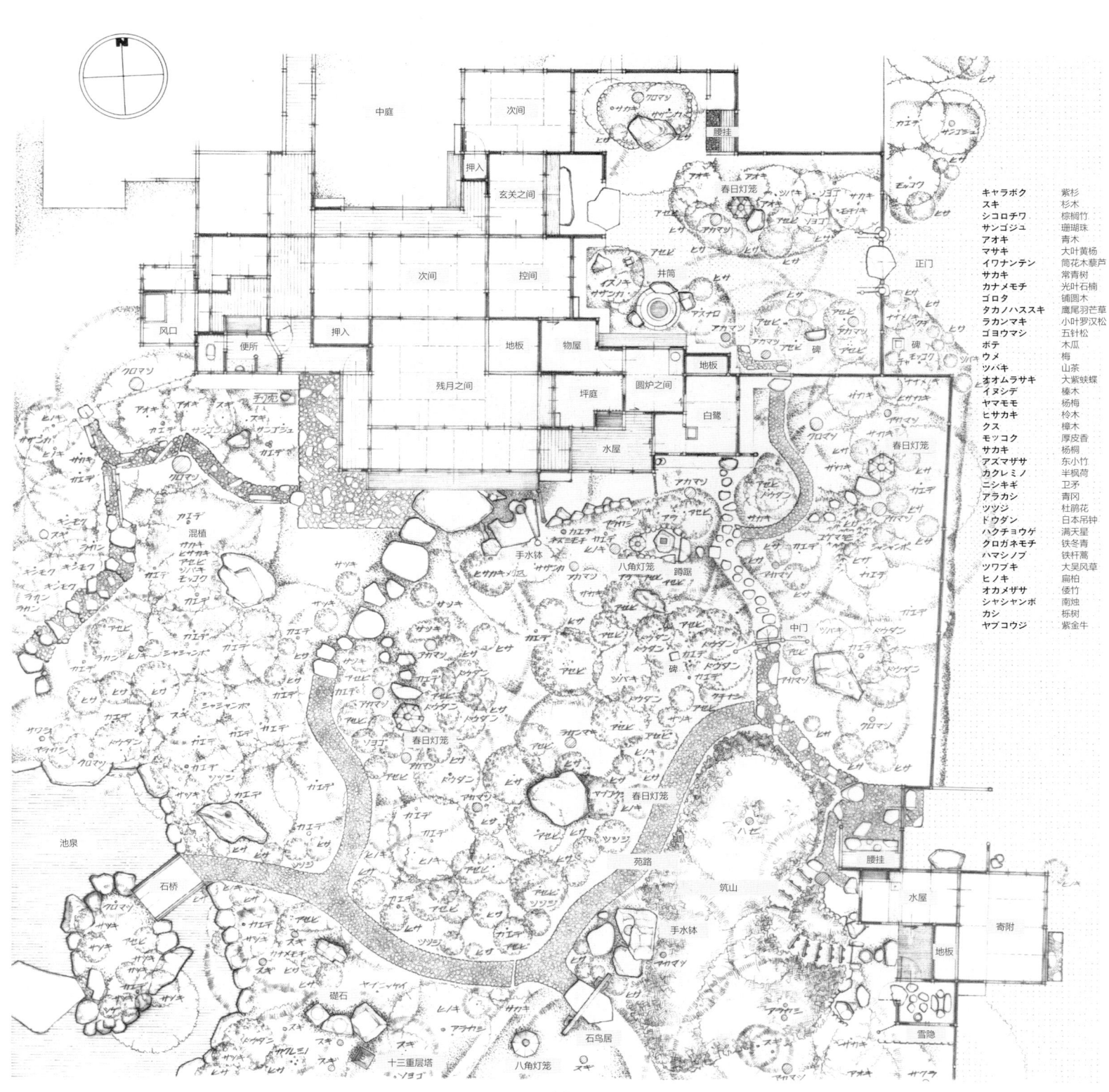

キャラボク	紫杉
スギ	杉木
シコロチワ	棕榈竹
サンゴジュ	珊瑚珠
アオキ	青木
マサキ	大叶黄杨
イワナンテン	筒花木藜芦
サカキ	常青树
カナメモチ	光叶石楠
ゴロタ	铺圆木
タカノハススキ	鹰尾羽芒草
ラカンマキ	小叶罗汉松
ゴヨウマシ	五针松
ボテ	木瓜
ウメ	梅
ツバキ	山茶
オオムラサキ	大紫蛱蝶
イスノキ	棒木
ヤマモモ	杨梅
ヒサカキ	柃木
クス	樟木
モッコク	厚皮香
サカキ	杨桐
アズマザサ	东小竹
カクレミノ	卫矛
ニシキギ	半枫荷
アラカシ	青冈
ツツジ	杜鹃花
ドウダン	日本吊钟
ハチョウゲ	满天星
クロガネモチ	铁冬青
ハマシノブ	铁杆蒿
ツワブキ	大吴风草
ヒノキ	偃柏
オオメザサ	扁柏
シャシャンボ	南独
カシ	栎树
ヤブコウジ	紫金牛

平面图　比例尺1:150

白鹭　实测图

好日庵

所有者 善田喜一郎
所在地 京都市中京区
建造、造园年份 昭和十五年（1940年）
设计茶室、露地 善田喜一部
施工茶室 高木兼吉
露地 佐野造园

　　好日庵位于主屋南边的细长分割地当中的西边，茶室朝南，露地由茶室东侧向南延伸。雪隐的腰挂挨着东侧的墙，腰挂南侧有围篱与中门，露地被分为南北两部分。也就是说，腰挂位于外露地，主人在中门迎接客人。外露地的苑路延伸至主屋。

　　茶室的客座席是台目叠，当中夹着中板，增加了一叠的点前座叠，下座床形式。设有中板的三叠台目茶室可以通过灵活运用台目叠来扩大房间格局。

　　蹋口在东侧南端，南侧开有贵人口（为了招待身份高贵的人而设立的出入口），胜手水屋是台目五叠的L形格局。这种格局非常紧凑、流畅。

中门附近

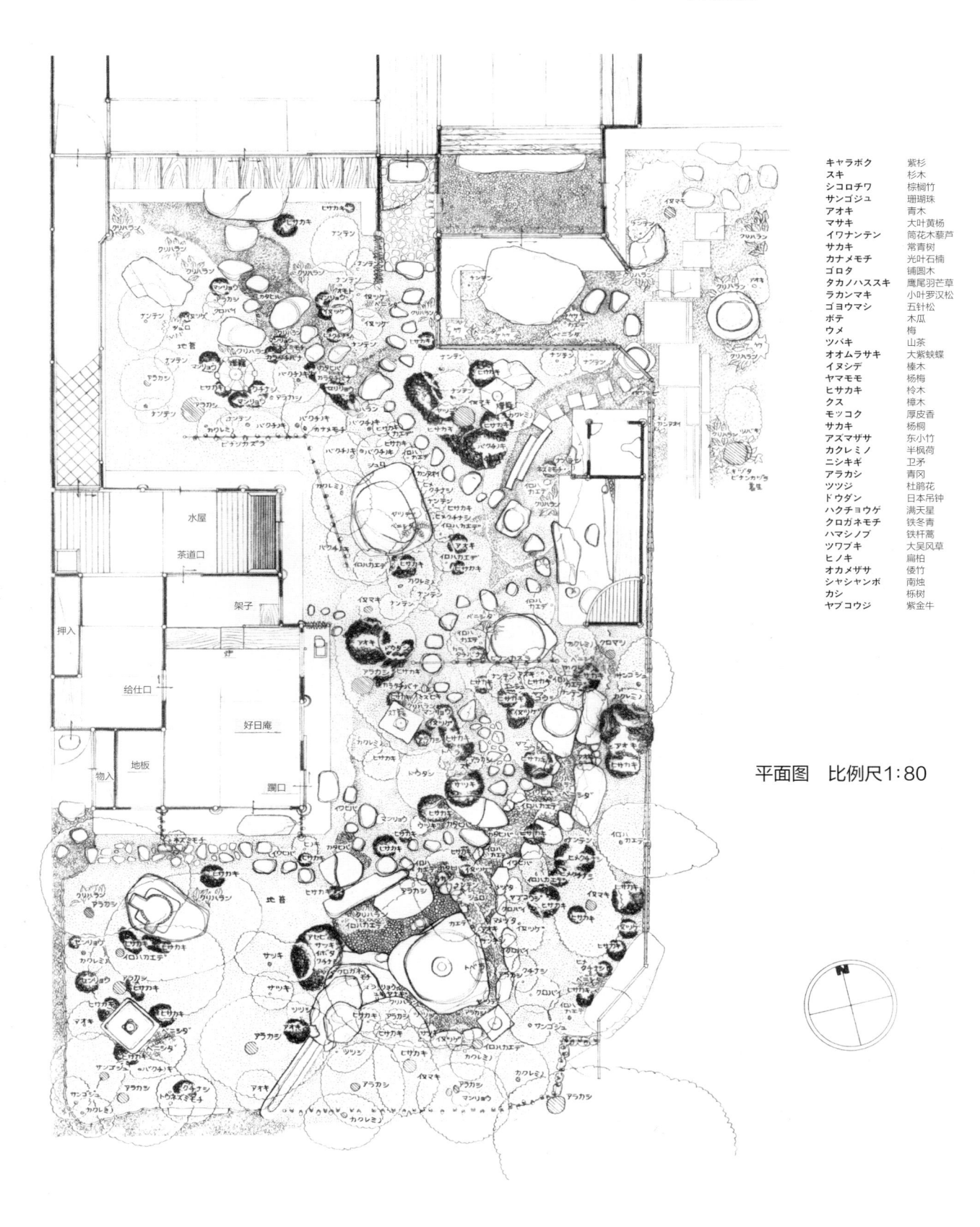

キャラボク	紫杉
スギ	杉木
シュロチワ	棕榈竹
サンゴジュ	珊瑚珠
アオキ	青木
マサキ	大叶黄杨
イワナンテン	筒花木藜芦
サカキ	常青树
カナメモチ	光叶石楠
ゴロタ	铺圆木
タカノハススキ	鹰尾羽汉草
ラカンマキ	小叶罗汉松
ゴヨウマツ	五针松
ボケ	木瓜
ウメ	梅
ツバキ	山茶
オオムラサキ	大紫蛱蝶
イヌシデ	榛木
ヤマモモ	杨梅
ヒサカキ	柃木
クス	樟木
モッコク	厚皮香
サカキ	杨桐
アズマザサ	东小竹
カクレミノ	半枫荷
ニシキギ	卫矛
アラカシ	青冈
ツツジ	杜鹃花
ドウダン	日本吊钟
ハクチョウゲ	满天星
クロガネモチ	铁冬青
ハマシノブ	铁杆蕉
ツワブキ	大吴风草
ヒノキ	扁柏
オカメザサ	倭竹
シャシャンボ	南烛
カシ	栎树
ヤブコウジ	紫金牛

平面图　比例尺1:80

好日庵　实测图

自在庵

所有者	杉本哲郎
所在地	京都市 右京区
建造年份	昭和四十八年（1973年）
造园年份	昭和四十九年（1974年）
设计	茶室、露地 福井晟
施工	茶室、露地 福井工务店

从被蜿蜒曲径分隔的草坪对面的主屋出来，走在曲折的未经装饰加工的走廊上，经过听蝉亭，就到了位于西南侧的自在庵。腰挂就在东端，露地萦绕着山河气息，踏上庭院台阶，就来到了茶室。茶室背靠后龟山天皇御陵森林，别有一番趣味。

茶室格局为四叠枡床（边长半间的正方形床之间）、向切炉（地炉设置在点前座内、亭主右前方），设有水屋，连接着二叠台目向板席和立礼席。

茶室与大德寺聚光院的枡床席是相同的平面结构，但别有一番趣味。躙口设在床之间的对面，东侧设有半间的贵人口。茶道口采用了双扇襖，床柱立于稍后的位置，正客（主宾）可以很方便地看亭主。茶室还设有罕见的客床火灯窗，很引人注意。

立礼席采用茅葺屋根（又称草葺屋顶），其化妆屋根里充满了村野气息。西侧间隔排列三扇障子（以木条或竹条做骨架，并用纸裱糊起来的门窗隔扇），连接着二叠台目向板席。也可以用于连接座敷和立礼席。

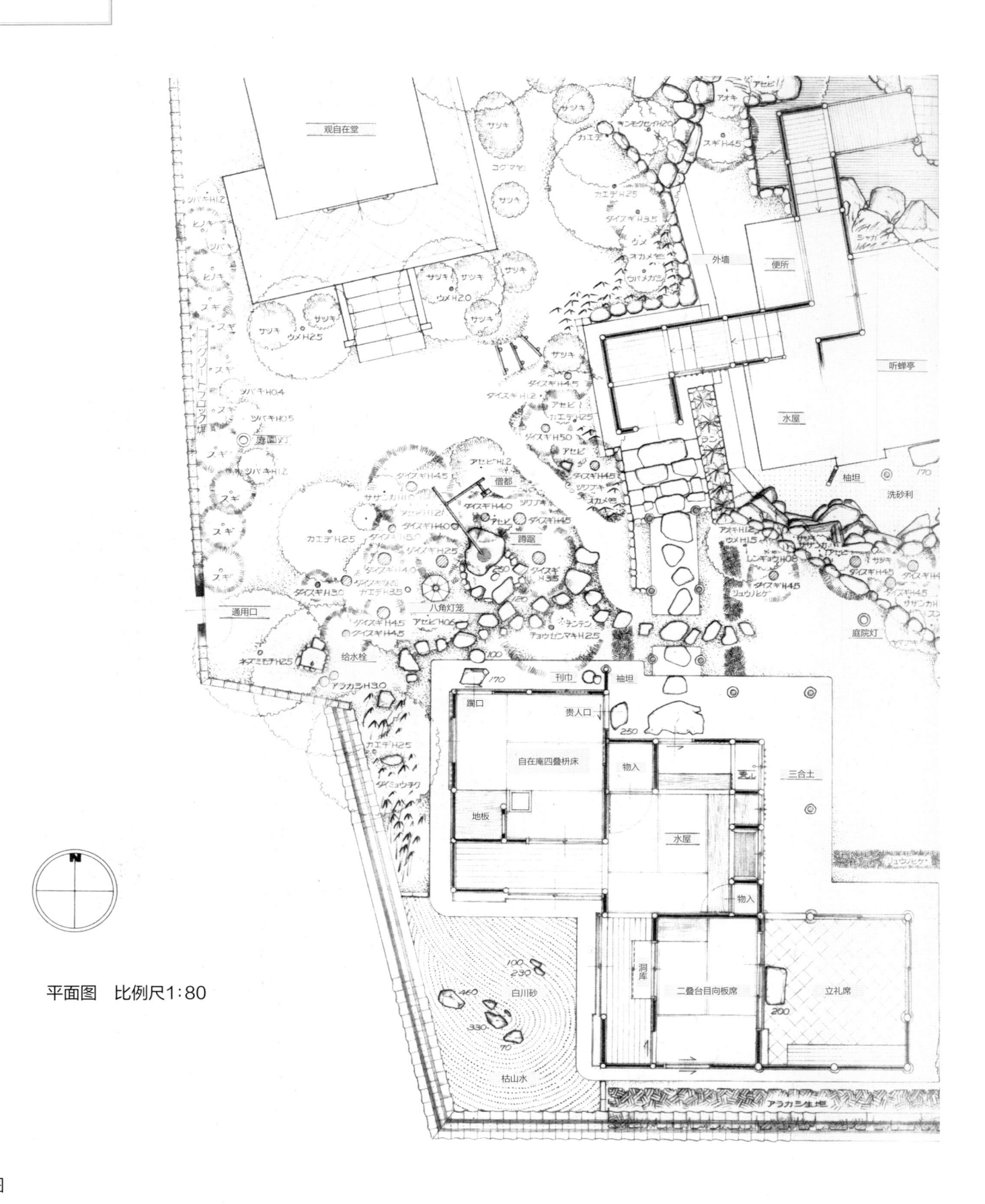

平面图　比例尺1:80

自在庵　实测图

茅葺屋根妻（屋顶形状）  　　　　从露地眺望茶室  　　　　通往茶室的檐廊

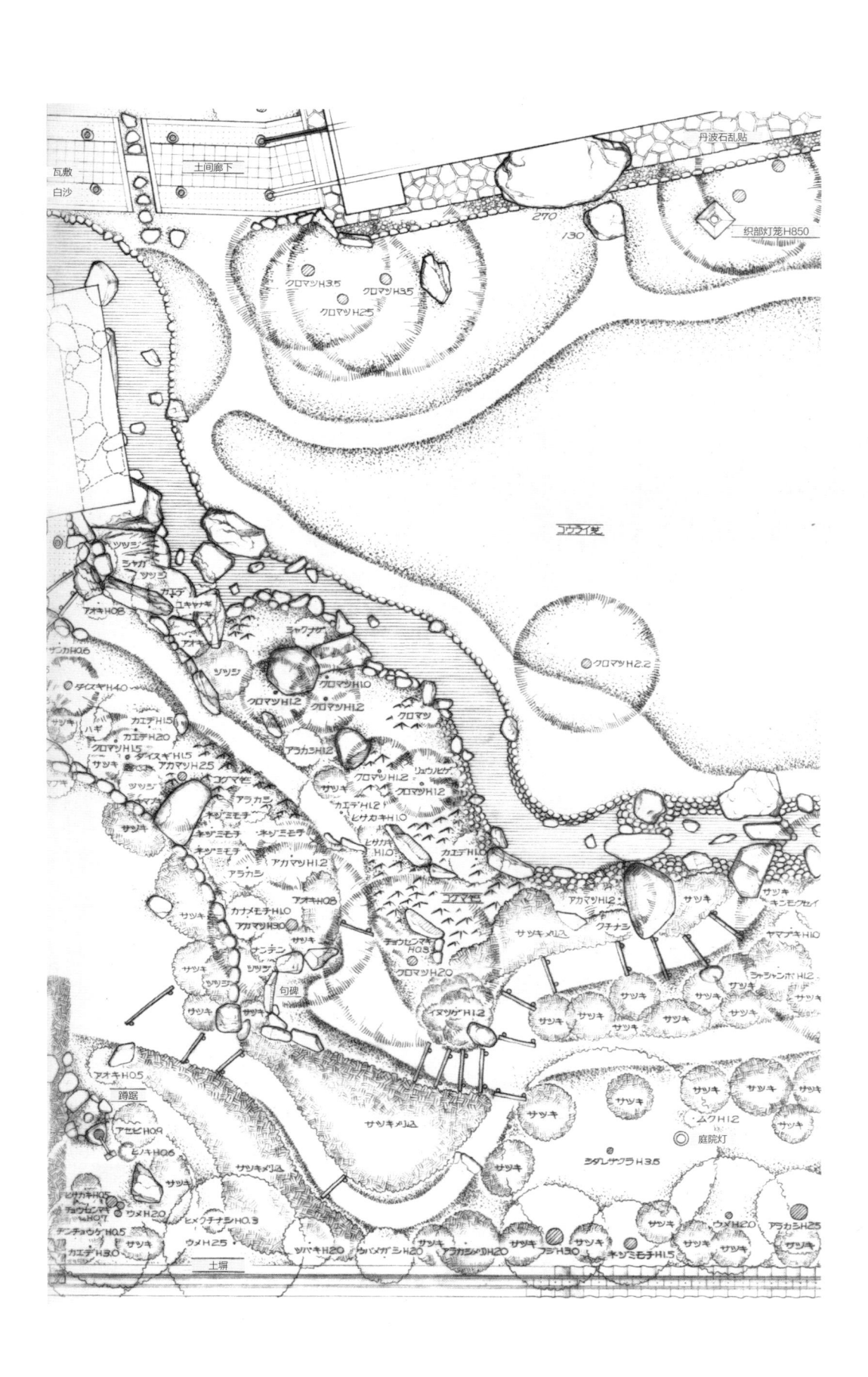

キャラボク	紫杉
スギ	杉木
シコロチワ	棕榈竹
サンゴジュ	珊瑚珠
アオキ	青木
マサキ	大叶黄杨
イワナンテン	筒花木藜芦
サカキ	常青树
カナメモチ	光叶石楠
ゴロタ	铺圆木
タカノハススキ	鹰尾羽芒草
ラカンマキ	小叶罗汉松
ゴヨウマツ	五针松
ボテ	木瓜
ウメ	梅
ツバキ	山茶
オオムラサキ	大紫蛱蝶
イヌシデ	榛木
ヤマモモ	杨梅
ヒサカキ	柃木
クス	樟木
モッコク	厚皮香
サカキ	杨桐
アズマザサ	东小竹
カクレミノ	半枫荷
ニシキギ	卫矛
アラカシ	青冈
ツツジ	杜鹃花
ドウダン	日本吊钟
ハクチョウゲ	满天星
クロガネモチ	铁冬青
ハマシノブ	铁杆蒿
ツワブキ	大吴风草
ヒノキ	扁柏
オカメザサ	倭竹
シャシャンボ	南烛
カシ	栎树
ヤブコウジ	紫金牛

自在庵　实测图

日本建筑集成　茶室与露地　　　　　　　　　　66

贵人口 　　　　　　　　炉和床之间旁 　　　　　匾额

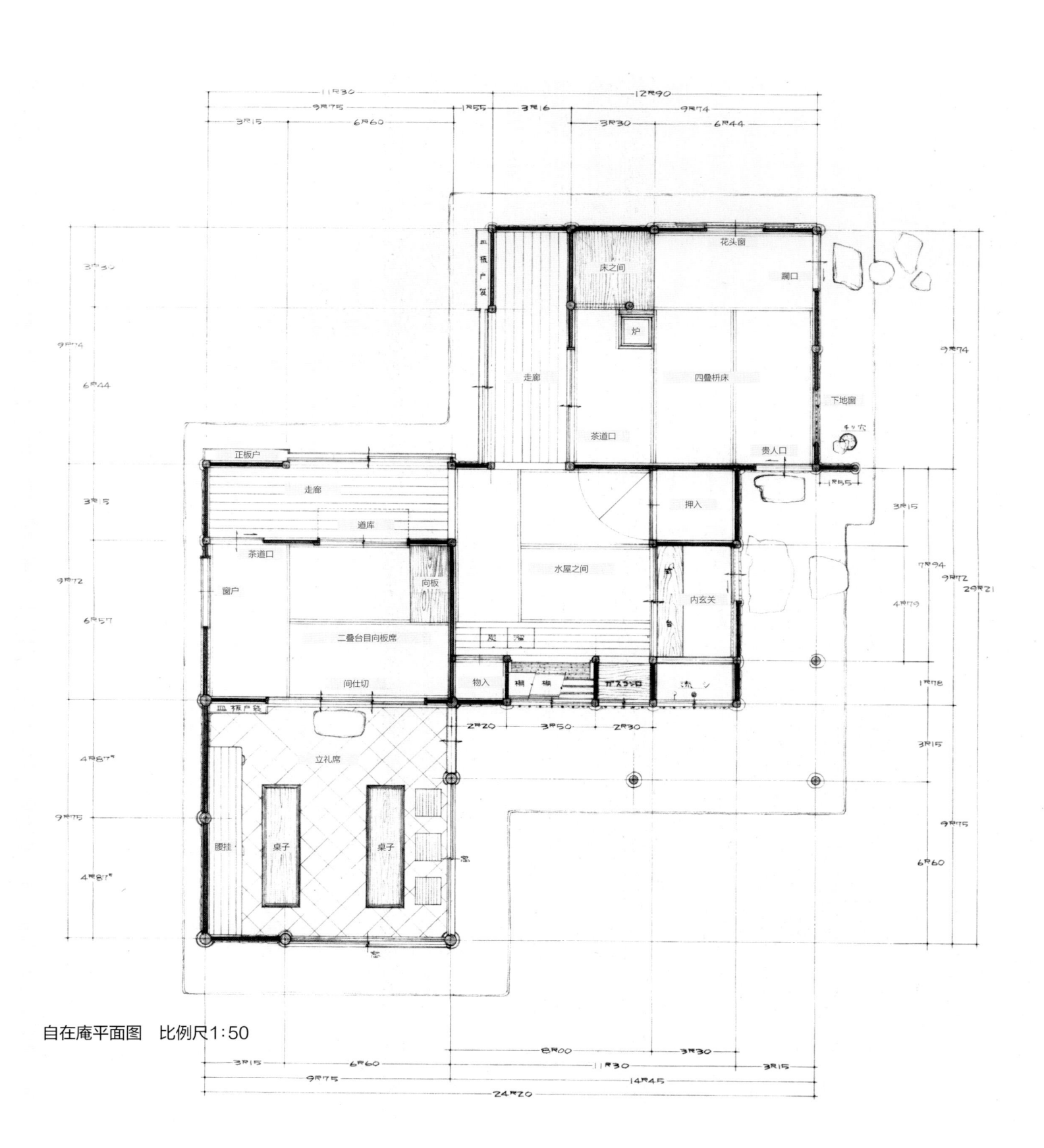

自在庵平面图　比例尺1：50

自在庵　实测图

立礼席的化妆屋根里　　　　　从立礼席看茶道口　　　　　从立礼席看房间

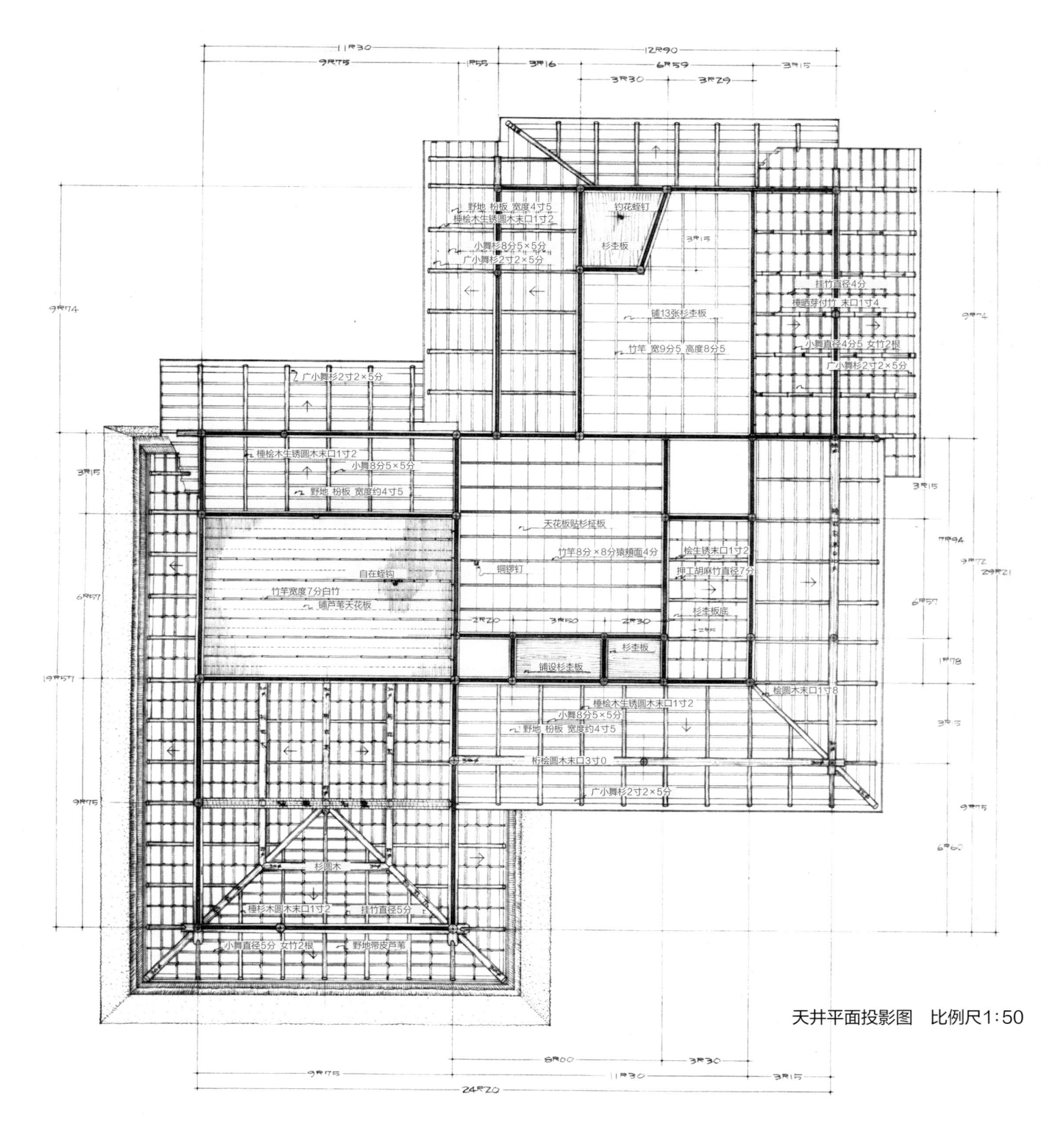

天井平面投影图　比例尺 1:50

自在庵　实测图

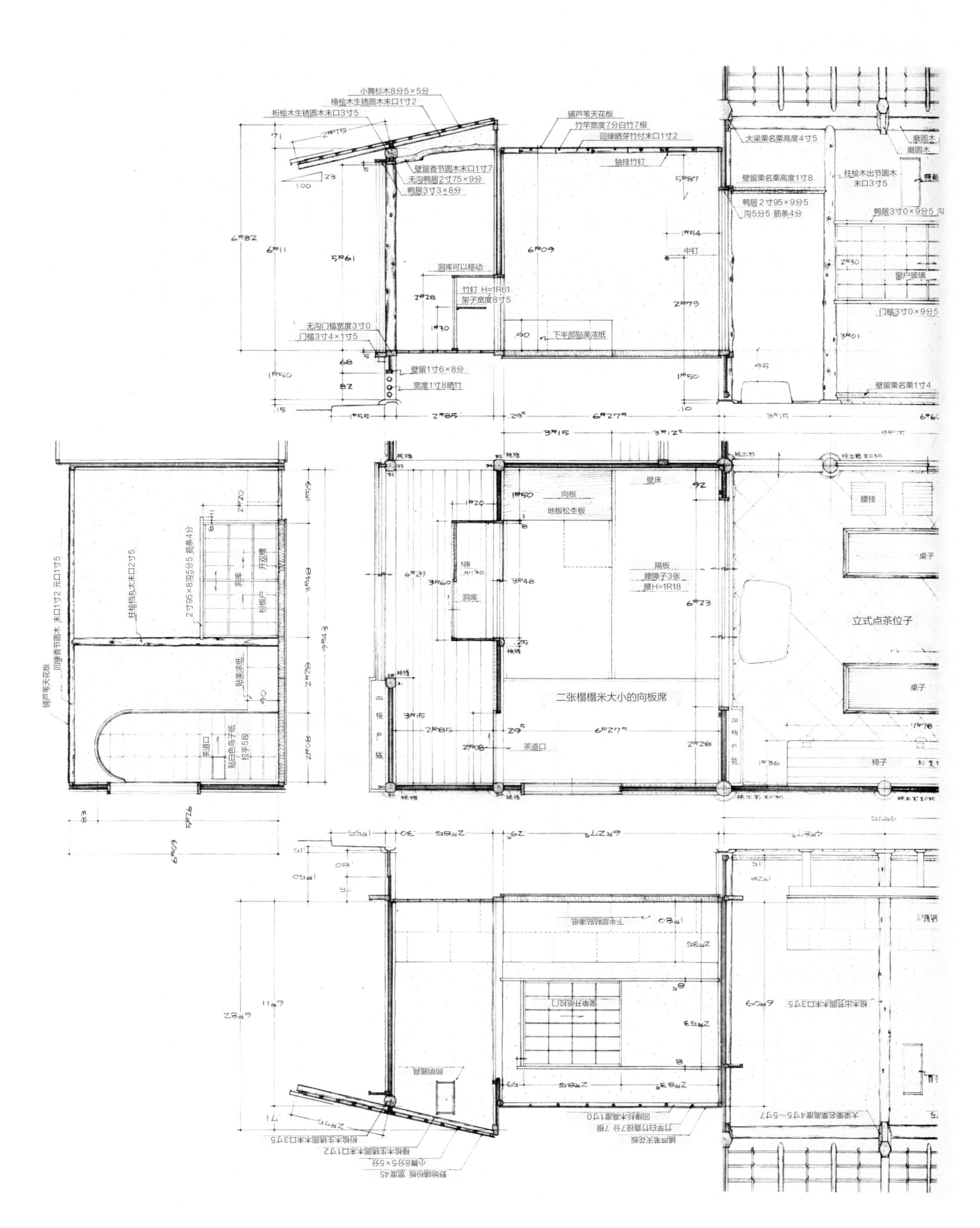

自在庵 实测图

朝向板、立礼、座位平面详细图及展开图　比例尺1：30

自在庵　实测图

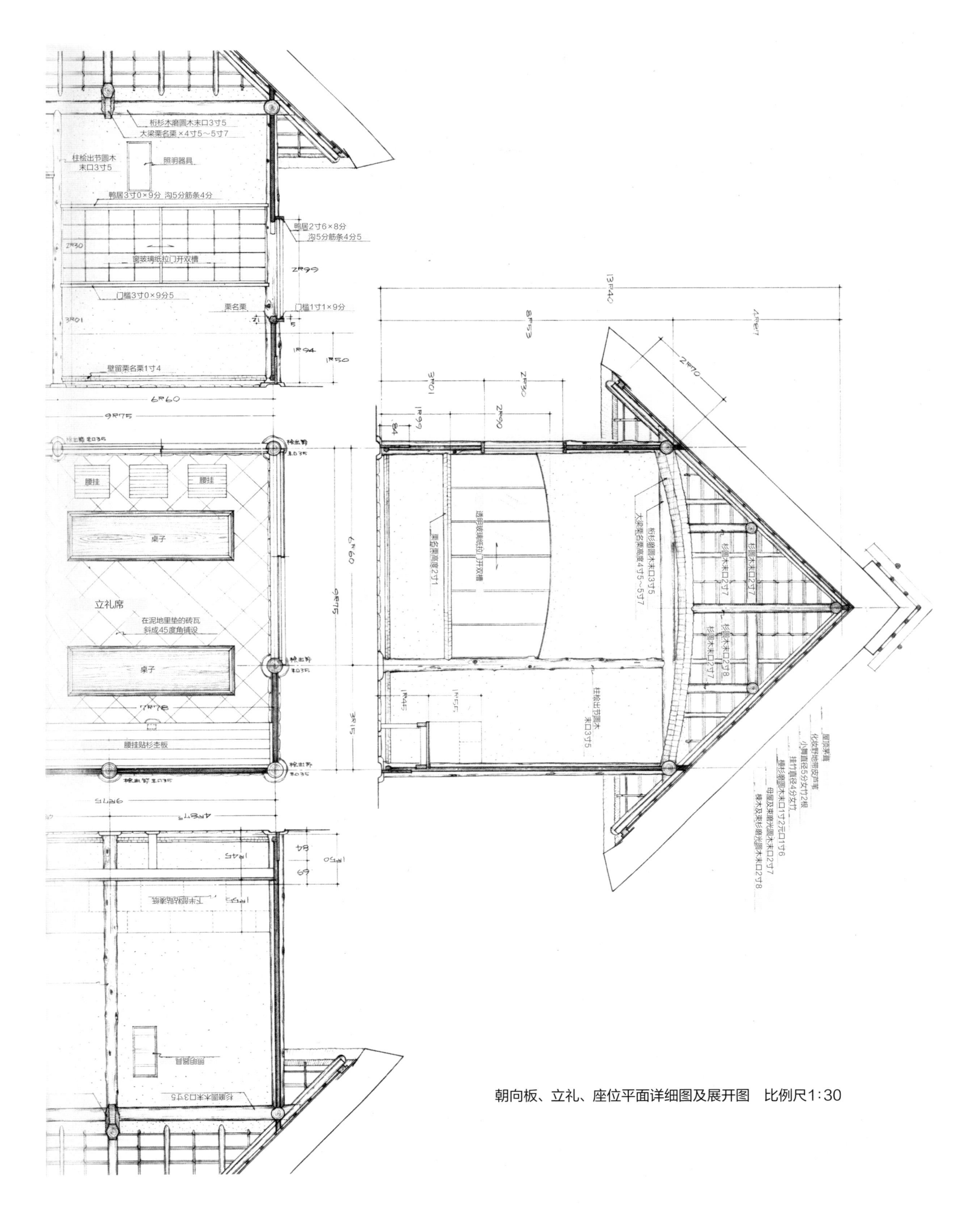

珍散莲的立礼席毗邻玄关、寄付，其南侧东端至东侧有一条未经装饰加工的檐廊，一直延伸到腰挂。从这里顺着苑路向东南边走，就来到了中门，进入内露地。左手边有渡月桥的基石水洗钵，右边立着六地藏的灯笼。尘穴则采用了带伽蓝莲座的石头，与众不同，引人注目。茶室为二叠台目，设有中板，下座床格局，有洞库（壁柜）。茶道口、给仕口的太鼓张（纵横交错的窗格骨架上裱糊奉书纸的门扇）外侧设有相伴席。但是太鼓张是可以取下的，可以将敷居移到窗边，加入相伴席，作为三叠台目中板席使用。而这时，相伴席的火灯口就成了茶道口。灵活运用了燕庵的双扇裰与相伴席的格局。造园者为了扩大二叠台目的独特设计也是这个茶室的一大亮点。

与蹲口呈直角设有两扇障子的贵人口，外侧的广缘（日式房屋屋檐下的宽走廊）面对着池子。走廊尽头借取了忘筌的意境，在池中设有手水钵。火灯口的东侧邻接着水屋，水屋也很宽敞，配置齐全。

顺着广缘自北向东行走，就到了广间。广间的地势稍高，由八叠的主室和七叠的次间组成。北侧有广缘、东侧有较深的土庇（檐廊）环绕。从座敷隔着鸭川可以眺望到东山的景色，是观景圣地。主室正面仅有床之间和地袋（落地柜），彰显朴素、端庄的意境。西南侧邻接的盥洗室和厕所也彰显主体风格。

珍散莲

所有者 北村谨次郎
所在地 京都市上京区
建造、造园年份 昭和十九年（1945年）
设计 茶室、露地 北村谨次郎
施工 茶室 北村舍次郎
露地 佐野芳造

キャラボク	紫杉	サカキ	常青树	ウメ	梅	モッコク	厚皮香	ドウダン	日本吊钟	シャシャンボ	南烛
スギ	杉木	カナメモチ	光叶石楠	ツバキ	山茶	サカキ	杨桐	ハクチョウゲ	满天星	カシ	栎树
シコロチワ	棕榈竹	ゴロタ	铺圆木	オオムラサキ	大紫蛱蝶	アズマザサ	东小竹	クロガネモチ	铁冬青	ヤブコウジ	紫金牛
サンゴジュ	珊瑚树	タカノハススキ	鹰尾羽芒草	イヌシデ	榛木	カクレミノ	半枫荷	ハマシノブ	铁杆蕨		
アオキ	青木	ラカンマキ	小叶罗汉松	ヤマモモ	杨梅	ニシキギ	卫矛	ツワブキ	大吴风草		
マサキ	大叶黄杨	ゴヨウマツ	五针松	ヒサカキ	柃木	アラカシ	青冈	ヒノキ	扁柏		
イワナンテン	筒花木藜芦	ボケ	木瓜	クス	樟木	ツツジ	杜鹃花	オカメザサ	倭竹		

平面图　比例尺1:100

珍散莲　实测图

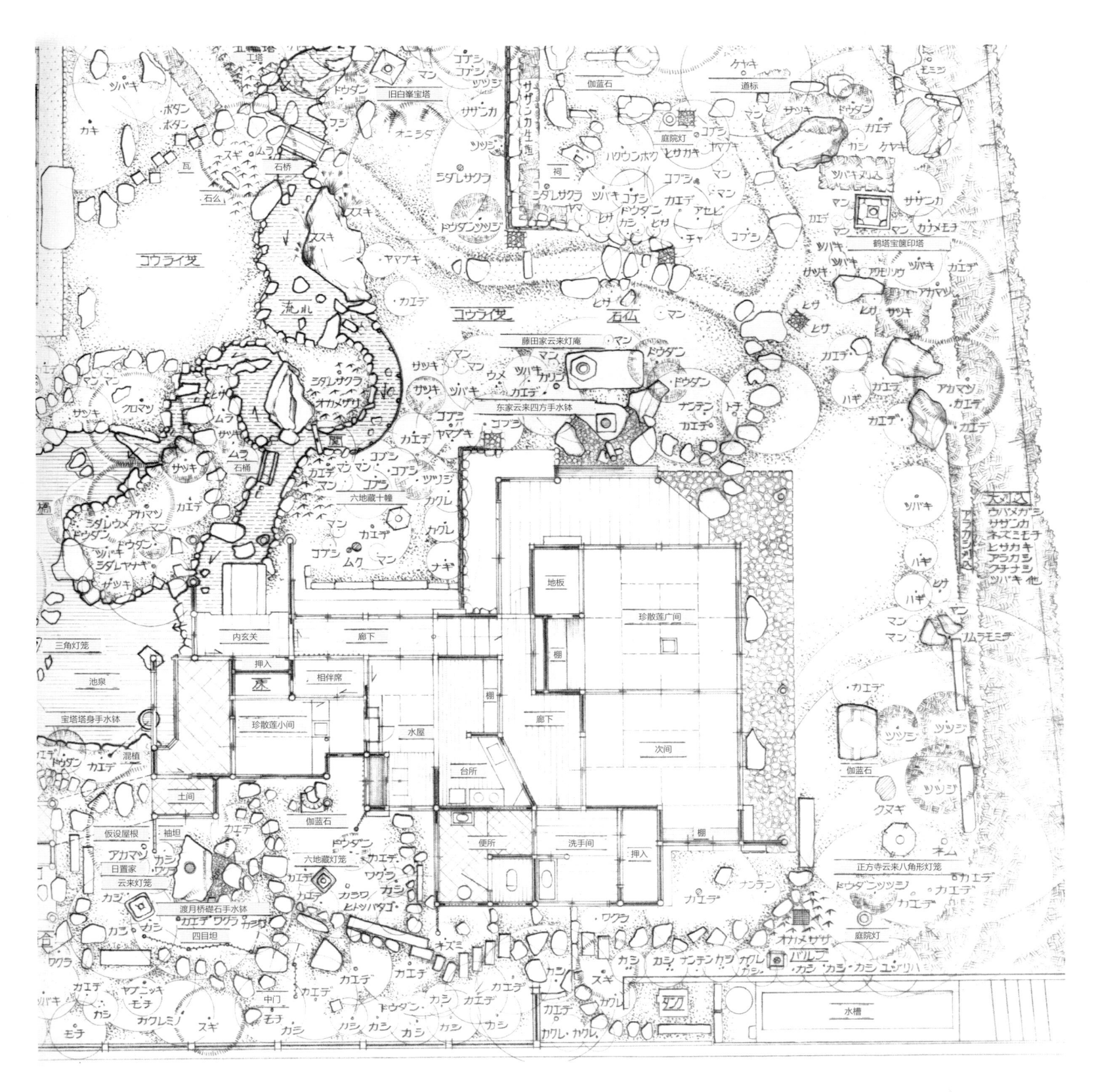

尘穴　　　　　　　　中门　　　　　　　　孔雀纹样的水钵和苑路　　　玄关（寄付入口）

珍散莲　实测图

日本建筑集成　茶室与露地　　　　　　　　　　　74

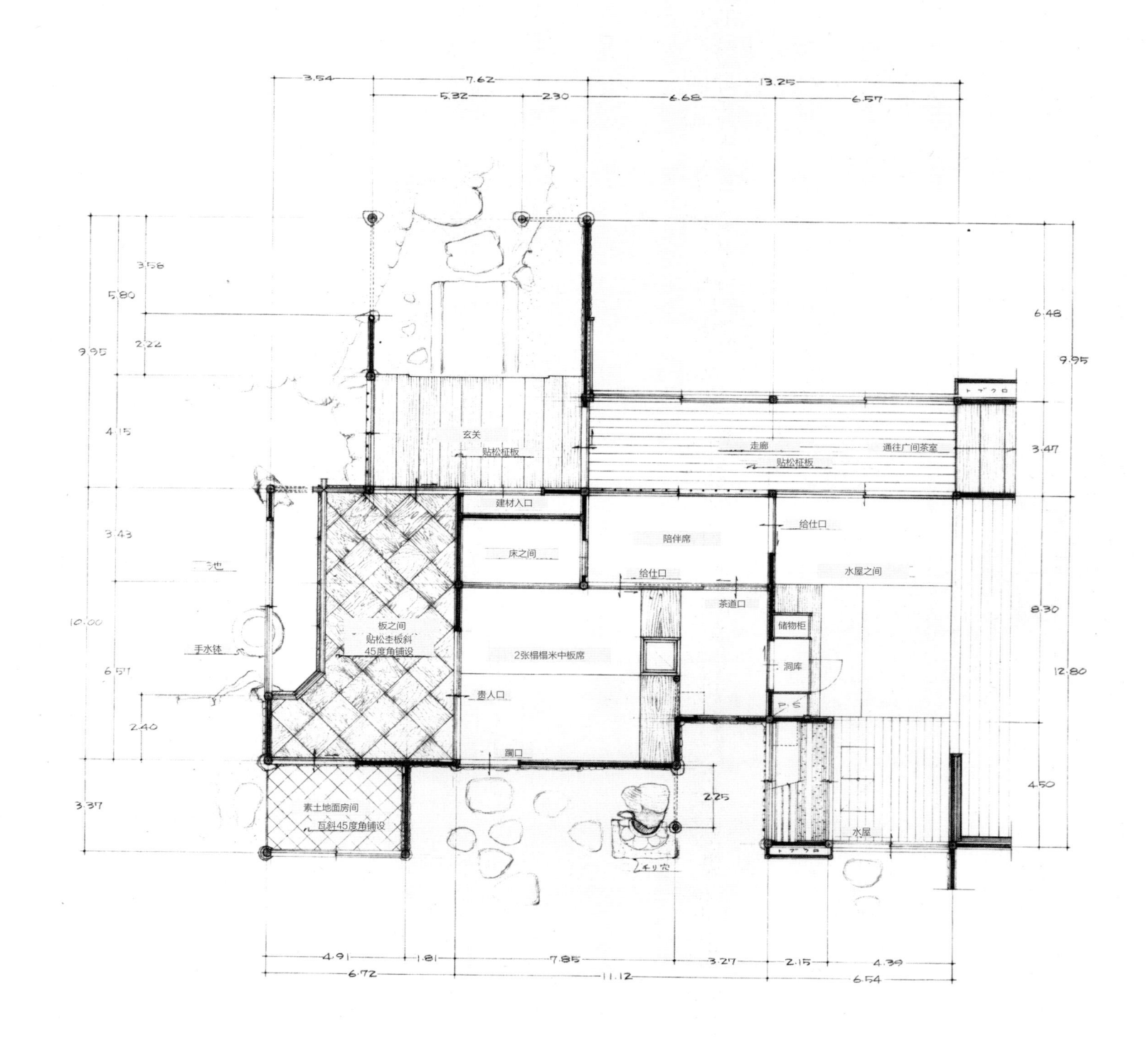

从贵人口看檐廊　　　　　　　　茶室外观　　　　　　　　　匾额

珍散莲平面图　比例尺1:50

珍散莲　实测图

天井结构　　　　　　　　　　　　　突上窗

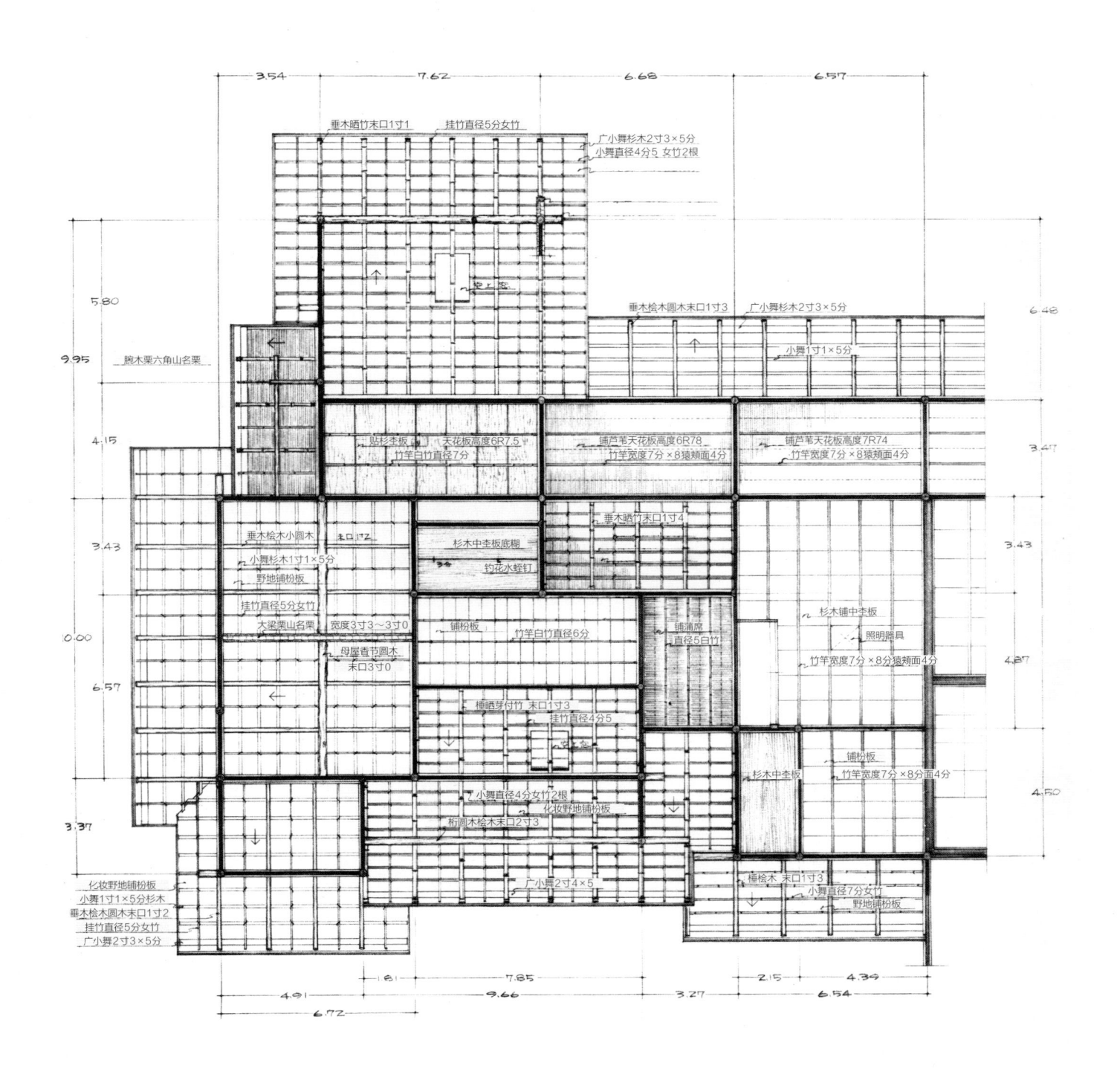

天井平面投影图　比例尺1:50

珍散莲　实测图

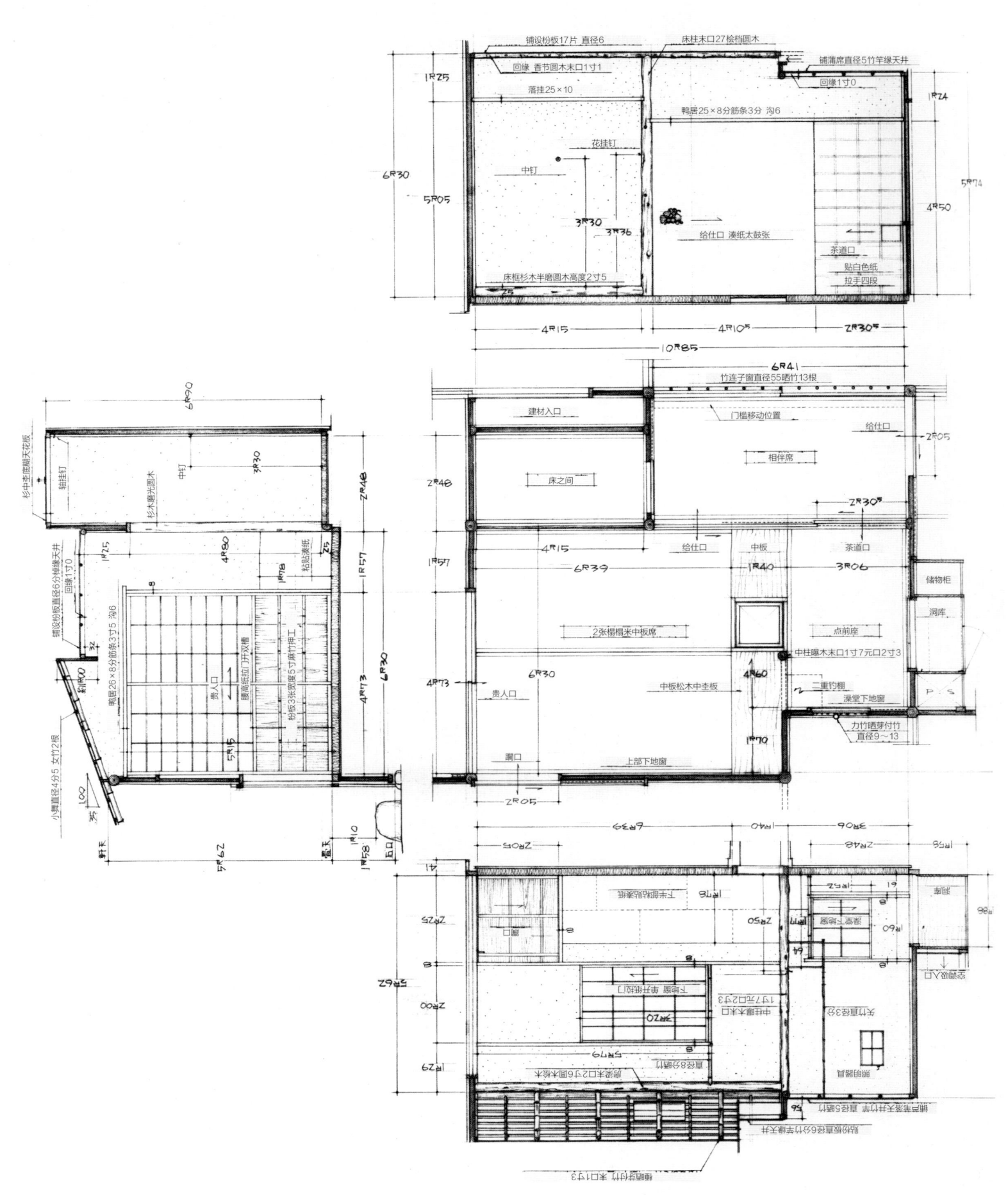

茶室平面详细图及展开图　比例尺1:30

珍散莲　实测图

珍散莲 实测图

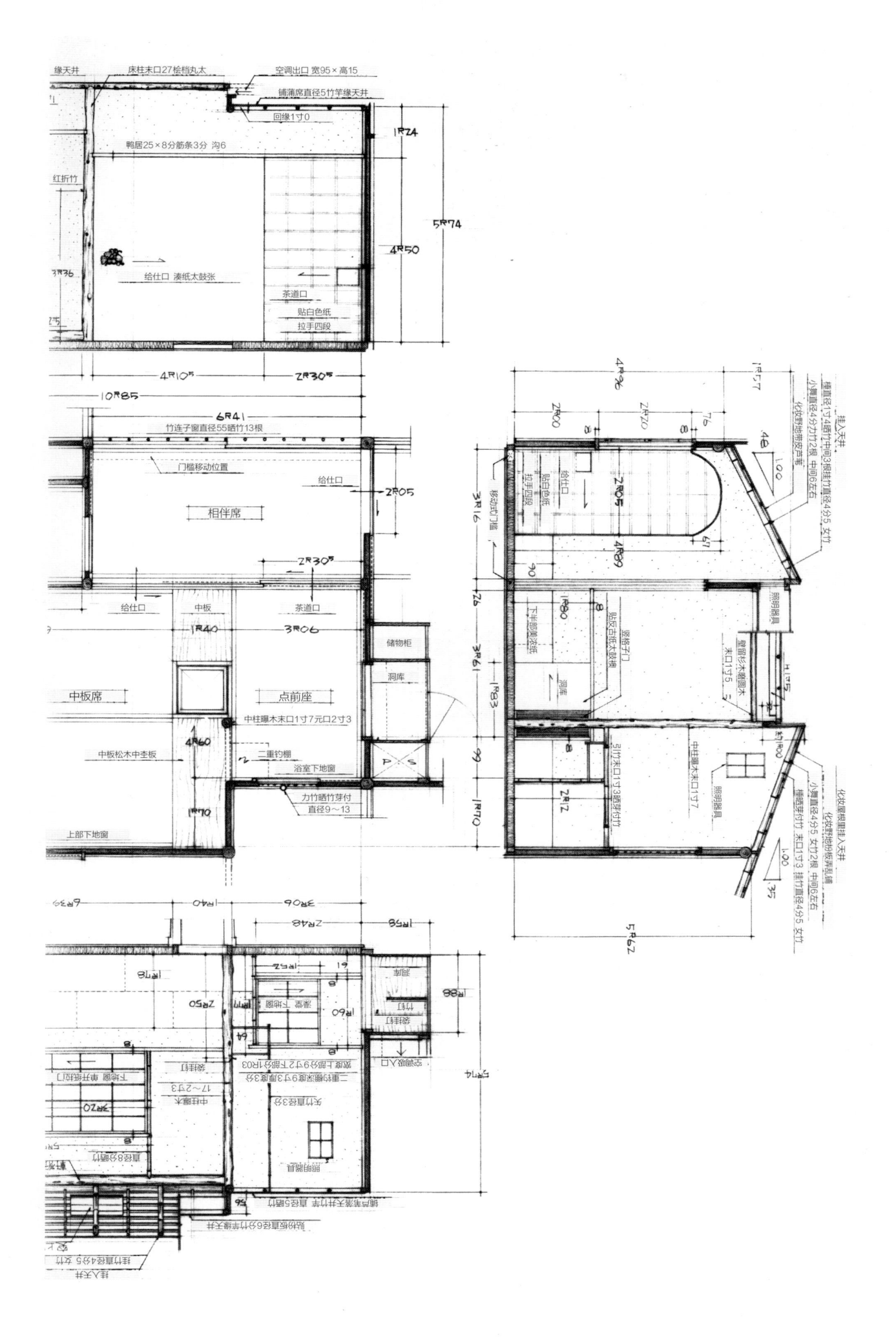

日本建筑集成　茶室与露地　　78

躏口和贵人口

床之间

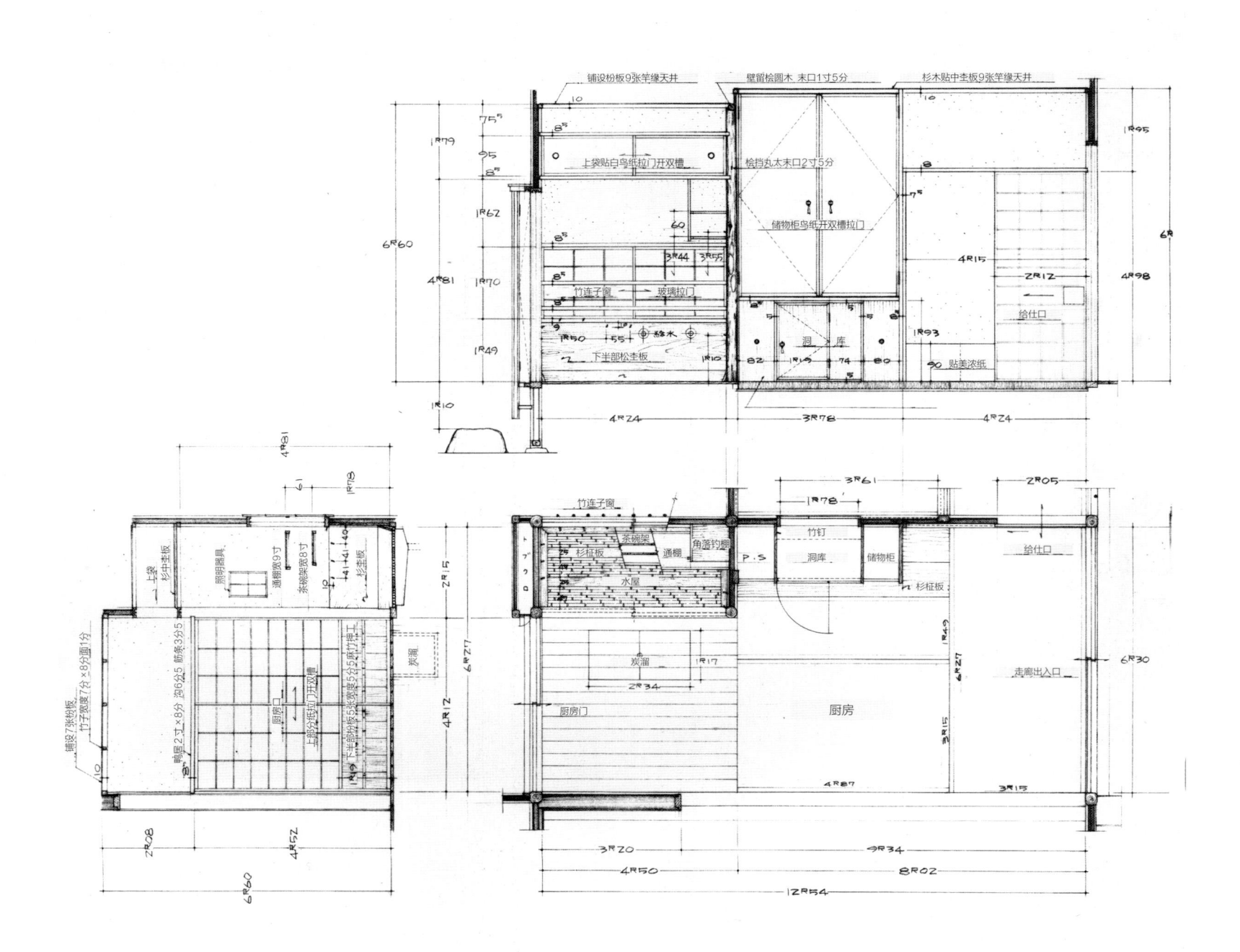

水屋平面详细图及展开图　比例尺1:30

珍散莲　实测图

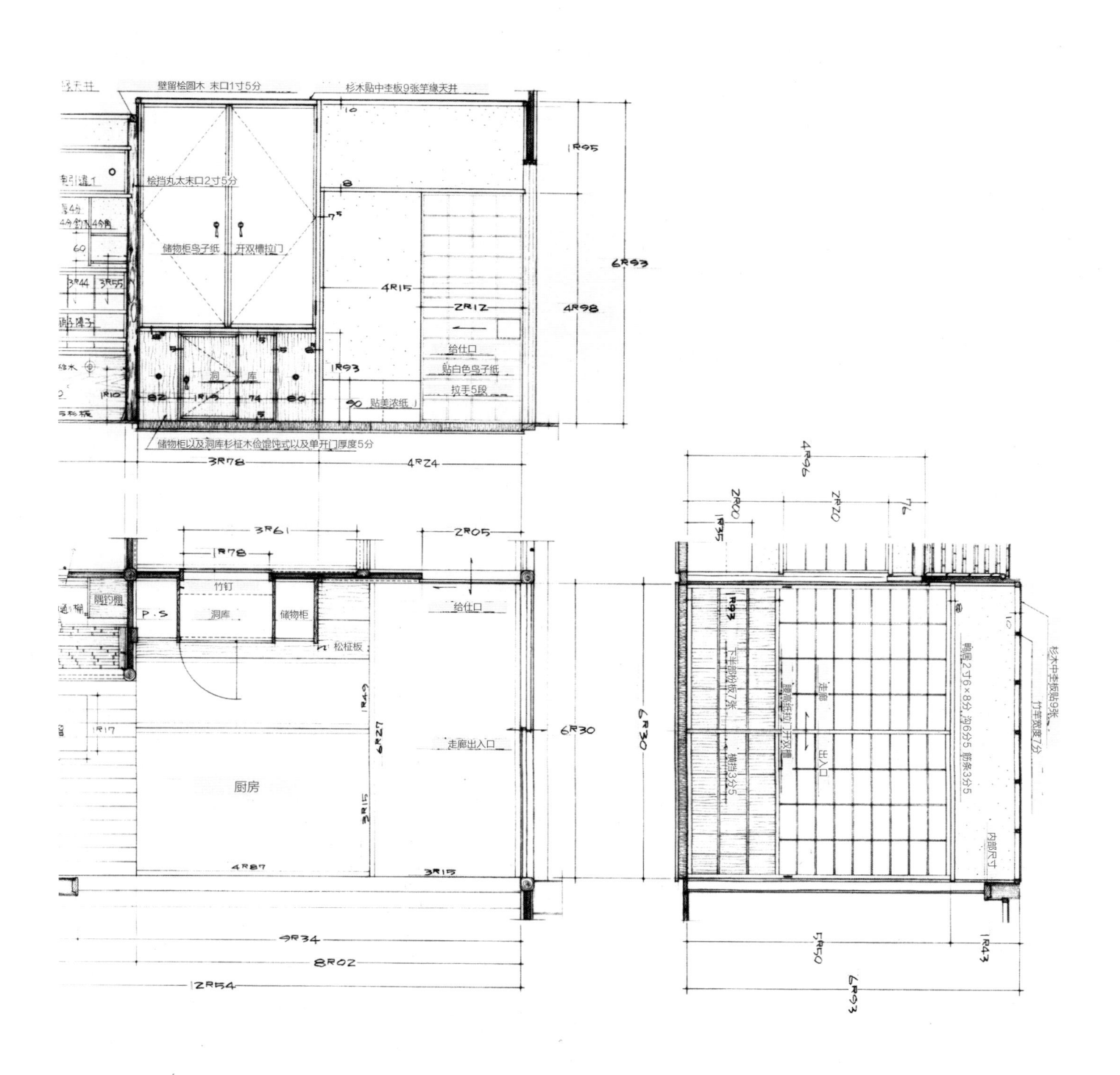

洞库　　　　　　　　　　　点前座的钓棚

珍散莲　实测图

松隐亭

寄付外观

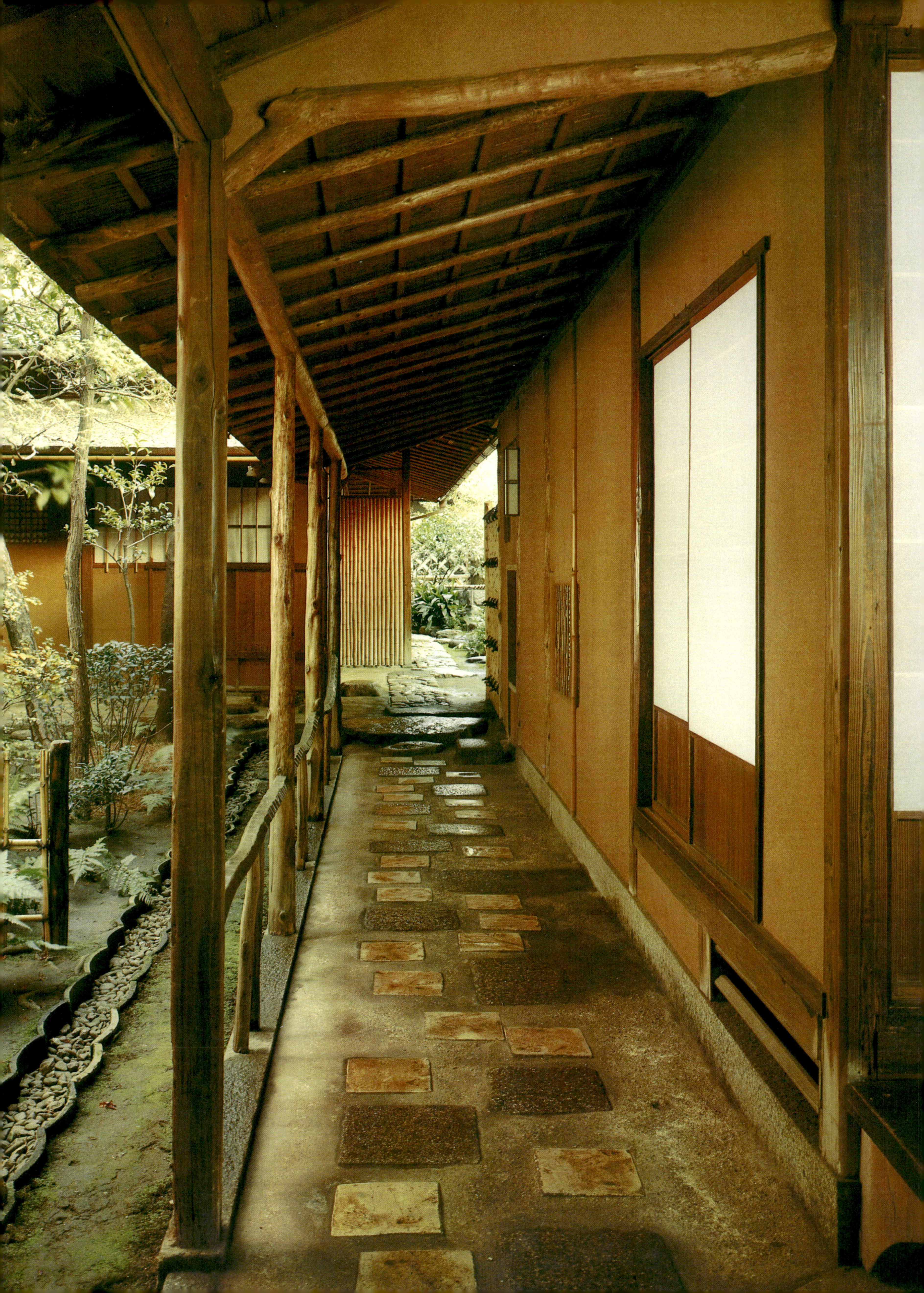

左页图＝茶室
上＝露地

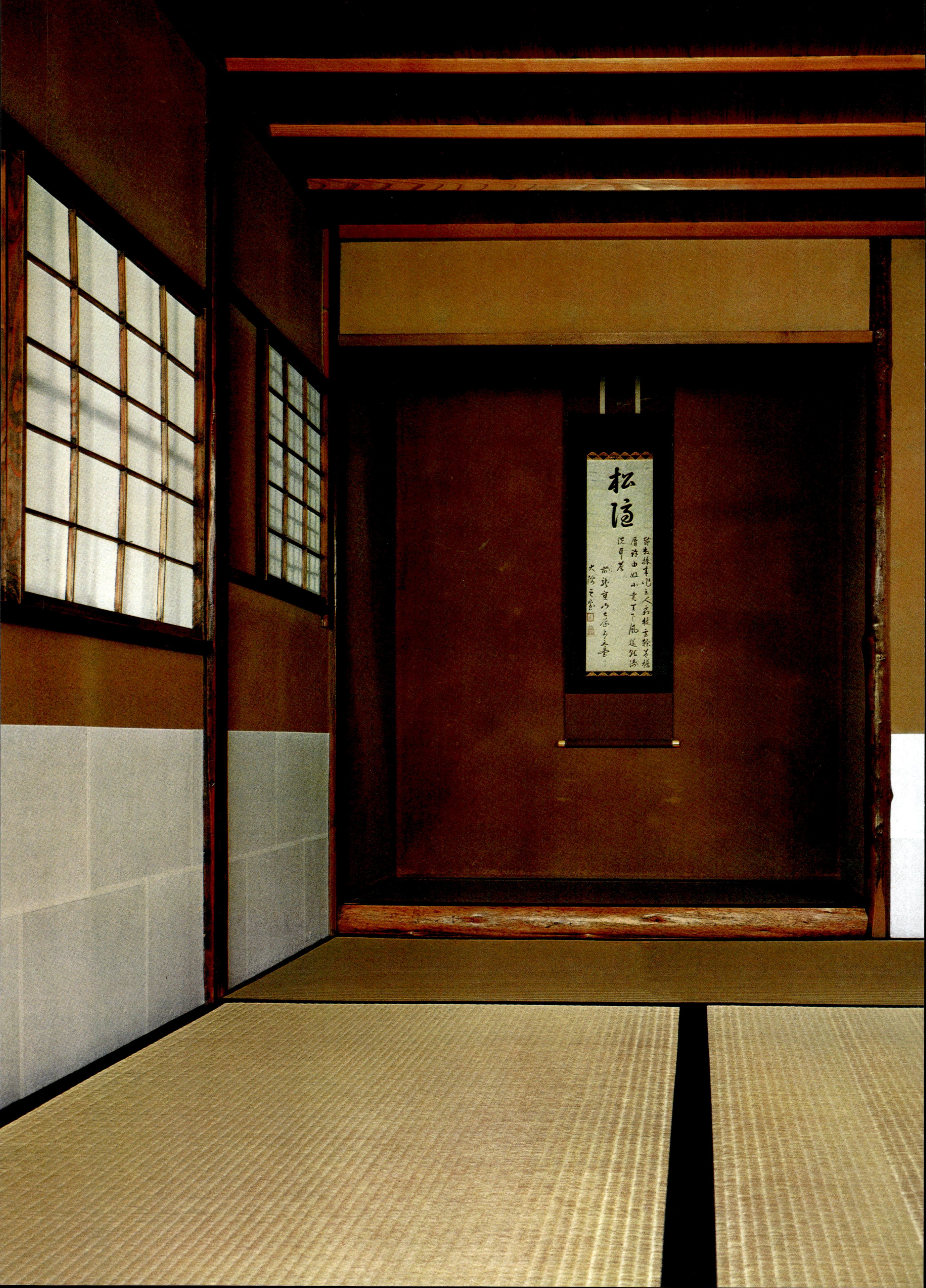

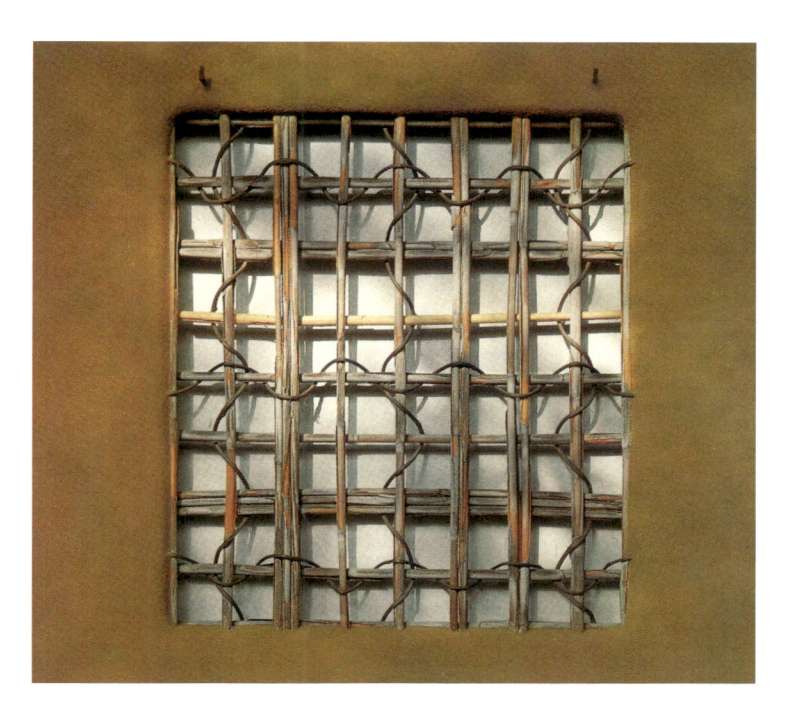

上＝下地窓　下＝天井
左＝床之间、给仕口

中柱、貴人口、躙口

成趣庵

上＝露地和茶室外观　下＝蹲踞

床之间

点前座

吉田生风庵

上＝腰挂
右页图＝中门

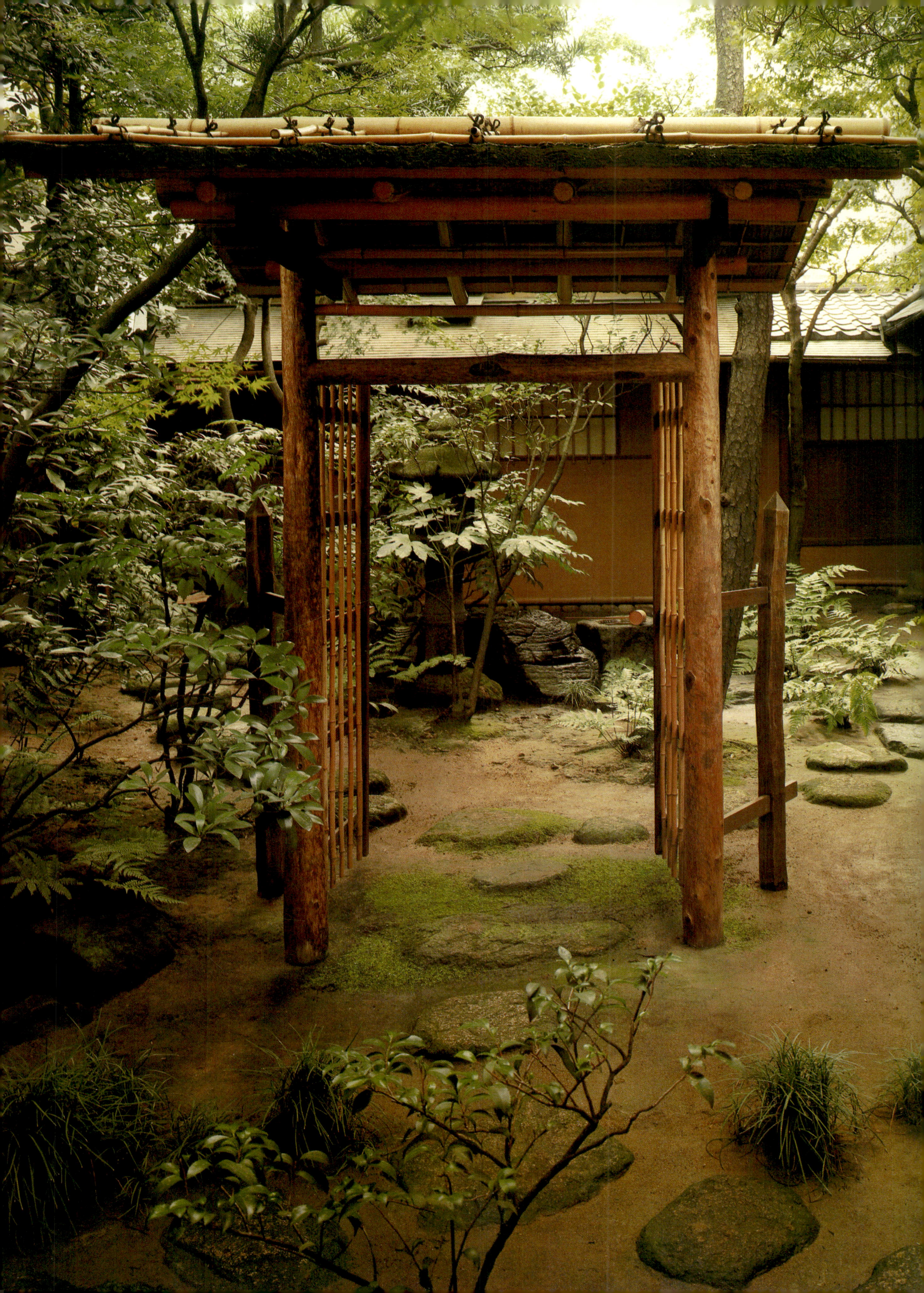

上＝手水钵
右＝茶室外观

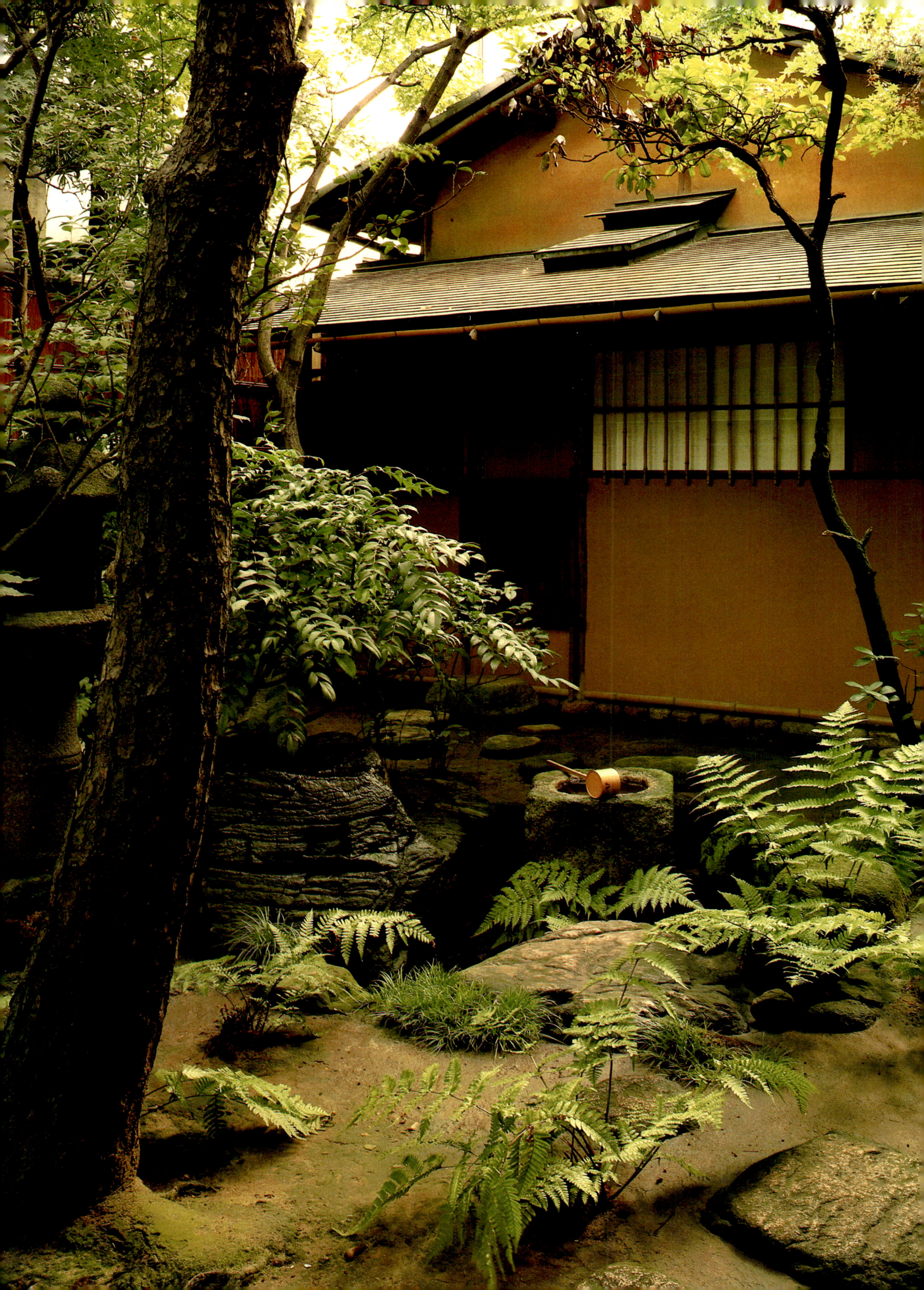

上＝床之间
右页图＝点前座

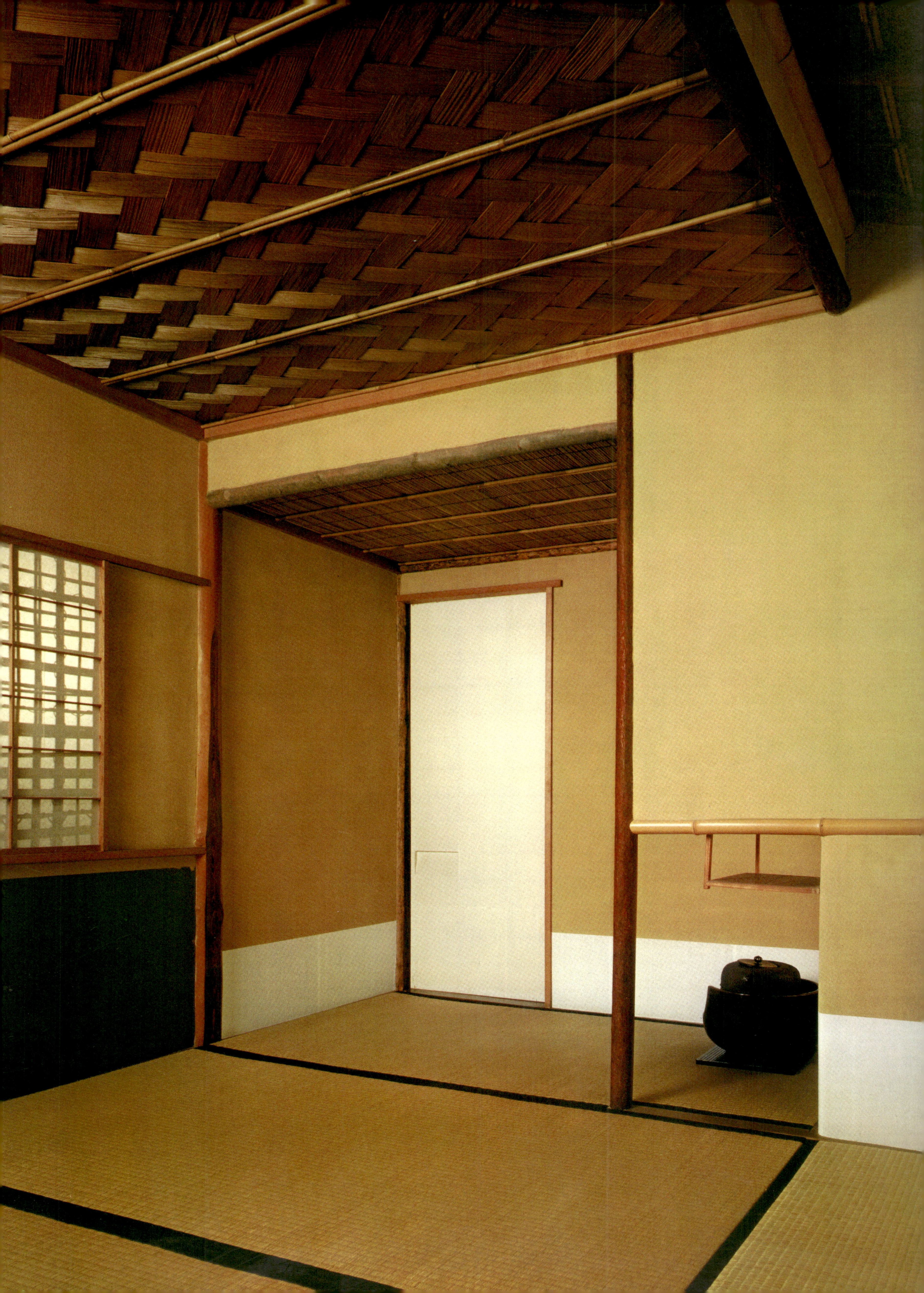

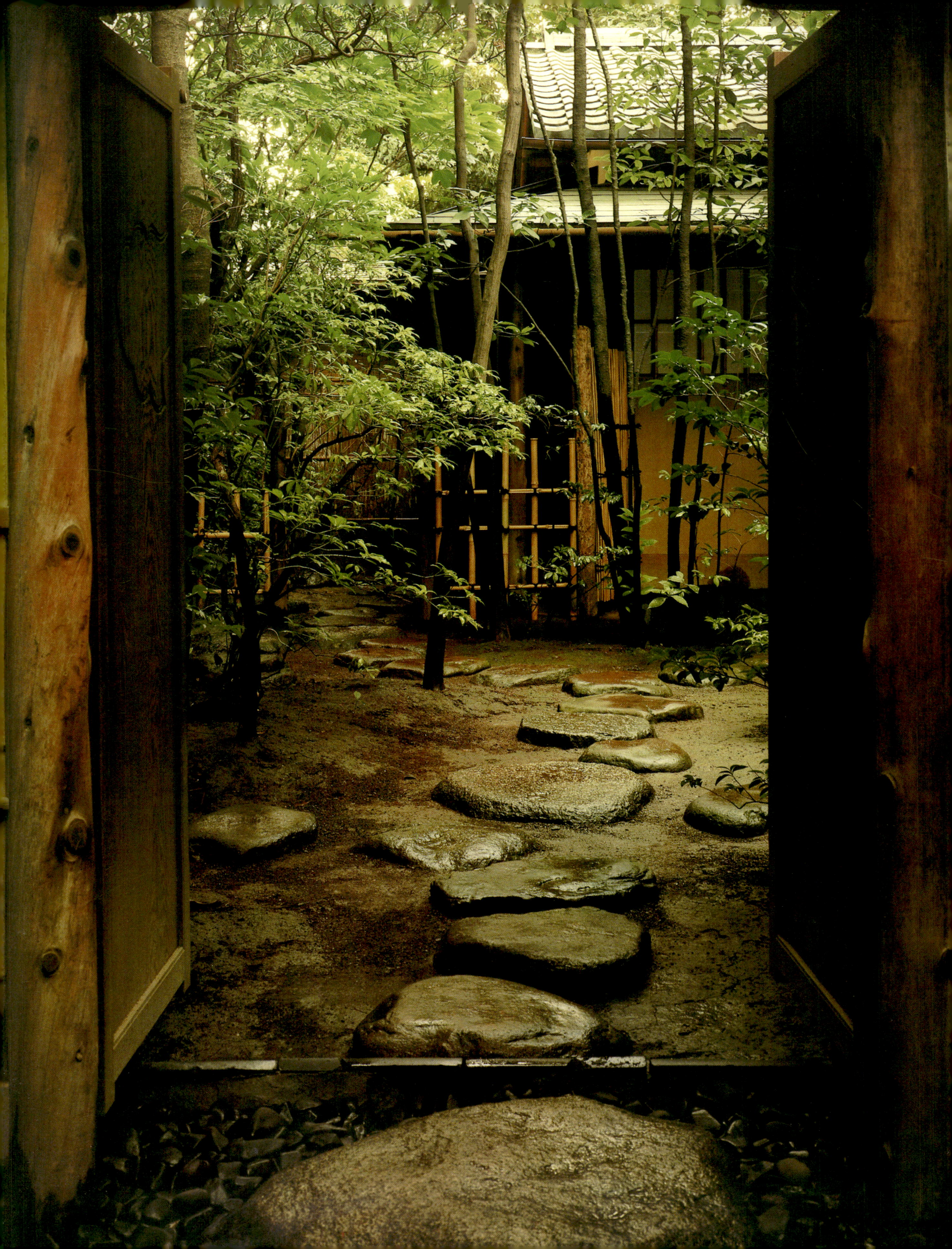

不白堂

左页图＝茶室远景
上＝蹲踞　下＝茶室外观

上＝床之间和给仕口
右页图＝中柱、蹲口

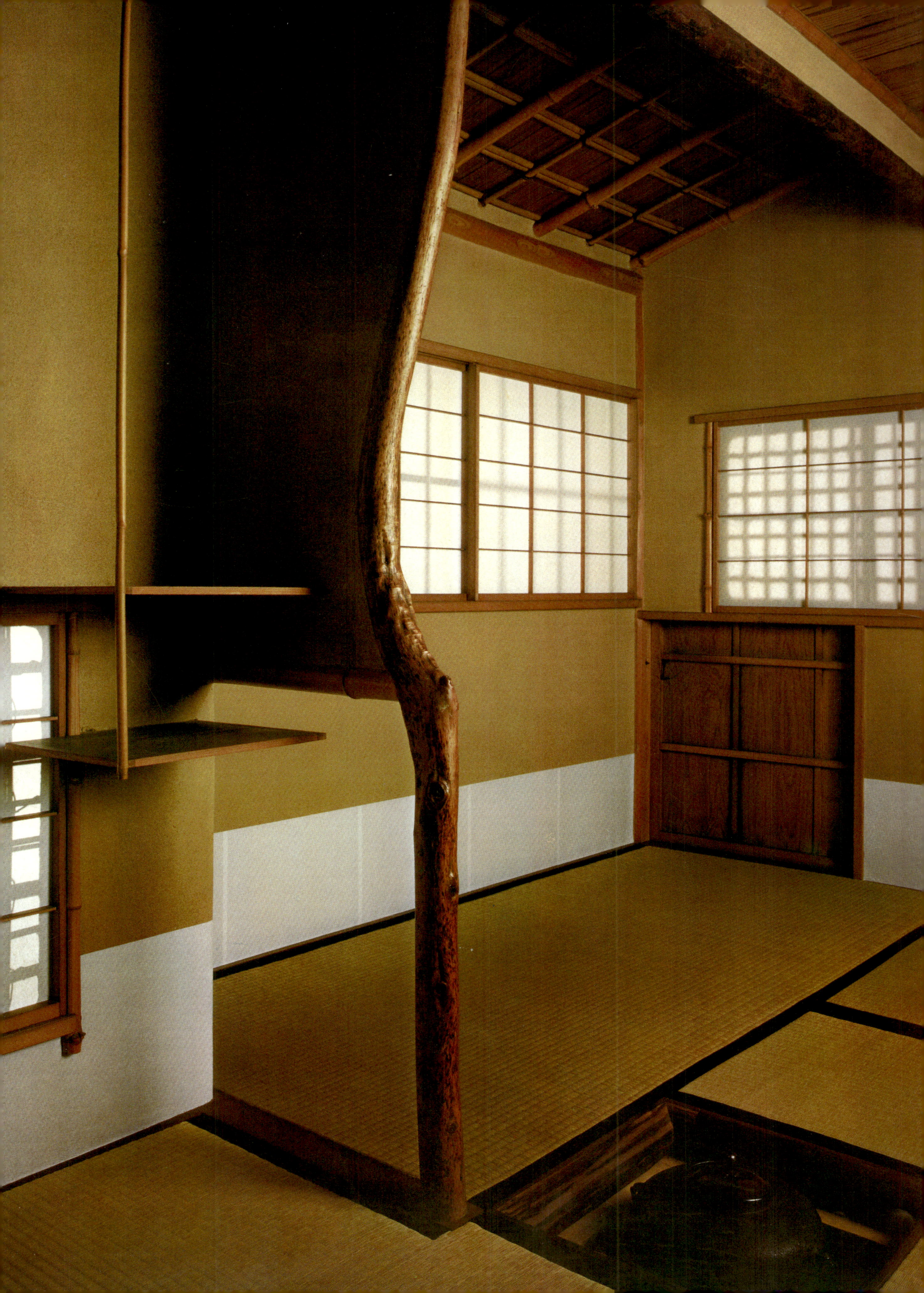

成胜轩

上＝茶室远景
右页图＝茶室外观

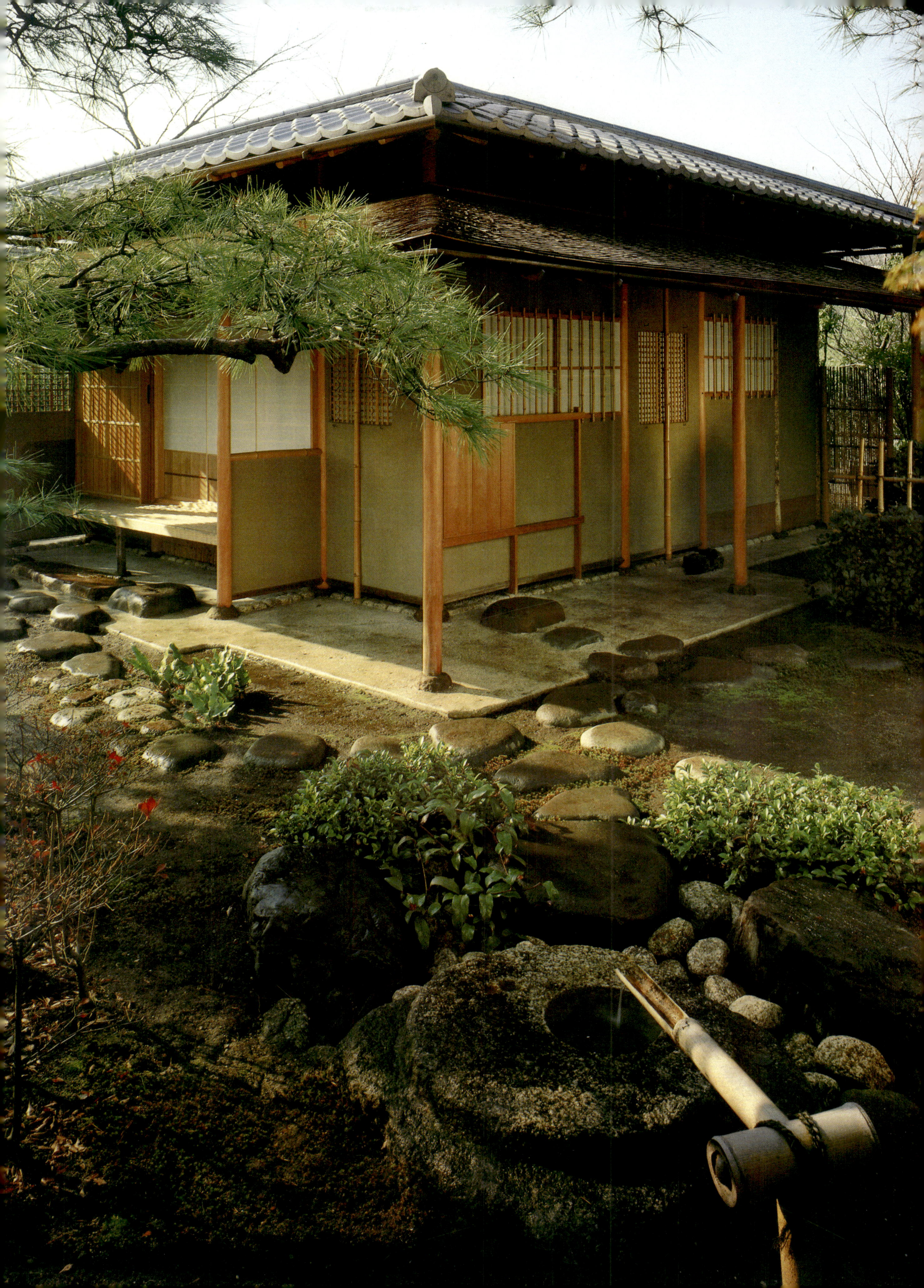

上＝床之间

上＝床之间
下＝水屋

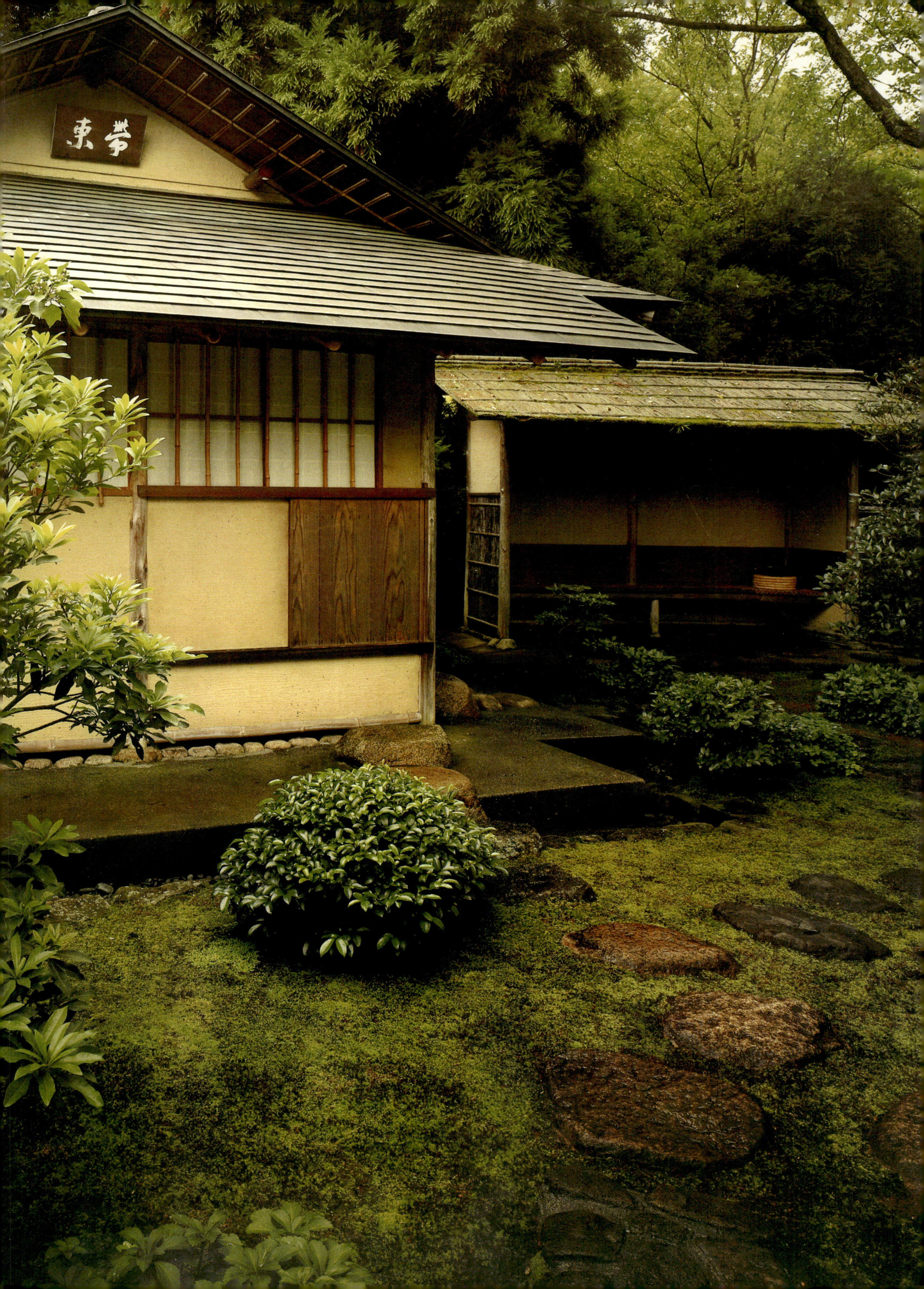

带东

左页图＝茶室和腰挂
上＝蹲踞　下＝尘穴

床之间

点前座

上＝贵人口和蹦口　下＝水屋

清惠庵

茶室外观

上＝腰挂
右页图＝床之间

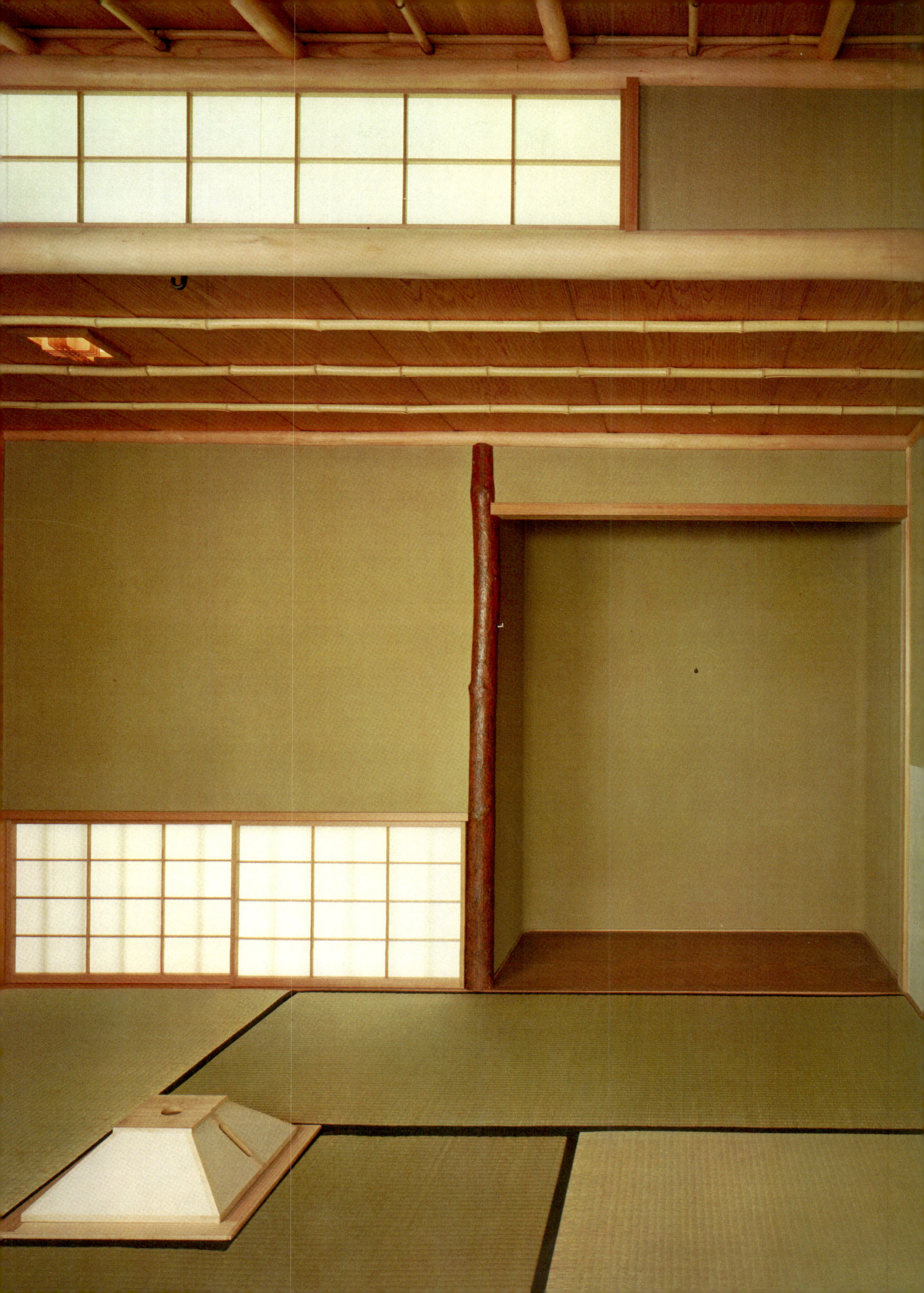

上＝水屋　下＝广间内部

设计图详解（二）

所有者	松尾宗伦
所在地	名古屋市东区
建造、造园年份	昭和二十八年（1954年）
设计	不染斋宗匠
施工	茶室、露地　神谷贞一郎
露地	水野藤一

松隐亭

松隐亭是松尾流宗家松尾宗伦氏邸的茶室。于明治四年（1871年）从京都迁到了名古屋。松隐亭贵为日本国家代表性茶室，却在战争灾难中被烧毁了，实属遗憾。昭和二十四年（1949年），得益于继承了村濑氏宅的十代不染斋，又建造了茶室和露地。昭和四十年（1965年），因前方道路扩建，露地也有所变化。

松尾家历代擅长建筑造园，这块地上的很多工作都是由家主亲手完成的。

主屋的里侧座敷是寄付，顺着檐廊来露地，就可以眺望松隐亭西侧。内庭做成露地，氛围清寂宁静。

松隐亭是四叠敷、下座床、设有鳞板的形式，并设有躏口、贵人口、茶道口和给仕口。南侧与一个八叠广间间隔一个六叠的水屋。松隐亭南侧有一个东西走向延伸的细长露地，这是本宅的中心露地。

松隐亭到广间的土庇之间有笔直的叠石小路，广间的正面赫然立着蹲踞石组，蹲踞石组构成了露地的一大看点。

以原本在樱町邸嘉隐堂前的水钵为中心，布置了扇形的大块前石（供客人蹲下洗手），右边有黑石雕刻的手烛石（供放置烛火）、左边有鞍马汤桶石（供放置热水桶）。水钵是镰仓时代的作品，运用了宝塔形塔身，但却透露着清寂肃穆。

邸内北部嘉隐堂（祖堂）前的四方佛水钵也是镰仓时代的珍品，因其四角的雕刻也被称作猫头鹰手水钵。

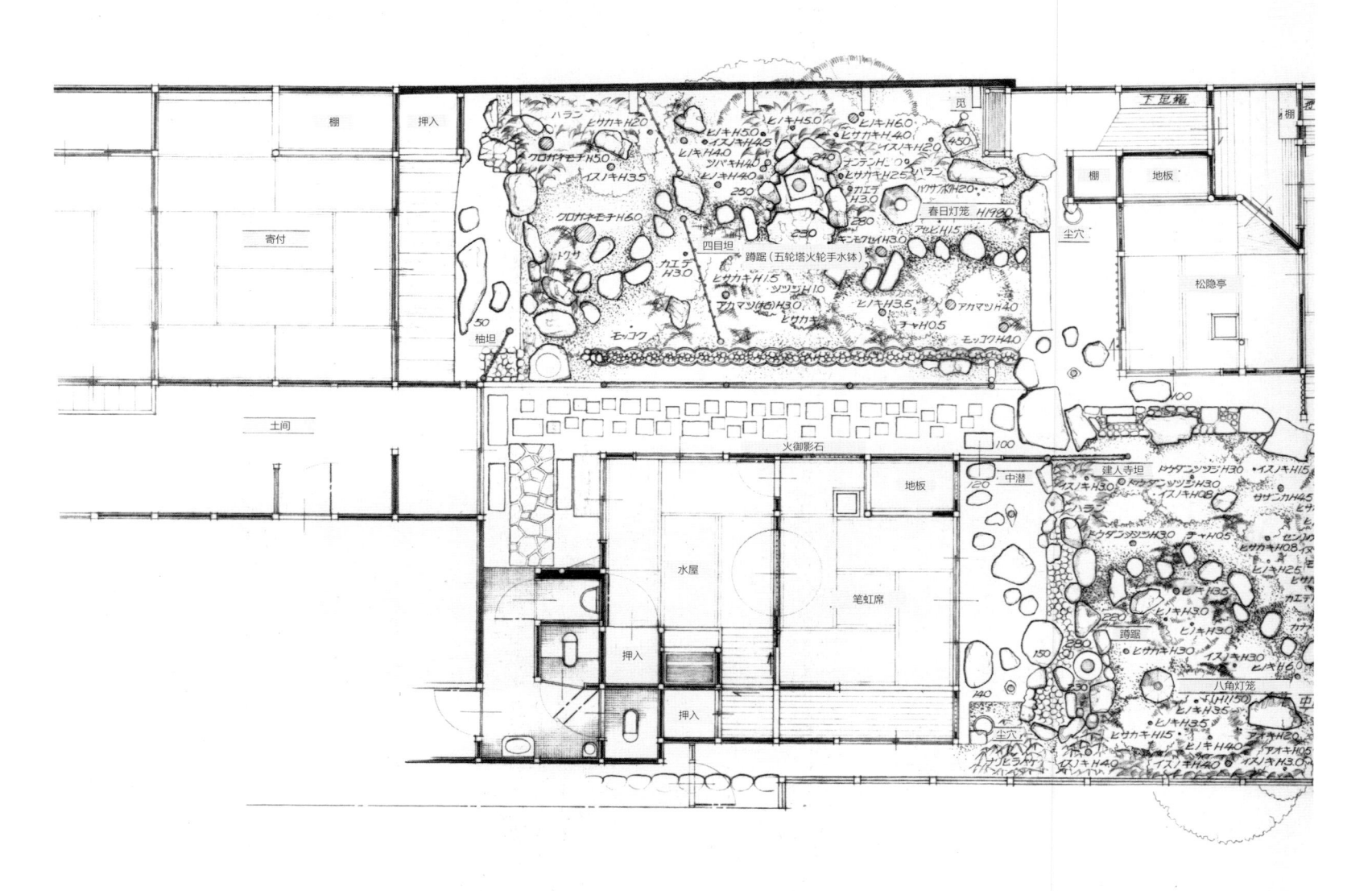

平面图　比例尺1：80

松隐亭　实测图

点前座的蒲天井 　　　　　　　从蹲踞附近眺望茶室

キャラボク	紫杉	カナメモチ	光叶石楠	オオムラサキ	大紫蛱蝶	カクレミノ	半枫荷	ツワブキ	大吴风草
スキ	杉木	ゴロタ	铺圆木	イヌシデ	榛木	ニシキギ	卫矛	ヒノキ	扁柏
シコロチワ	棕榈竹	タカノハススキ	鹰尾羽芒草	ヤマモモ	杨梅	アラカシ	青冈	オカメザサ	倭竹
サンゴジュ	珊瑚珠	ラカンマキ	小叶罗汉松	ヒサカキ	柃木	ツツジ	杜鹃花	シャシャンボ	南烛
アオキ	青木	ゴヨウマシ	五针松	クス	樟木	ドウダン	日本吊钟	カシ	栎树
マサキ	大叶黄杨	ボテ	木瓜	モッコク	厚皮香	ハクチョウゲ	满天星	ヤブコウジ	紫金牛
イワナンテン	筒花木藜芦	ウメ	梅	サカキ	杨桐	クロガネモチ	铁冬青		
サカキ	常青树	ツバキ	山茶	アズマザサ	东小竹	ハマシノブ	铁杆蒿		

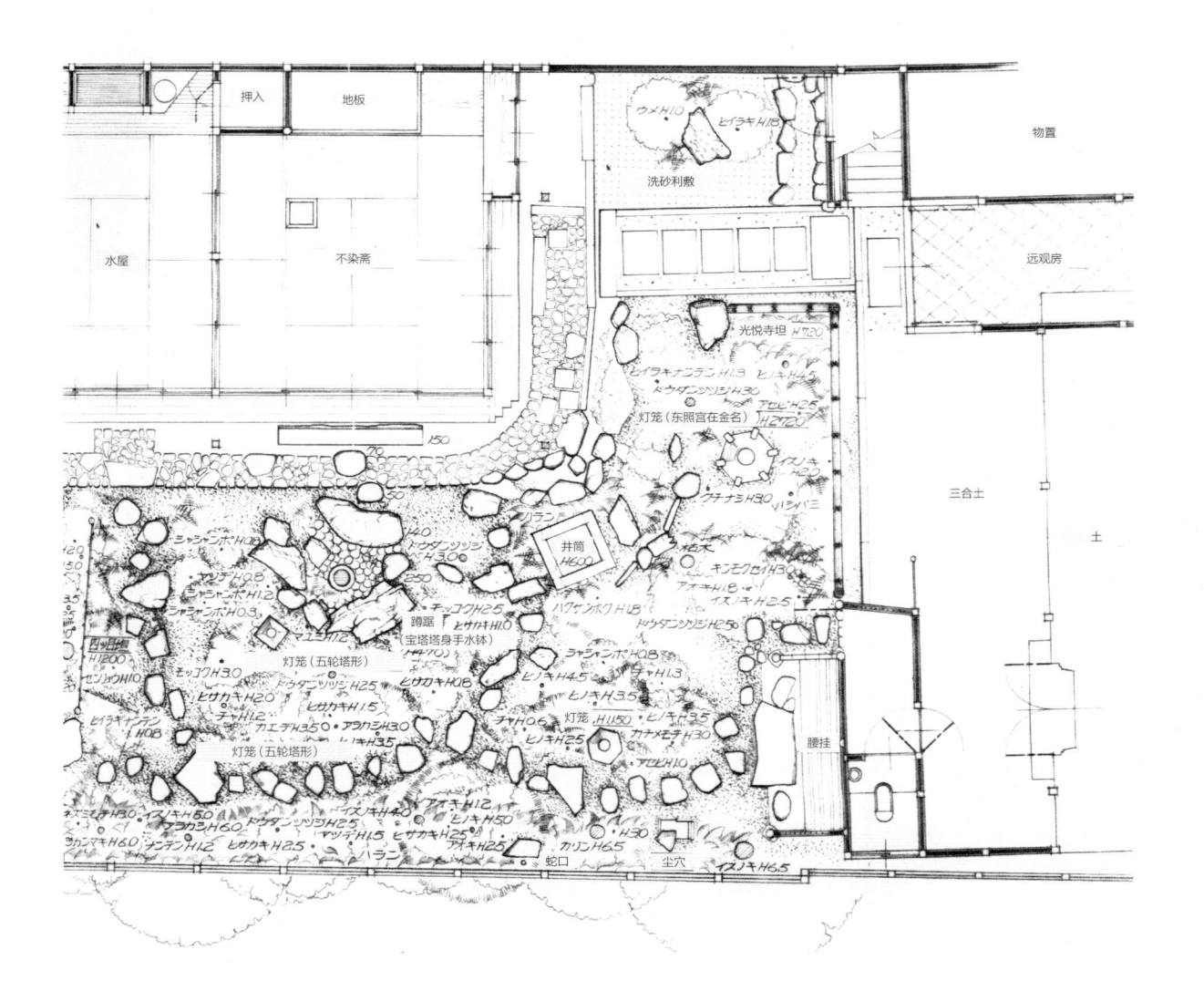

松隐亭　实测图

成趣庵

所有者	小堀宗庆
所在地	东京都新宿区
迁筑年份	昭和三十六年（1961年）
造园年份	昭和二十九年（1954年）
设计	茶室　木村清兵卫 露地　小堀宗庆
施工	藤森明丰斋（迁筑）
露地	风间宗丘

　　小堀家成趣庵是远州流家元小堀宗庆氏邸的茶室。第二次世界大战结束后，该地新建了住宅，之后才出现了这个茶室。该茶室是茶室匠木村清兵卫的作品，被藤森明丰斋迁筑。因远州的一句"成趣庵红梅半开时节"，被命名为成趣庵。

　　远州的伏见屋敷也有一个名为成趣庵的茶室，但并未传承成趣庵的格局形式。其为三叠台目、下座床，设有贵人口和躙口。点前座位置靠近客座中央，给仕口开在床之间旁边，这种格局形式深受远州偏好。茶道口的后方铺有鳞板，使座席之间不会过于狭窄，这点格外引人注目。

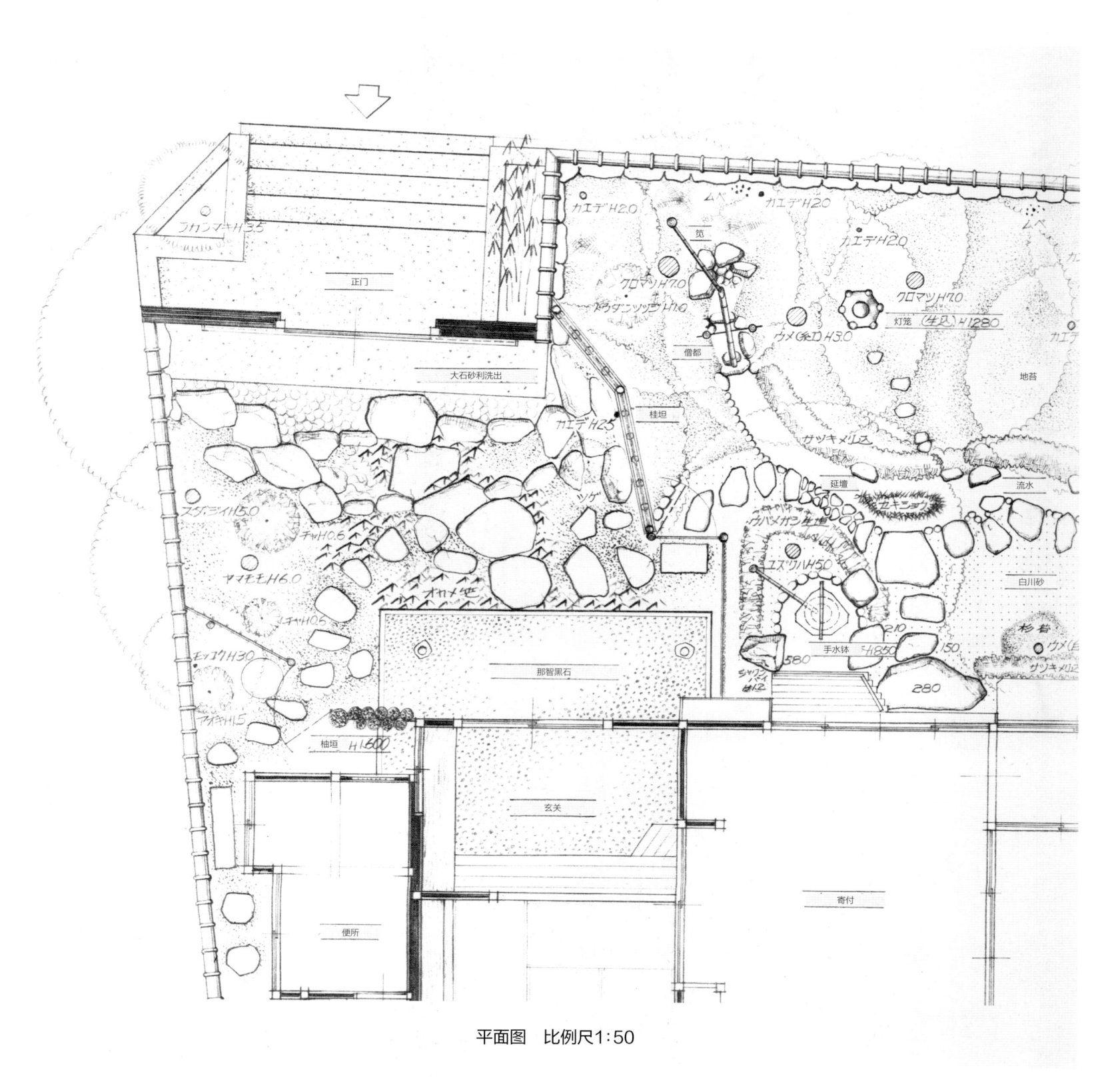

平面图　比例尺1:50

成趣庵　实测图

露地 　　　　　　　　　　　　　　　茶室外观

キャラボク	紫杉	カナメモチ	光叶石楠	オオムラサキ	大紫蛱蝶	カクレミノ	半枫荷	ツワブキ	大吴风草
スギ	杉木	ゴロタ	铺圆木	イヌシデ	榛木	ニシキギ	卫矛	ヒノキ	扁柏
シコロチワ	棕榈竹	タカノハススキ	鹰尾羽芒草	ヤマモモ	杨梅	アラカシ	青冈	オカメザサ	倭竹
サンゴジュ	珊瑚珠	ラカンマキ	小叶罗汉松	ヒサカキ	柃木	ツツジ	杜鹃花	シャシャンボ	南烛
アオキ	青木	ゴヨウマツ	五针松	クス	樟木	ドウダン	日本吊钟	カシ	栎树
マサキ	大叶黄杨	ボテ	木瓜	モッコク	厚皮香	ハクチョウゲ	满天星	ヤブコウジ	紫金牛
イワナンテン	筒花木藜芦	ウメ	梅	サカキ	杨桐	クロガネモチ	铁冬青		
サカキ	常青树	ツバキ	山茶	アズマザサ	东小竹	ハマシノブ	铁杆鹭		

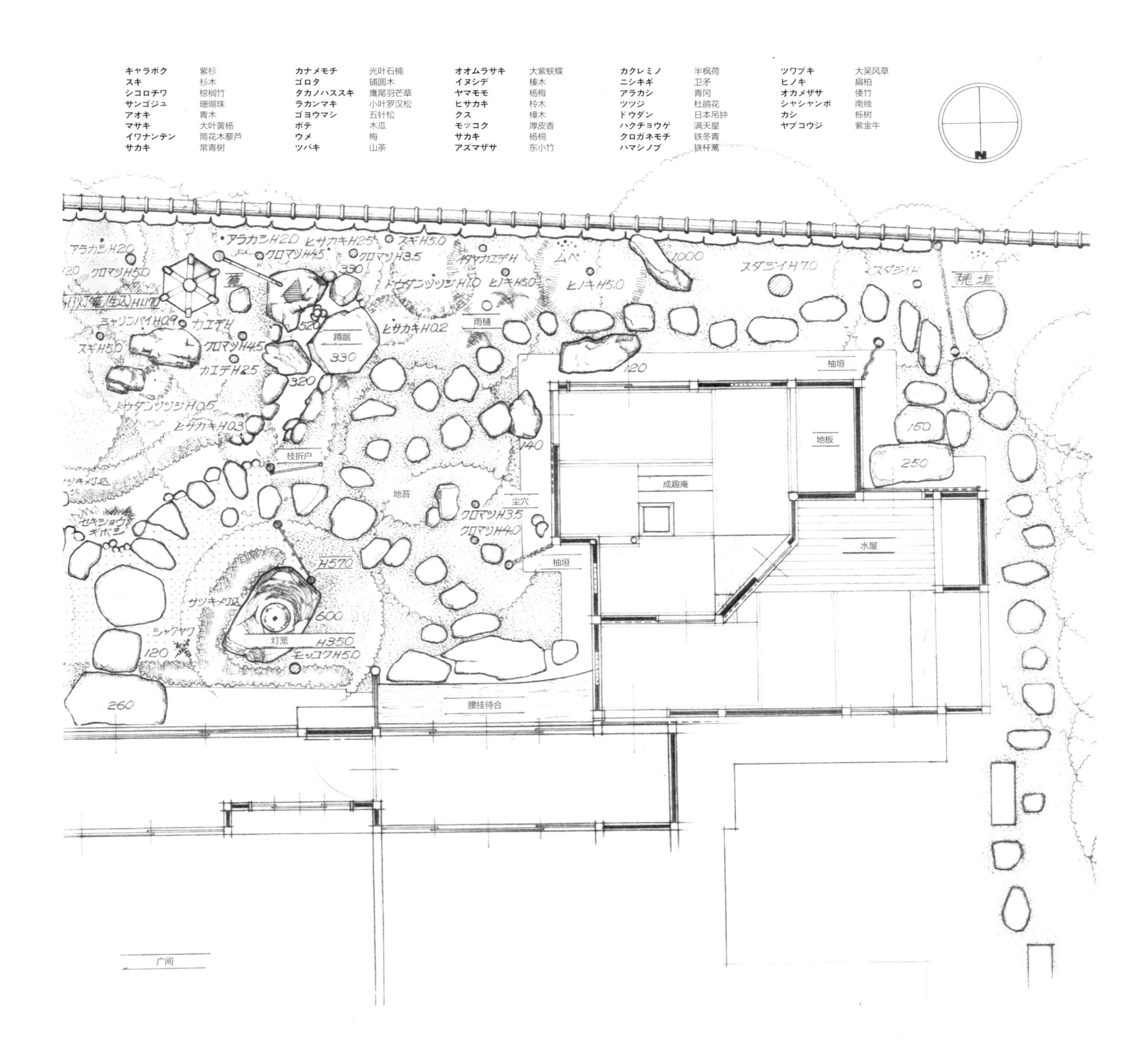

成趣庵　实测图

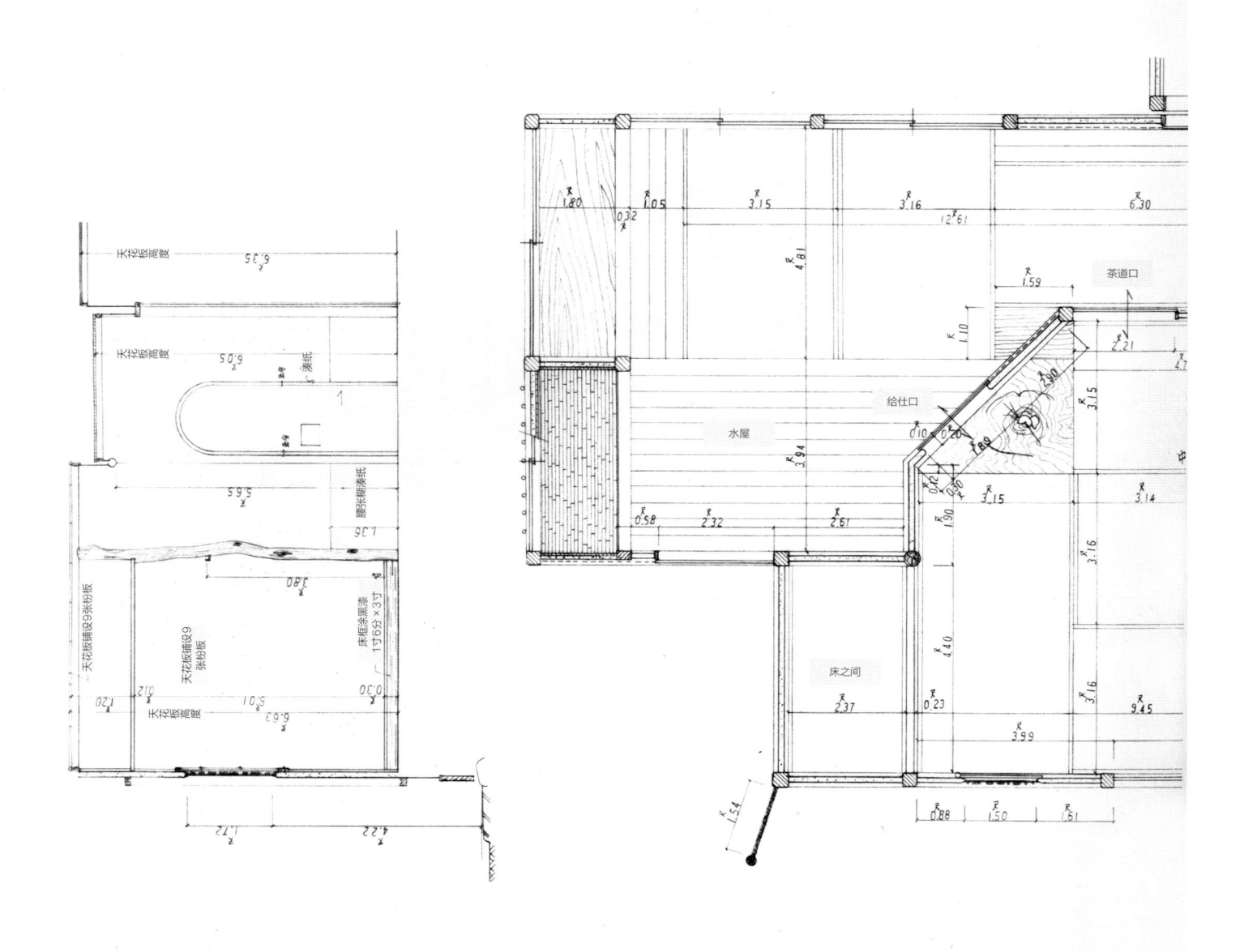

茶室平面图及展开图　比例尺1∶30

成趣庵　实测图

成趣庵　实测图

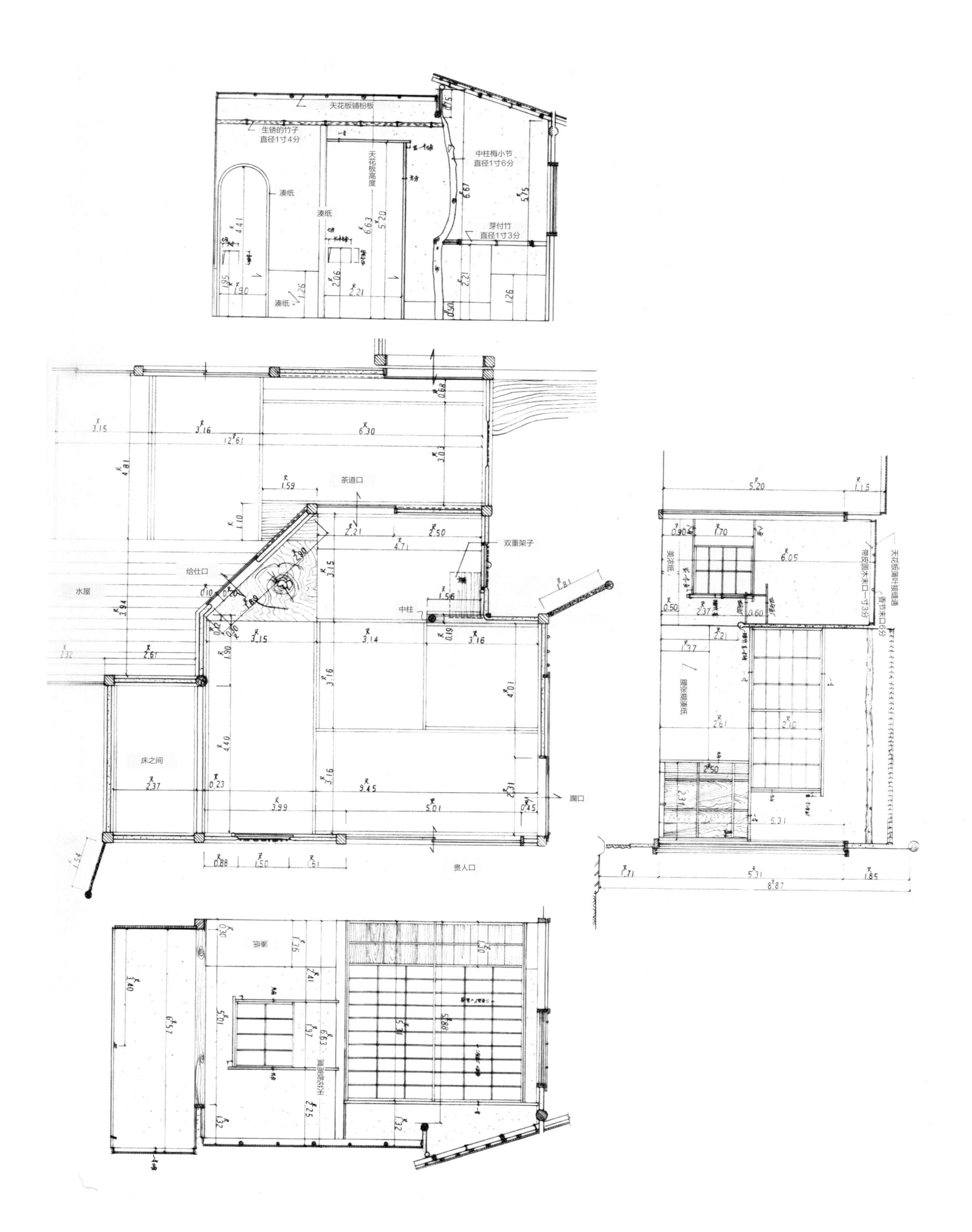

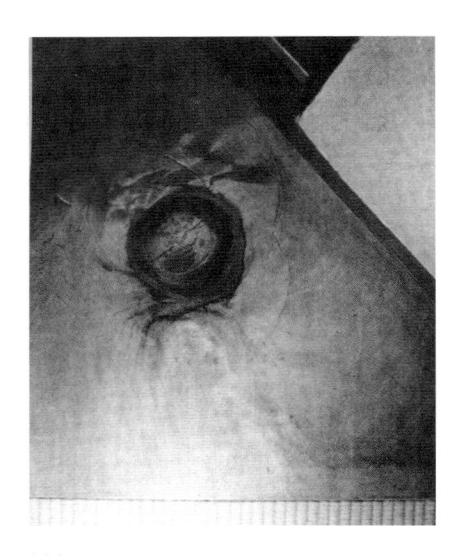

鳞板 　　　　　　　　　　平天井和落天井 　　　　　　仰望天井

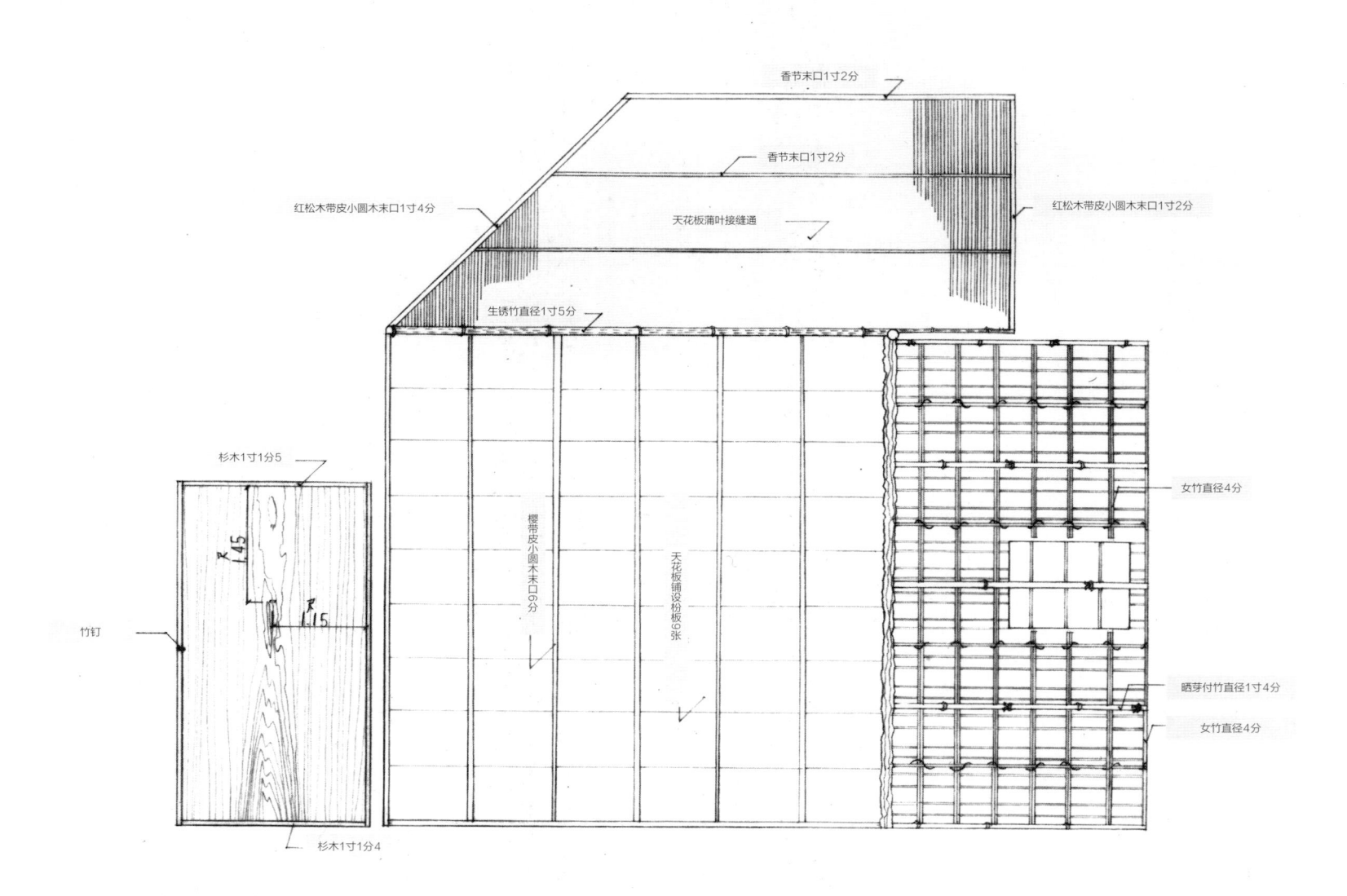

茶室天井平面投影图　比例尺1:20

成趣庵　实测图

从给仕口看蹲口一侧　　　　　　　　蹲口附近

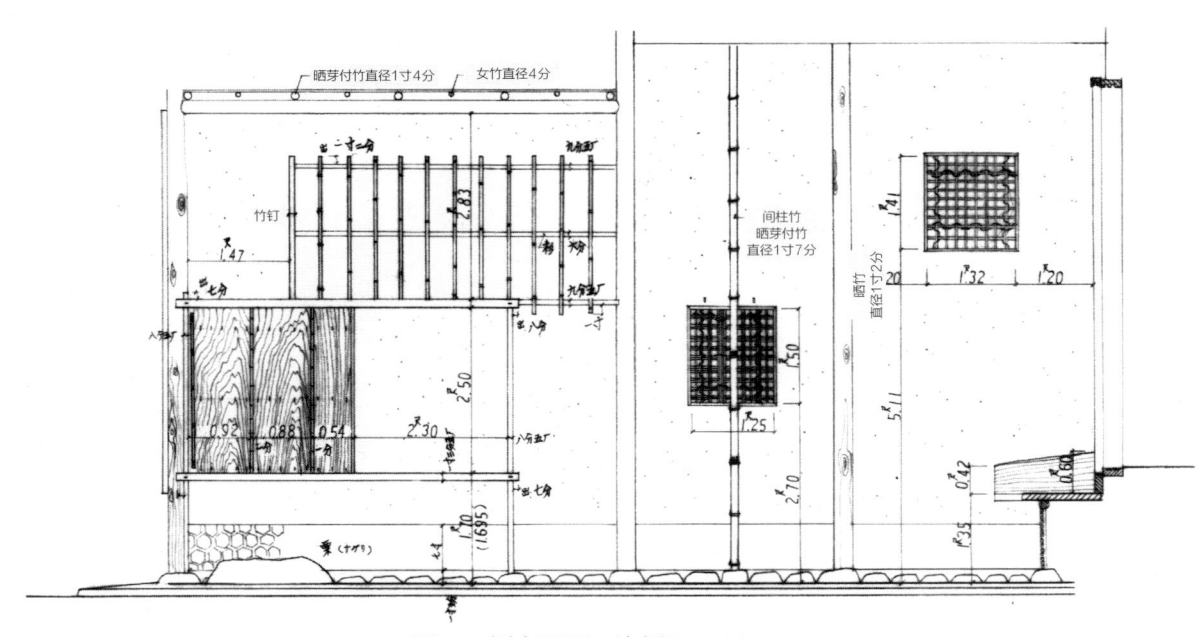

蹲口一侧立面图　比例尺1:30

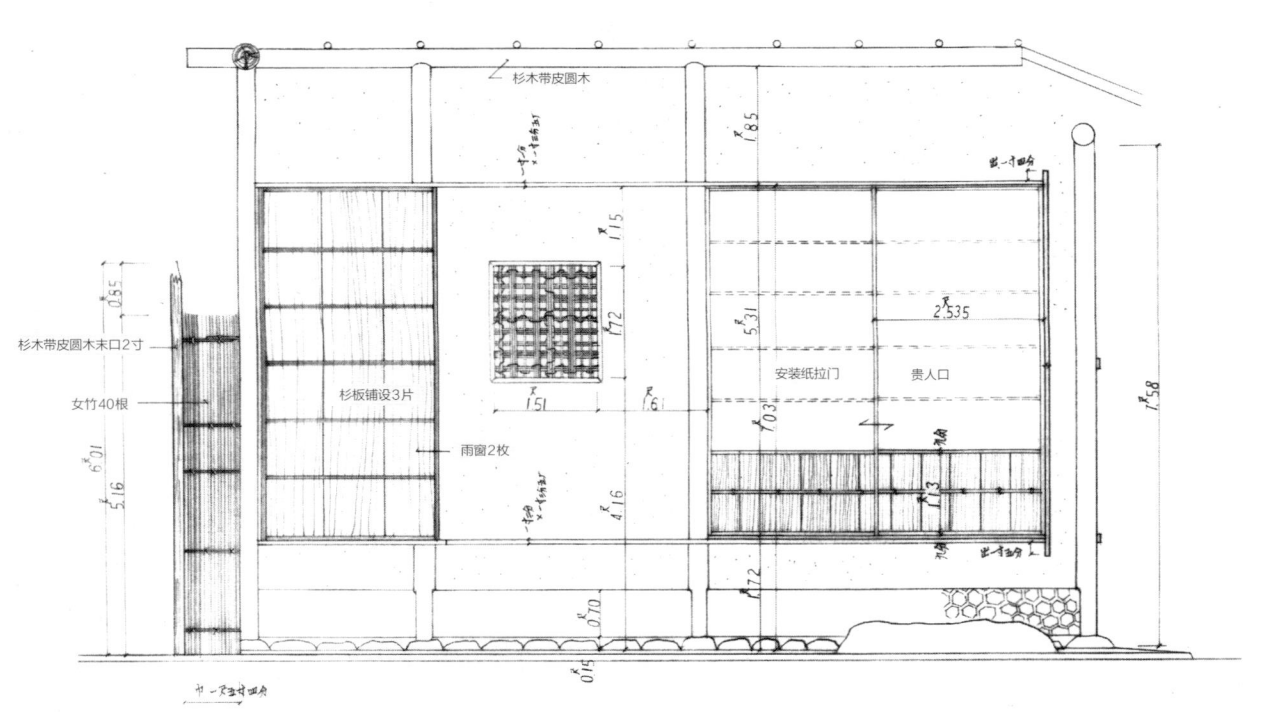

贵人口一侧立面图　比例尺1:30

成趣庵　实测图

生风庵

所有者	吉田舜二
所在地	名古屋市中区
建造年份	昭和三十四年（1959年）
造园年份	昭和三十五年（1960年）
设计	吉田绍村
施工 茶室	伊藤竹次郎
露地	水野藤一

吉田家是继承昭和以来历代表千家流派的名古屋茶道世家。河原町宅是吉田绍清的后人吉田绍村的偏好。

茶室生风庵是四叠敷，设有板叠、袋床（设有落挂和袖墙的洞床）和台目。以笔直的中柱构建出来的台目格局为基础，继承了部分以不审庵和半床庵为模板的千家流派手法的同时，还加入了独立的构思，称得上是与众不同的艺术作品。

露地的打造手法也充分体现了千家流的技法。

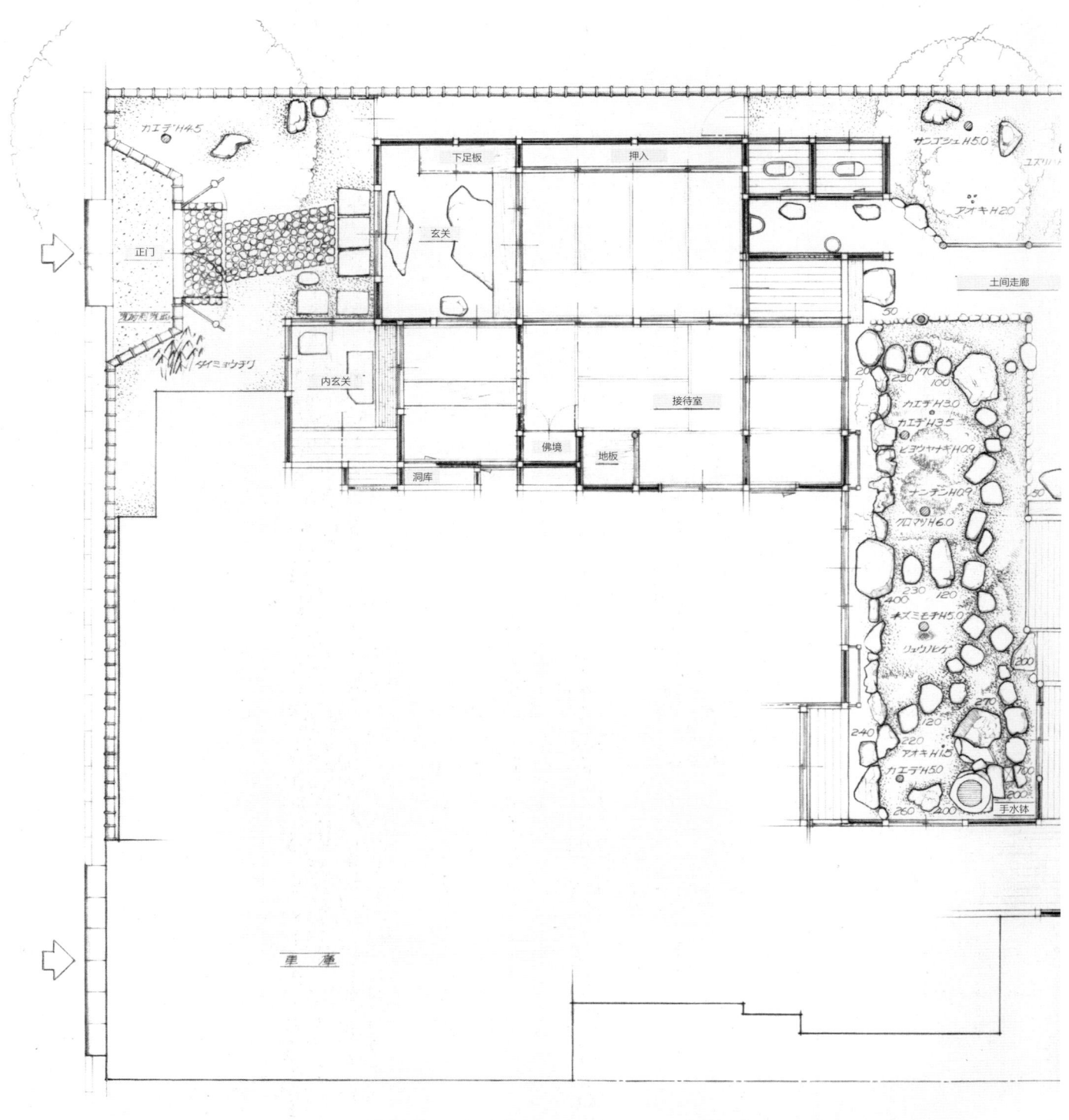

平面图　比例尺1:80

生风庵　实测图

从蹲踞看蹲踞 　　　　　　　　　　　中门附近

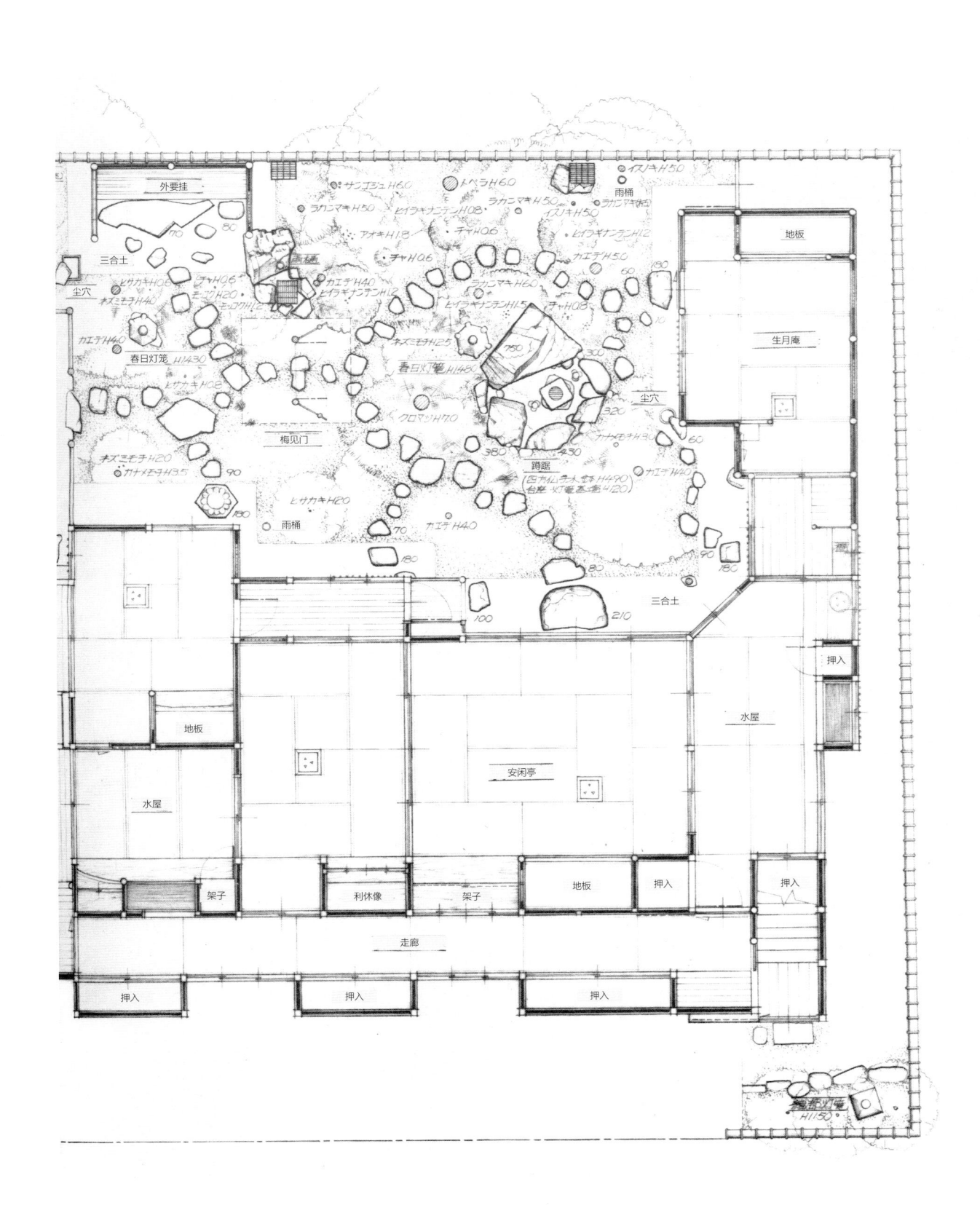

キャラボク	紫杉
スギ	杉木
シコロチワ	棕榈竹
サンゴジュ	珊瑚珠
アオキ	青木
マサキ	大叶黄杨
イワナンテン	筒花木藜芦
サカキ	常青树
カナメモチ	光叶石楠
ゴロタ	铺圆木
タカノハススキ	鹰尾羽芒草
ラカンマキ	小叶罗汉松
ゴヨウマシ	五针松
ボテ	木瓜
ウメ	梅
ツバキ	山茶
オオムラサキ	大紫蛱蝶
イヌシデ	榛木
ヤマモモ	杨梅
ヒサカキ	柃木
クス	樟木
モッコク	厚皮香
サカキ	杨桐
アズマザサ	东小竹
カクレミノ	半枫荷
ニシキギ	卫矛
アラカシ	青冈
ツツジ	杜鹃花
ドウダン	日本吊钟
ハクチョウゲ	满天星
クロガネモチ	铁冬青
ハマシノブ	铁杆蒿
ツワブキ	大吴风草
ヒノキ	扁柏
オカメザサ	倭竹
シャシャンボ	南烛
カシ	栎树
ヤブコウジ	紫金牛

生风庵　实测图

不白堂

所有者 川上闲雪
所在地 东京都文京区
建造年份 昭和四十年（1965年）
造园年份 昭和四十一年（1966年）
设计、施工
　茶室　清水繁太郎
　露地　冈部造园

不白堂是江户千家的川上闲雪氏邸内的茶室。江户千家以川上不白为流派鼻祖。

建于谷中安立寺的不白堂是三叠敷，台目中设切炉，立有中柱。客座二叠上方的顶棚是化妆屋根里，点前座上方是落天井。虽然不能说是完全复原，但的确是清水繁太郎根据安立寺的不白堂建造的茶室。与床之间成直角设佛龛，这也是这个茶室的特色，但仍然未离本歌（正统风格）。客座为三叠敷，设台目点前座是织部与远州共同的格局偏好。正因为采用了这种格局形式，使本歌（正统风格）中也加入了些新的理念。

平天井和化妆屋根里的融合手法与成趣庵有相同之处，笔者认为这是对关东风格的偏好。

佛龛部分运用了障子的组子（细木条）设计，自然地展示着其风格。

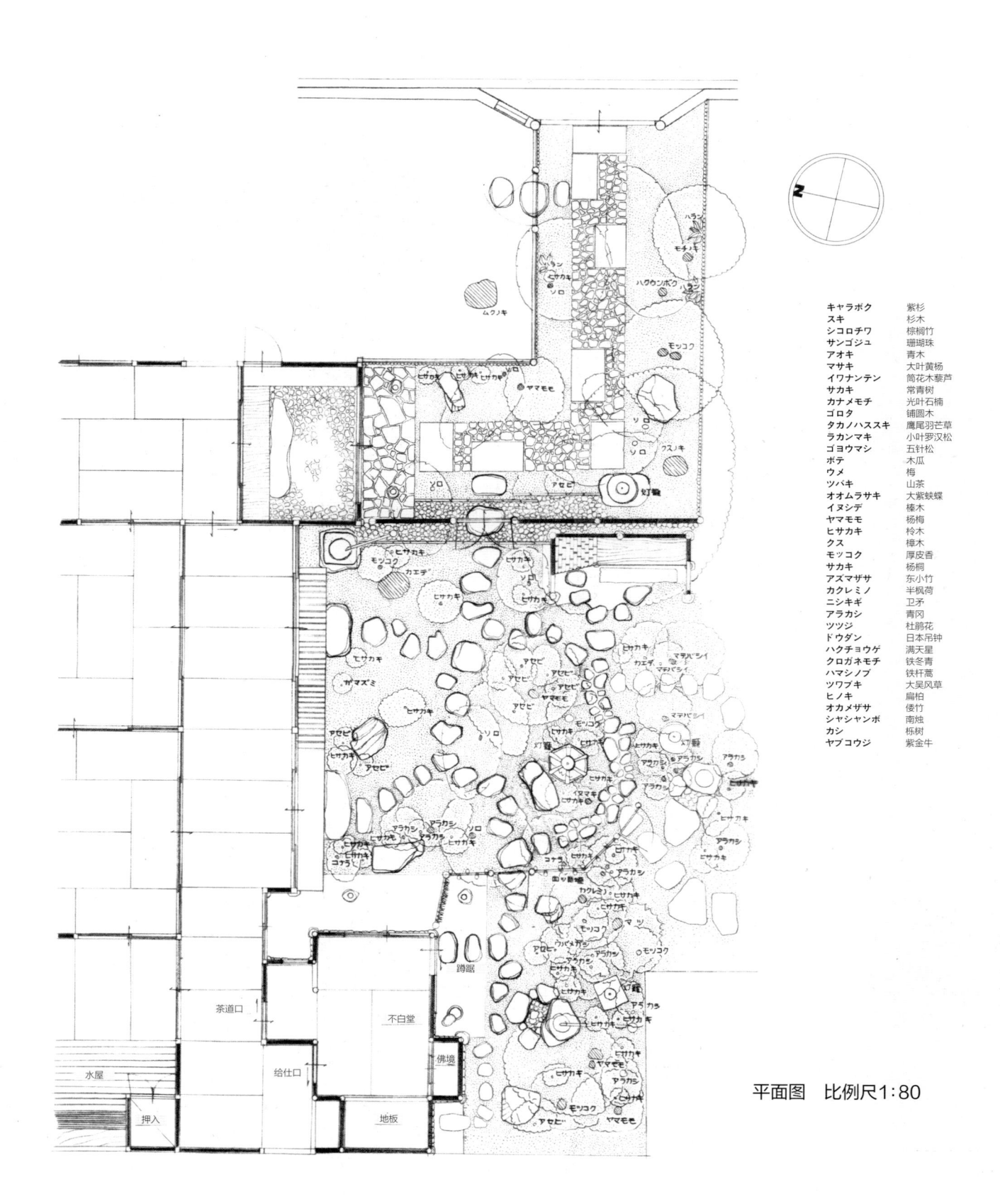

キャラボク	紫杉
スキ	杉木
シコロチワ	棕榈竹
サンゴジュ	珊瑚珠
アオキ	青木
マサキ	大叶黄杨
イワナンテン	筒花木藜芦
サカキ	常青树
カナメモチ	光叶石楠
ゴロタ	铺圆木
タカノハススキ	鹰尾羽芒草
ラカンマキ	小叶罗汉松
ゴヨウマツ	五针松
ボケ	木瓜
ウメ	梅
ツバキ	山茶
オオムラサキ	大紫蛱蝶
イヌシデ	榛木
ヤマモモ	杨梅
ヒサカキ	柃木
クス	樟木
モッコク	厚皮香
サカキ	杨桐
アズマザサ	东小竹
カクレミノ	半枫荷
ニシキギ	卫矛
アラカシ	青冈
ツツジ	杜鹃花
ドウダン	日本吊钟
ハクチョウゲ	满天星
クロガネモチ	铁冬青
ハマシノブ	铁杆蒿
ツワブキ	大吴风草
ヒノキ	扁柏
オカメザサ	倭竹
シャシャンボ	南烛
カシ	栎树
ヤブコウジ	紫金牛

不白堂　实测图

平面图　比例尺 1∶80

框和床柱　　　　　　　　　　　点前座上方的天井　　　　　　　　祖堂

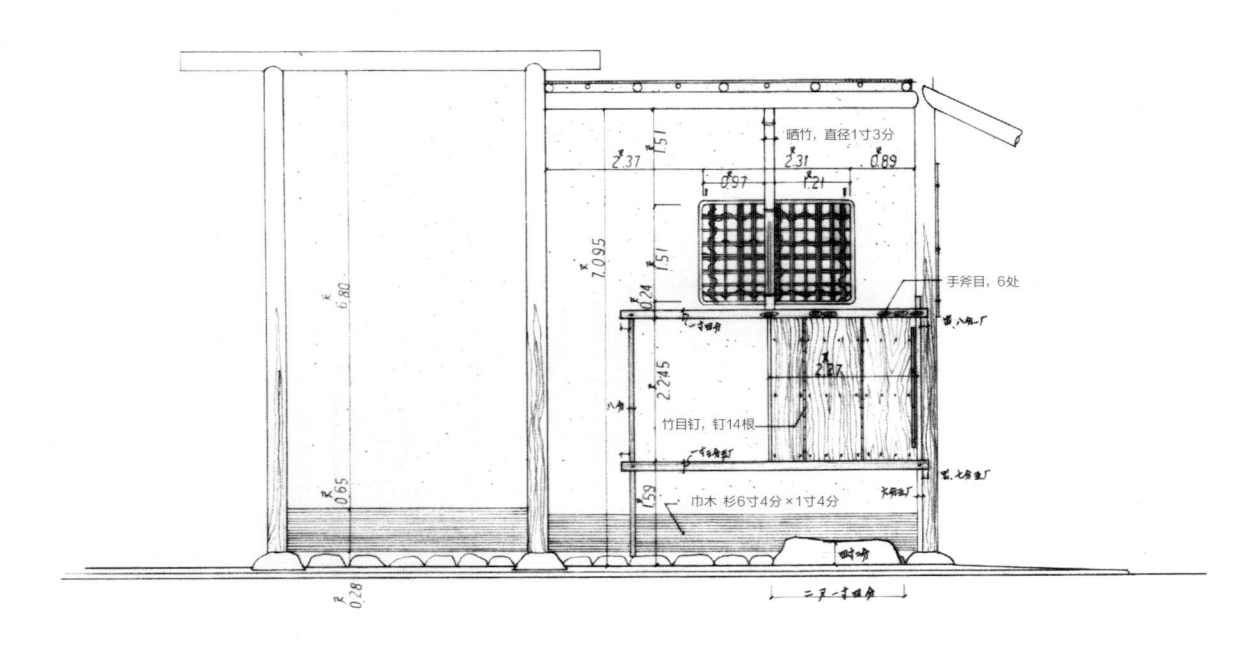

躙口一侧立面图　比例尺1:30

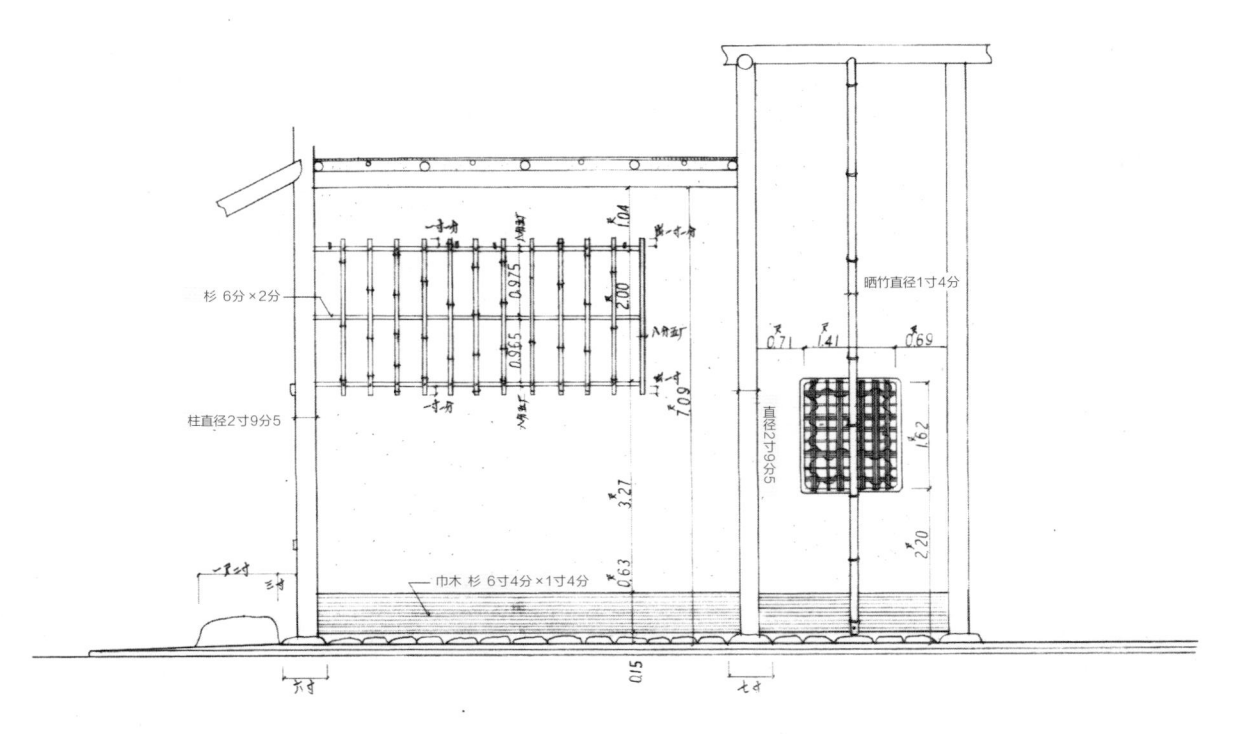

东侧立面图　比例尺1:30

不白堂　实测图

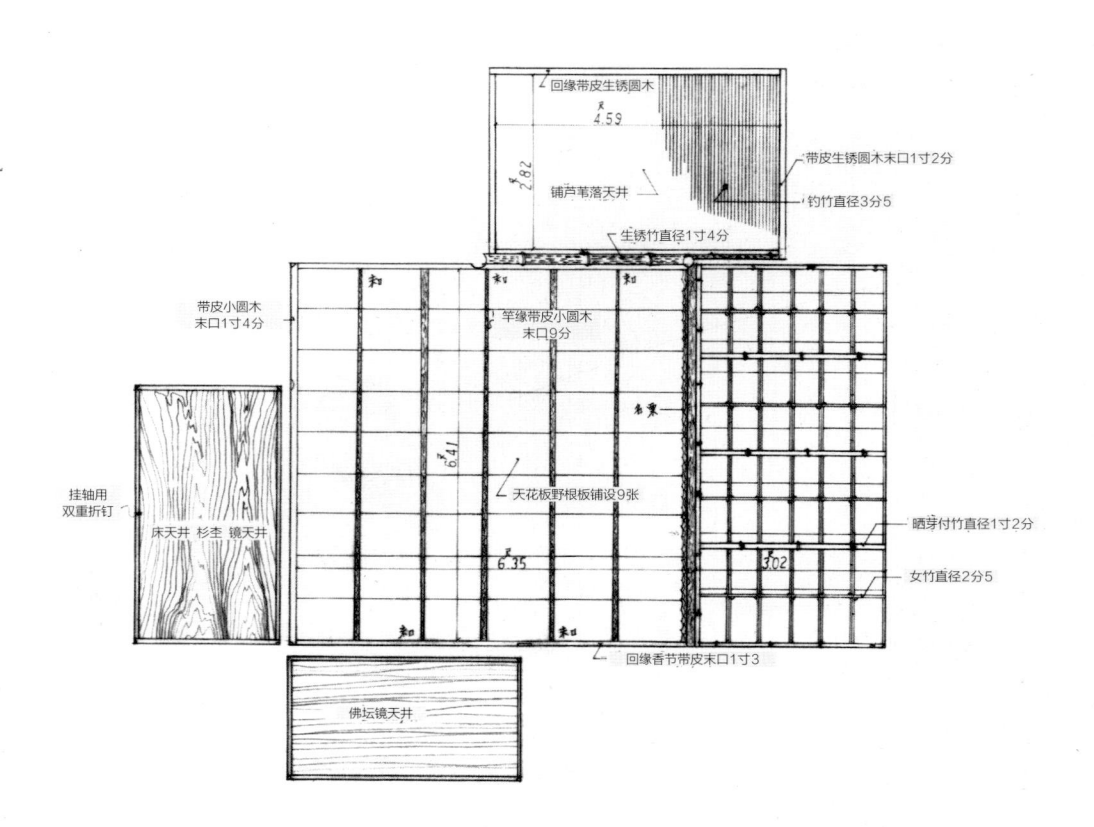

茶室天井平面投影图　比例尺1∶30

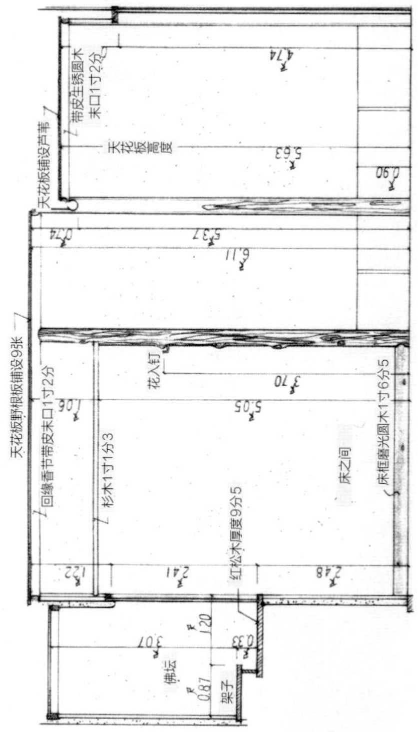

茶室平面详细图及展开图
比例尺1∶30

不白堂　实测图

不白堂　实测图

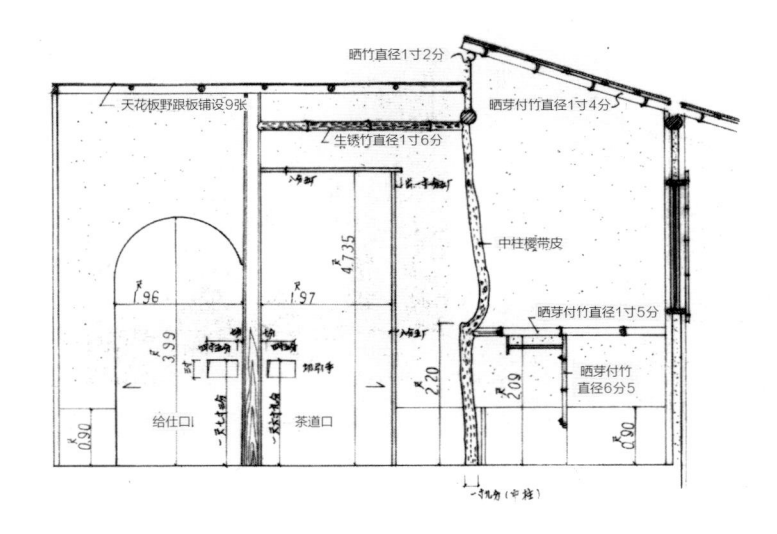

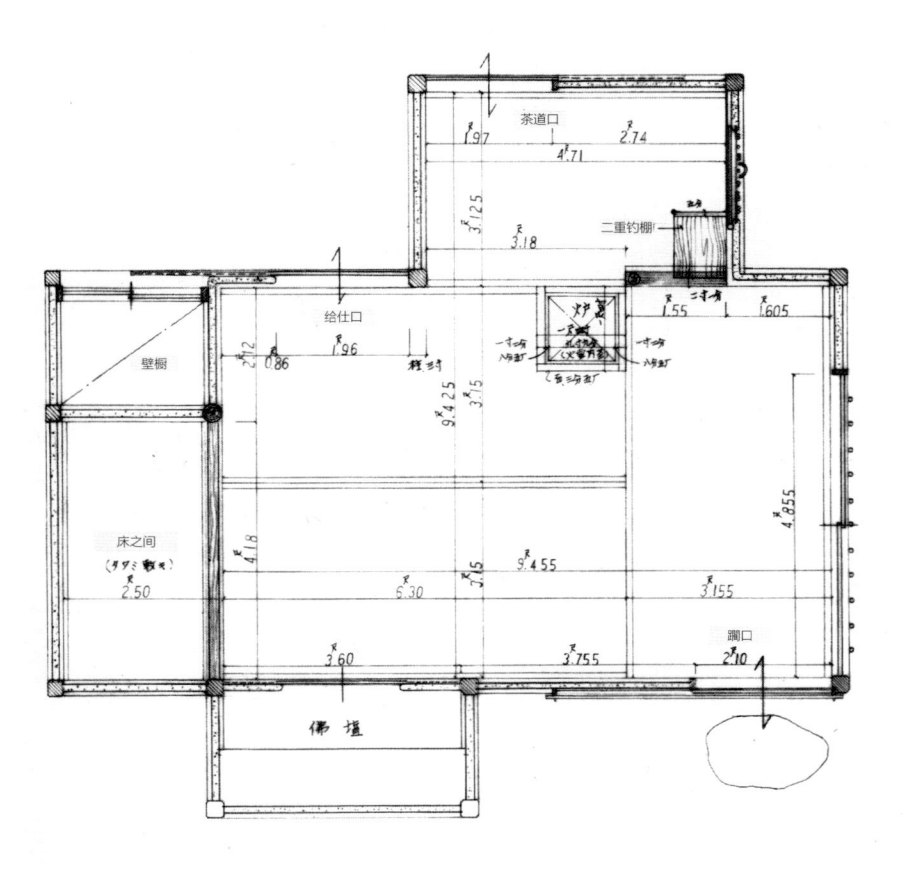

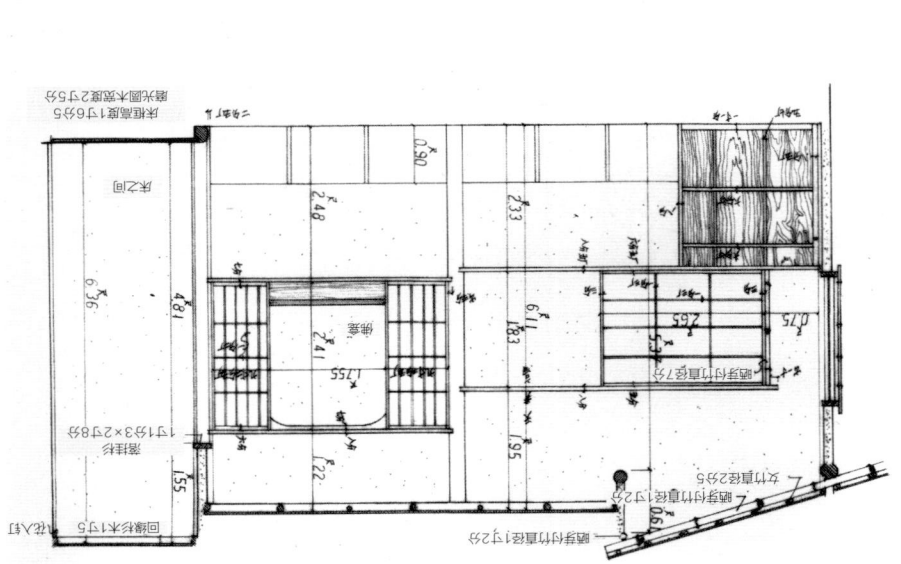

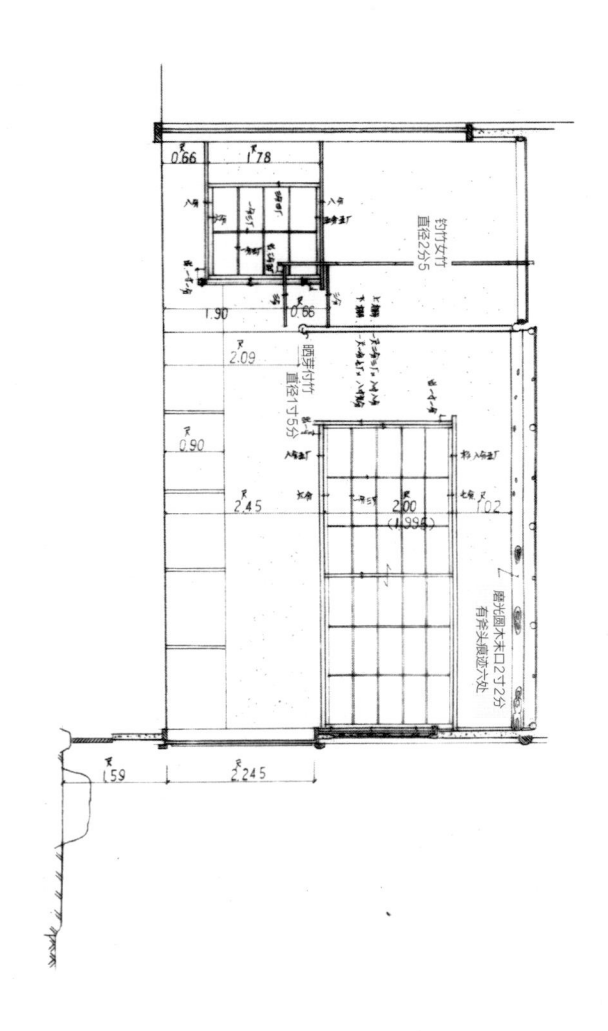

成胜轩

管理者	京都传统产业会馆
所在地	京都市左京区
建造、造园年份	昭和五十二年（1977年）
设计	茶室、露地 京都传统建筑研究会
施工	茶室 京都传统建筑研究会
露地	京都府造园协同组合

成胜轩是京都市传统产业会馆园区内的茶室。这块位于冈崎的土地原本是平安时代六胜寺之一的成胜寺的所在地，茶室名称也正源于此。

建造规划既是园内庭园计划的一部分，也是京都传承各种传统产业的一环，旨在向外界展示茶道建筑及造园技术。建造规划由京都市政府牵头，茶室和露地是由京都传统建筑研究会及京都府造园协同组合捐赠的。

自西向南，水渠环绕，会馆矗立眼前。这种土地布局条件决定了要尽量缩小茶室规模。因此，设计者采用了常见的四叠半大小，再加上胜手水屋，腰挂的土间庇也做了檐。

虽然是很简单的格局，但是寄栋屋根（庑殿顶形状屋顶）周围自北向东围绕着较深的土间庇，在保持着平和氛围的同时，还制造了一些外观的变化感。躙口对面开了三扇拉门口，这也是为了达到展示效果而做的小设计。与东侧的开放性结构形成对比，茶道口与给仕口都是单扇的方立口（门框与上门栏垂直），彰显了草庵茶室的规范。

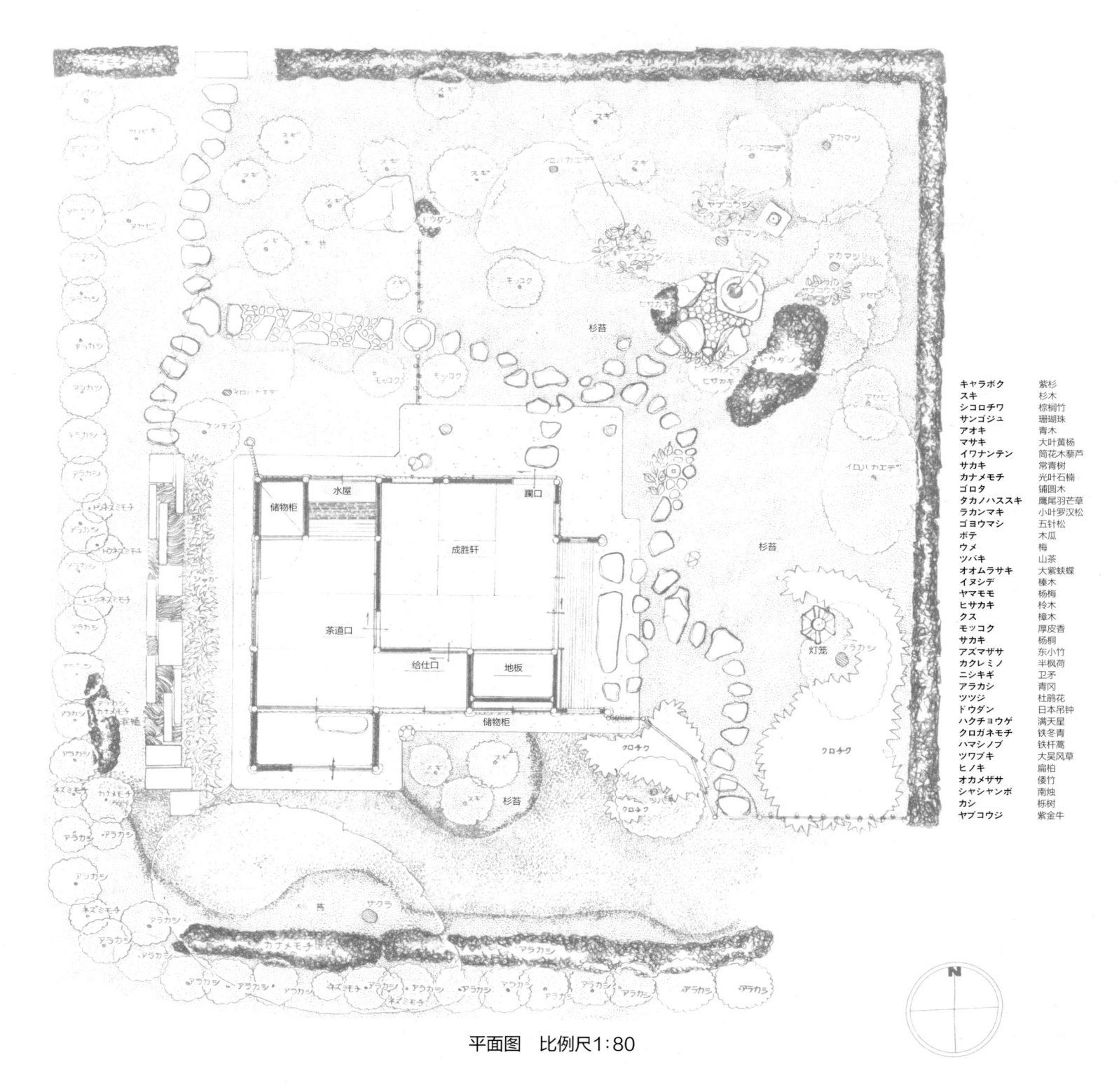

キャラボク	紫杉
スキ	杉木
シコロチワ	棕榈竹
サンゴジュ	珊瑚珠
アオキ	青木
マサキ	大叶黄杨
イワナンテン	筒花木藜芦
サカキ	常青树
カナメモチ	光叶石楠
ゴロタ	铺圆木
タカノハススキ	鹰尾羽芒草
ラカンマキ	小叶罗汉松
ゴヨウマツ	五针松
ボテ	木瓜
ウメ	梅
ツバキ	山茶
オオムラサキ	大紫蛱蝶
イヌシデ	榛木
ヤマモモ	杨梅
ヒサカキ	柃木
クス	樟木
モッコク	厚皮香
サカキ	杨桐
アズマザサ	东小竹
カクレミノ	半枫荷
ニシキギ	卫矛
アラカシ	青冈
ツツジ	杜鹃花
ドウダン	日本吊钟
ハクチョウゲ	满天星
クロガネモチ	铁冬青
ハマシノブ	铁杆蕨
ツワブキ	大吴风草
ヒノキ	扁柏
オカメザサ	倭竹
シャシャンボ	南烛
カシ	栎树
ヤブコウジ	紫金牛

平面图　比例尺1:80

成胜轩　实测图

腰挂附近的飞石　　　　　露地

躙口一侧立面图　比例尺1:50

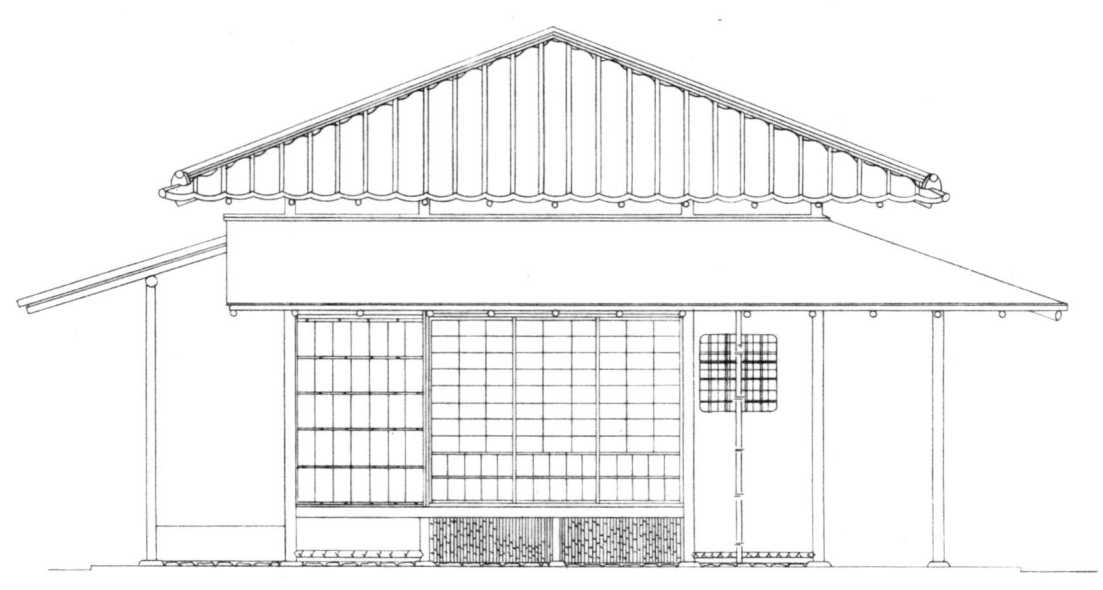

腰挂及贵人口一侧立面图　比例尺1:50

成胜轩　实测图

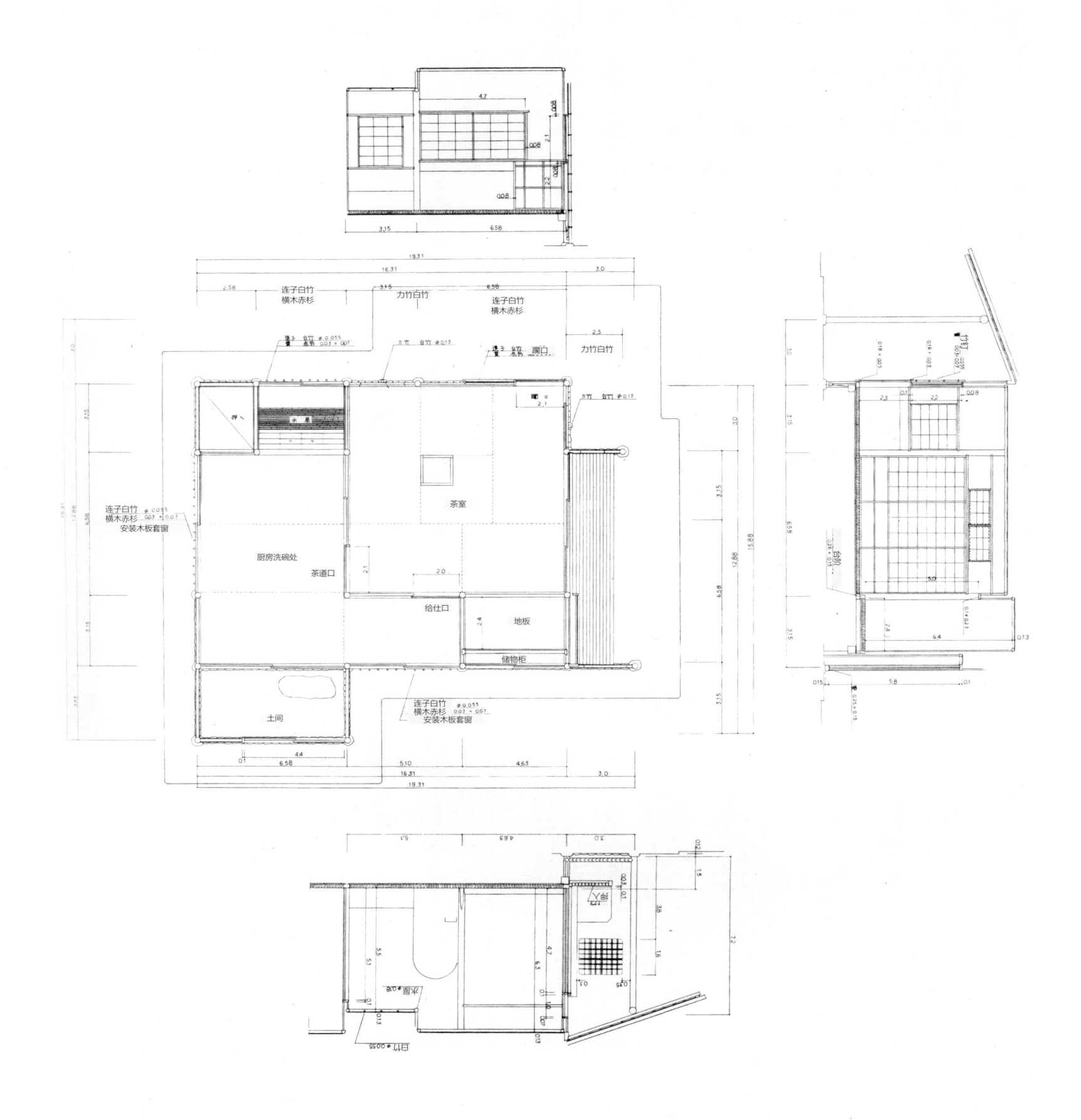

茶室平面详细图及展开图　比例尺1:50

成胜轩　实测图

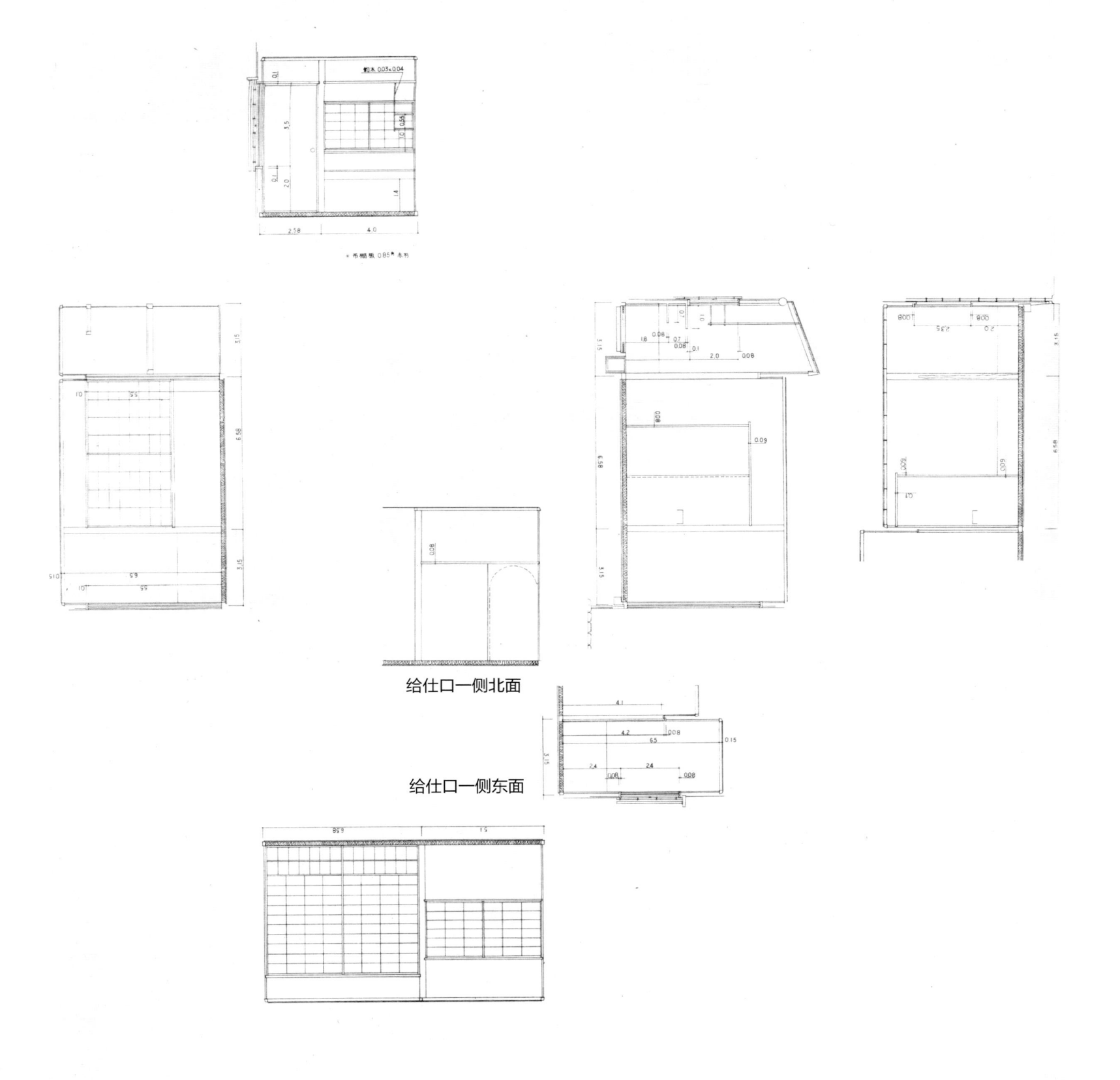

给仕口一侧北面

给仕口一侧东面

水屋展开图 比例尺1:50

成胜轩 实测图

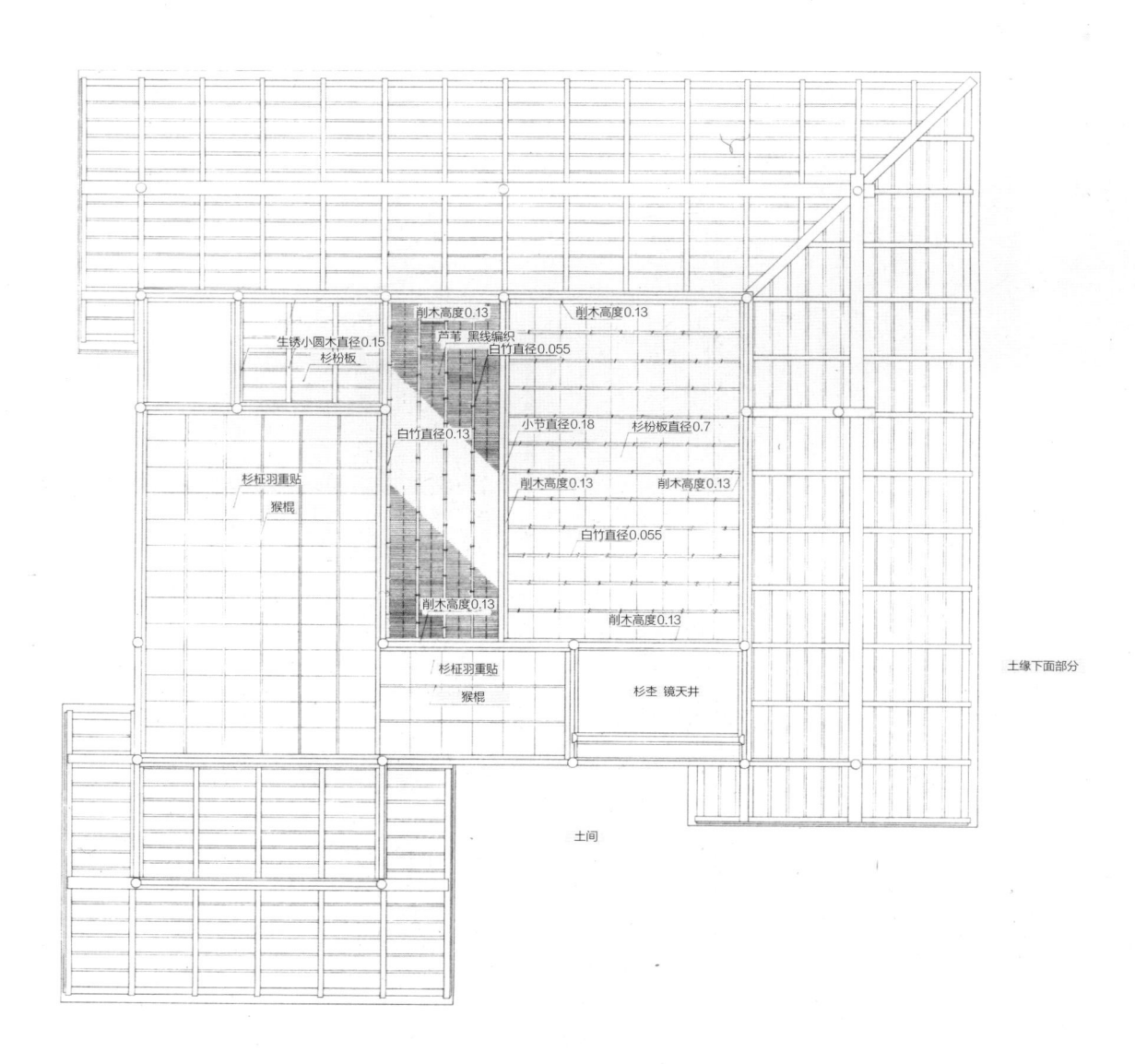

天井平面投影图　比例尺1:50

成胜轩　实测图

雕刻之森美术馆的茶室云霓的设计出自今里隆之手，竣工于昭和四十七年（1972年）。

云霓的北部有残月亭的仿作，西端就是带东。从玄关正面的寄付出来，露地显现，弯腰通过左侧的梅见门，就到了内露地，顺着飞石行走，就能到达北面的蹲口和西侧的贵人口。

内部是四叠半台目，但是点前座的位置靠近中央，给仕口就设在床之间旁边的墙壁上，有两扇襖，格外引人注目。柱子是表面平滑的档丸太（圆木柱），屋顶由三段构成，中柱是稍微粗一些的香节丸太，共同构成了台目格局。如果拆掉两扇拉门，就可以把外面的台目备叠也合并进来。

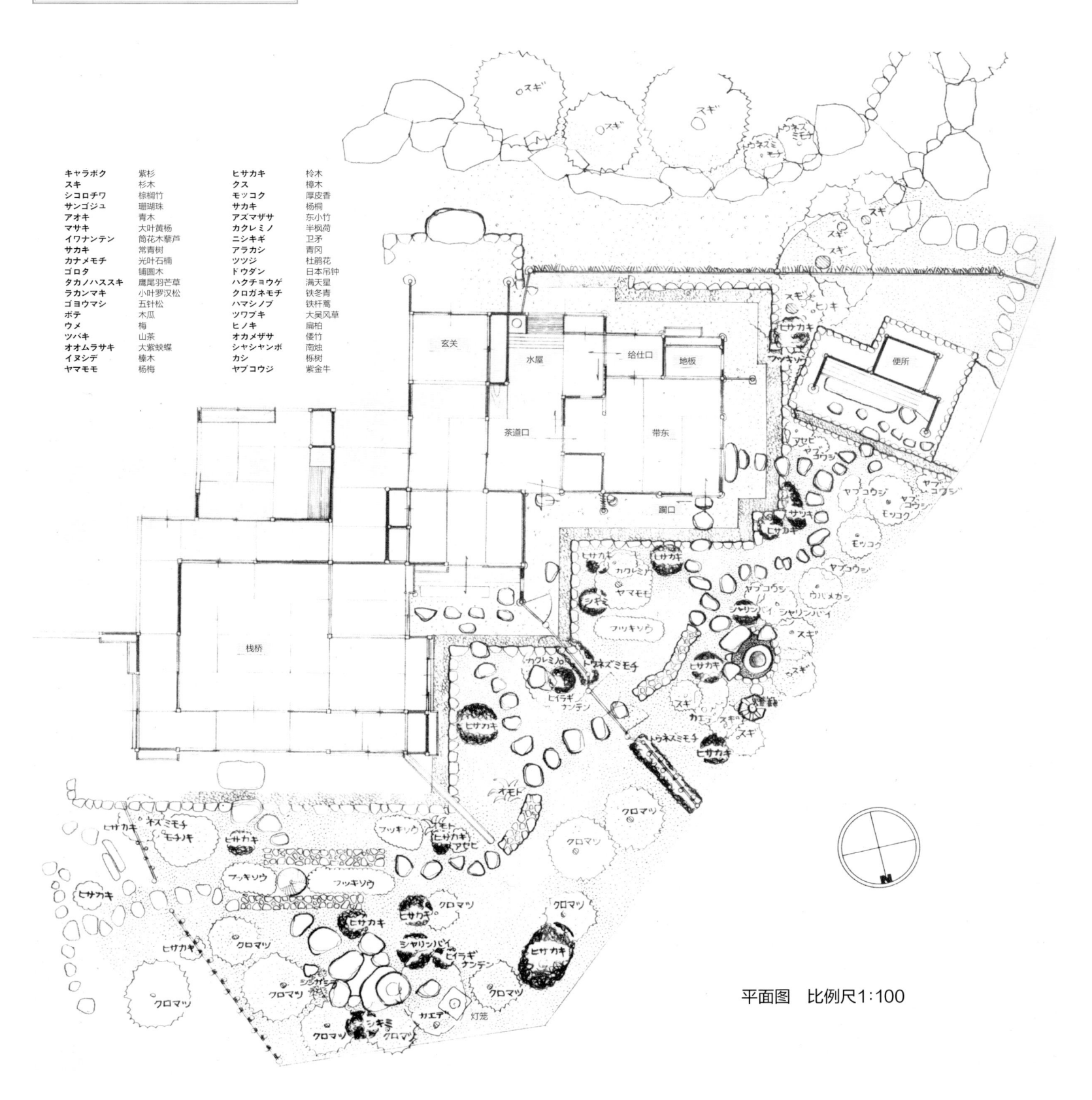

带东

管理者	箱根雕刻之森美术馆
所在地	神奈川县足柄下郡
建造、造园年份	昭和四十七年（1972年）
设计	茶室　今里隆
	风间神之助
施工	茶室　鹿岛建设
露地	藤森工务店
	风间神之助

キャラボク	紫杉	ヒサカキ	柃木
スギ	杉木	クス	樟木
シコロチワ	棕榈竹	モッコク	厚皮香
サンゴジュ	珊瑚珠	サカキ	杨桐
アオキ	青木	アズマザサ	东小竹
マサキ	大叶黄杨	カクレミノ	半枫荷
イワナンテン	筒花木藜芦	ニシキギ	卫矛
サカキ	常青树	アラカシ	青冈
カナメモチ	光叶石楠	ツツジ	杜鹃花
ゴロタ	铺圆木	ドウダン	日本吊钟
タカノハススキ	鹰尾羽芒草	ハクチョウゲ	满天星
ラカンマキ	小叶罗汉松	クロガネモチ	铁冬青
ゴヨウマシ	五针松	ハマシノブ	铁杆鹫
ボテ	木瓜	ツワブキ	大吴风草
ウメ	梅	ヒノキ	扁柏
ツバキ	山茶	オカメザサ	倭竹
オオムラサキ	大紫蛱蝶	シャシャンボ	南烛
イヌシデ	榛木	カシ	栎树
ヤマモモ	杨梅	ヤブコウジ	紫金牛

平面图　比例尺1:100

带东　实测图

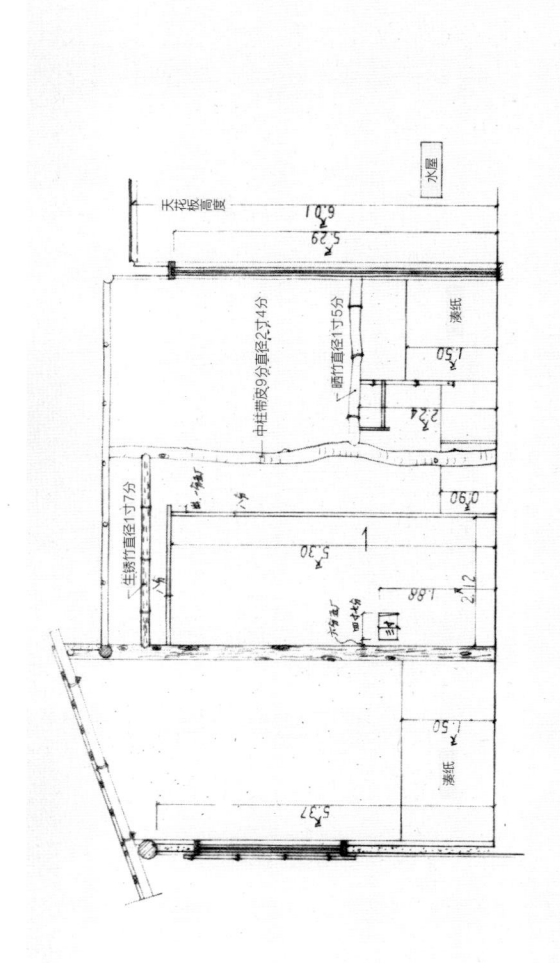

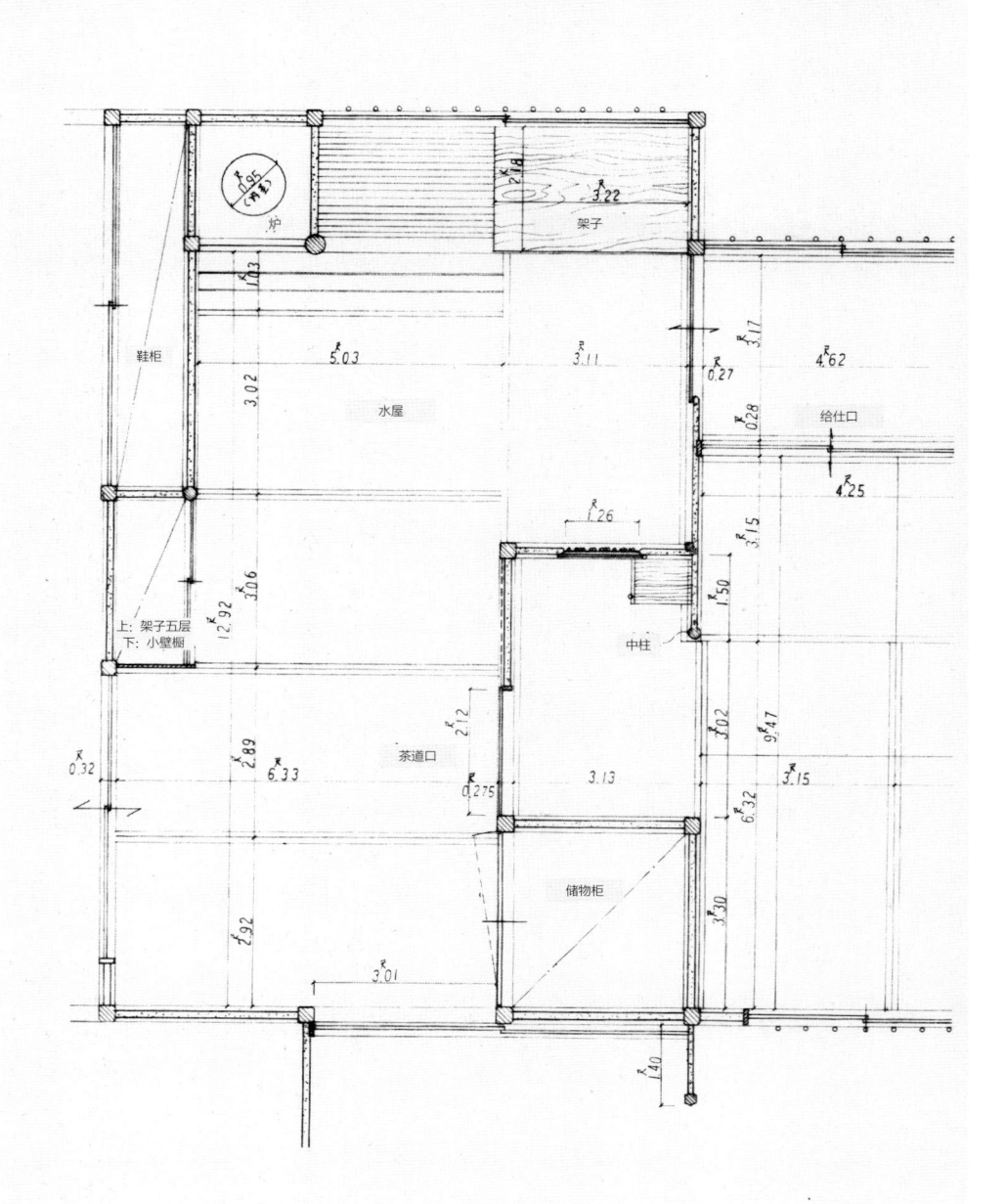

平面详细图及茶室展开图　比例尺1:30

带东　实测图

带东 实测图

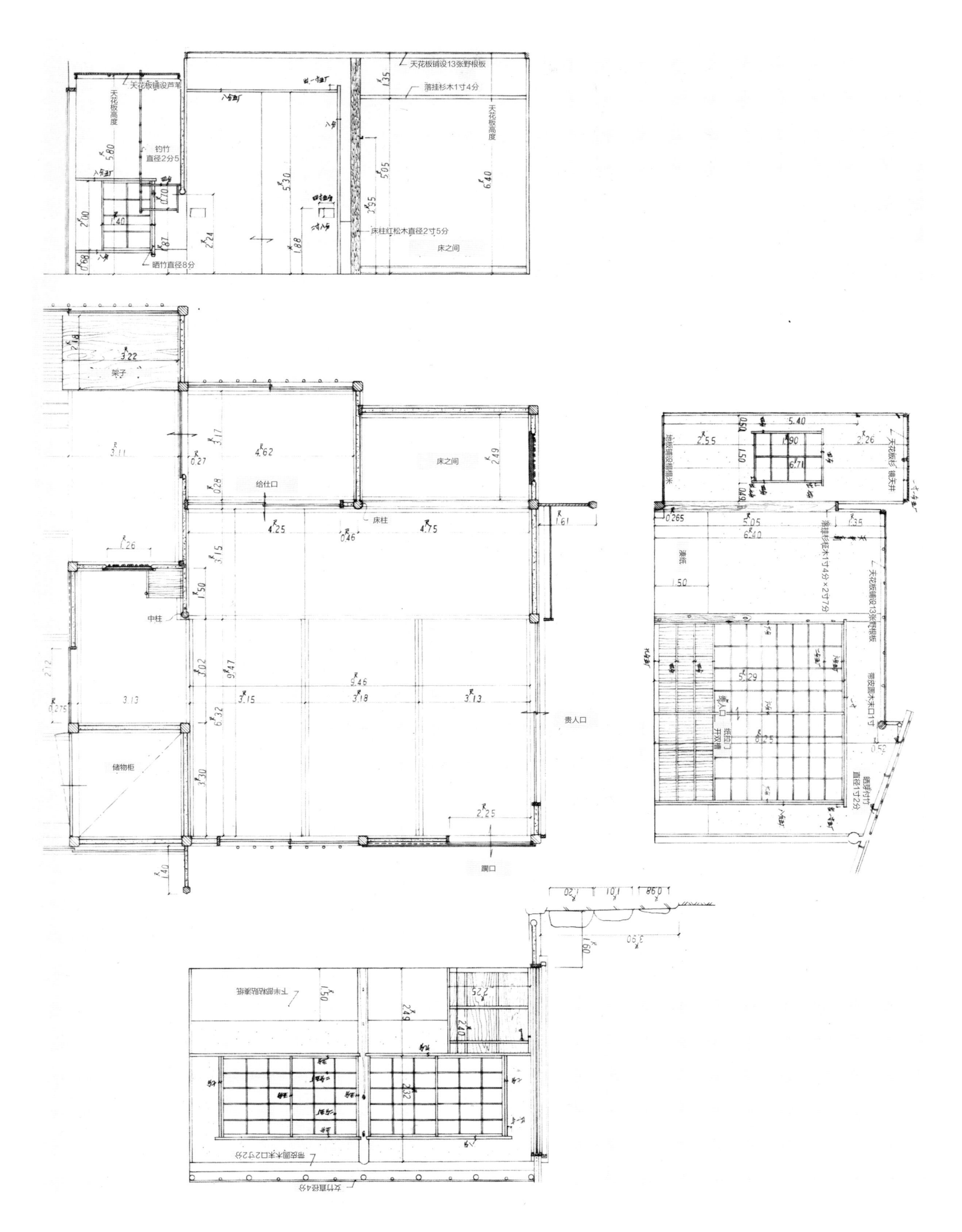

清惠庵

管理者	佐贺县立博物馆
所在地	佐贺市城内
建造、造园年份	昭和四十八年（1973年）
设计	茶室、露地 堀口舍己 早川正夫建筑设计事务所
施工	茶室 松尾建设 露地 松尾建设 成清贤一 宫地肇

茶室位于佐贺县立博物馆的某个旧佐贺城内。设计出自堀口舍己博士之手，由早川正夫负责实施设计、现场指导。

南面有漂浮着莲花的河渠，可以从舟付场（停靠处）直接踏着木台阶来到寄付。穿过东北门，眼前延伸着两条苑路，一条路通往茶室蹲口，一条路笔直向南，右转到达寄付。

茶室东侧设有朝北的腰挂，腰挂后面是厕所，从茶室北侧到厕所之间有土间庇，厕所东侧是细竹编排而成的目隐（隔挡用的屏风），走在寄付通往茶室的苑路上，露地景色与建筑融为一体。苑路东侧紧邻的大型圆形水钵是露地的重点，蹲距石组也被置在这里。水钵是这个茶室的捐赠者市村清的生前钟爱之物。

茶室被规划为社会教育设施，除茶道以外，还兼具书画、陶艺这类的鉴赏教育等功能，这也是设计中的精彩之处。

因其具备茶道等多个功能，所以设计为广间（七叠半）结构。与床之间成直角设有琵琶台和地袋（落地柜），东侧设有水屋，采用单扇襖遮挡。紧挨着向南眺望可以看到河渠的长廊，实际的可使用空间能达到十叠有余。

待庵看上去像广间的原因是采用了扩大二叠的手法，而清惠庵也借用了类似的天井构成方法来扩大视觉空间，这也是博士擅长的手法。将小壁（门框上端的横木与顶棚之间的墙壁）灵活用于照明的嵌入，平天井的一部分中嵌入木质百叶窗，小壁（侧面）上有纸障子，为了避免积灰，下面没有贴纸。为了更好地采光，蹲口也在板户（木板门）的内侧做了纸障子。在保证茶道空间明亮的同时，还充分彰显了博士独特的追求意境。

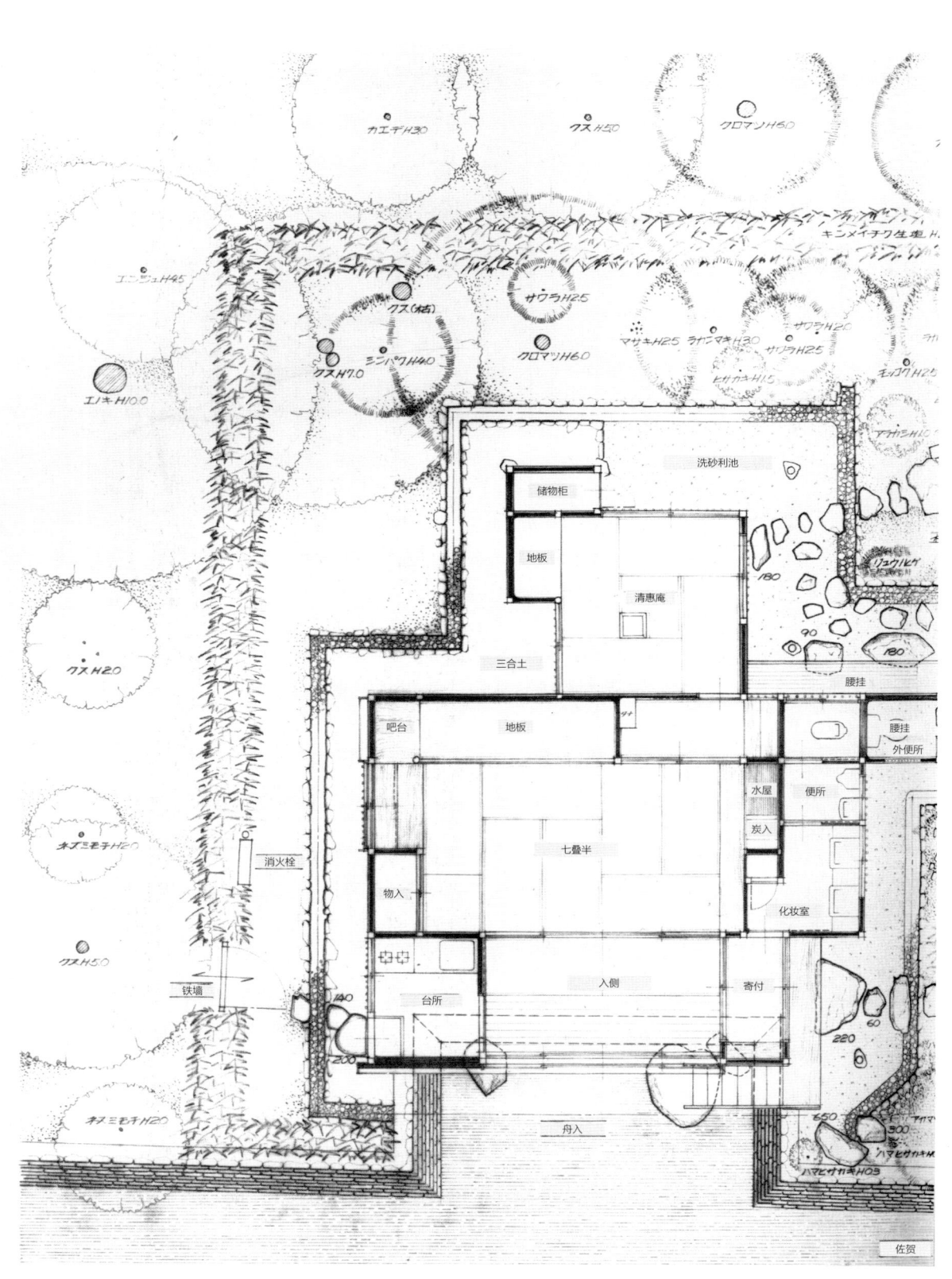

平面图　比例尺1:80

清惠庵　实测图

带东 实测图

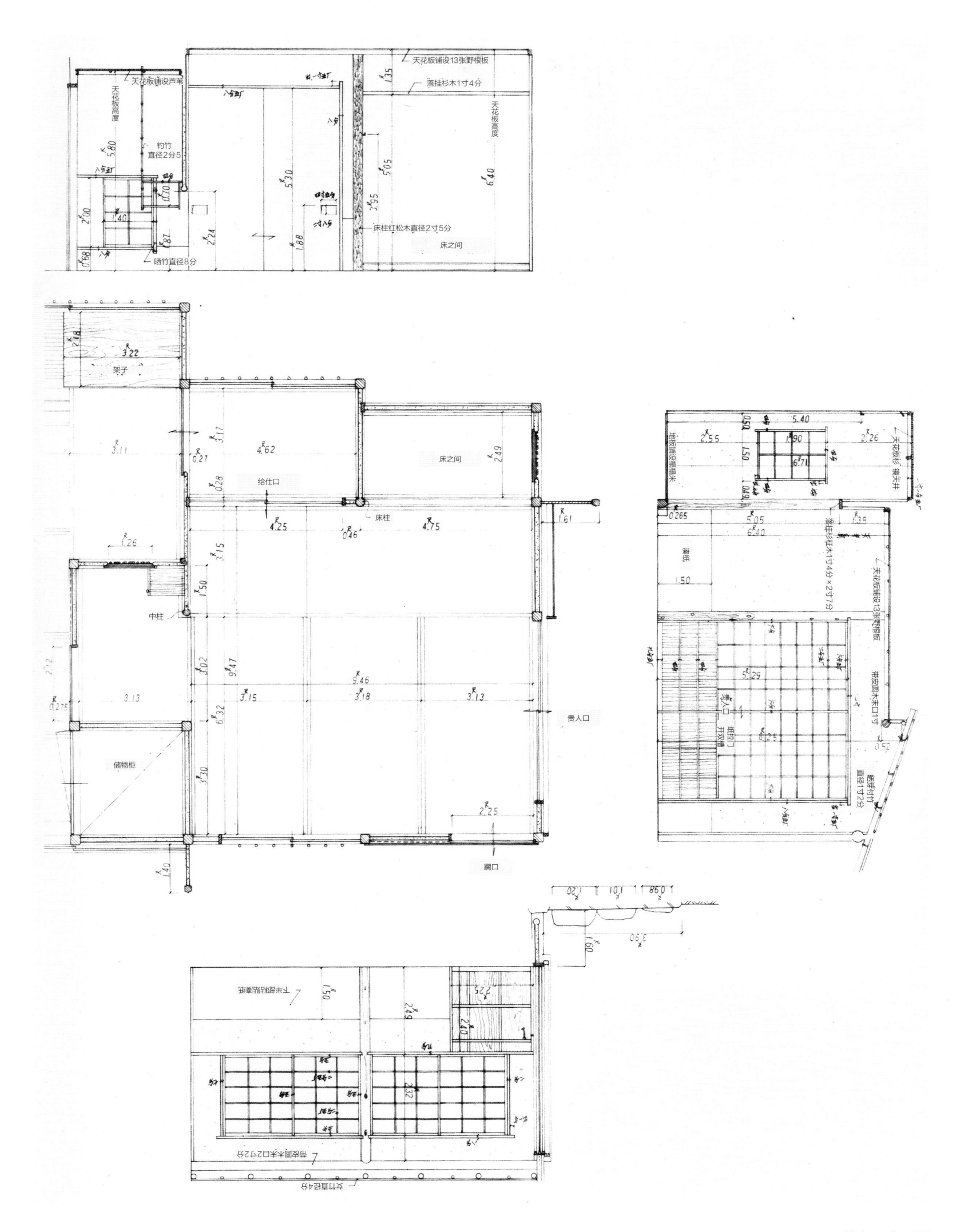

日本建筑集成　茶室与露地　136

下地窗

躙口的构造

躙口和尘穴

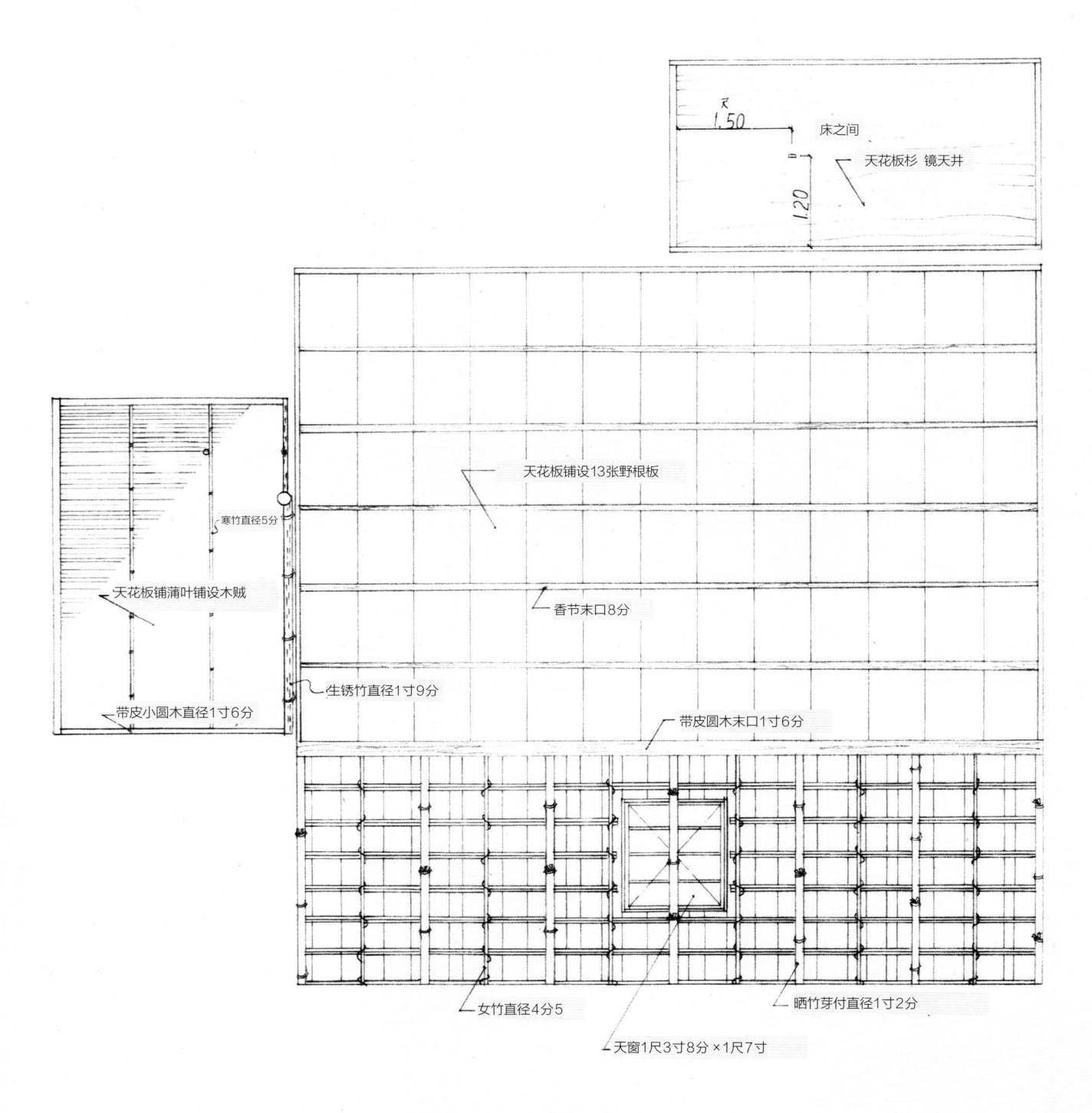

床之间
天花板杉　镜天井

天花板铺设13张野根板

寒竹直径5分

天花板铺蒲叶铺设木贼

香节末口8分

生锈竹直径1寸9分

带皮小圆木直径1寸6分

带皮圆木末口1寸6分

女竹直径4分5

晒竹芽付直径1寸2分

天窗1尺3寸8分×1尺7寸

茶室天井平面投影图　比例尺1：20

带东　实测图

天井回缘的出隅（阳角） 　　　　　化妆屋根里和突上窗

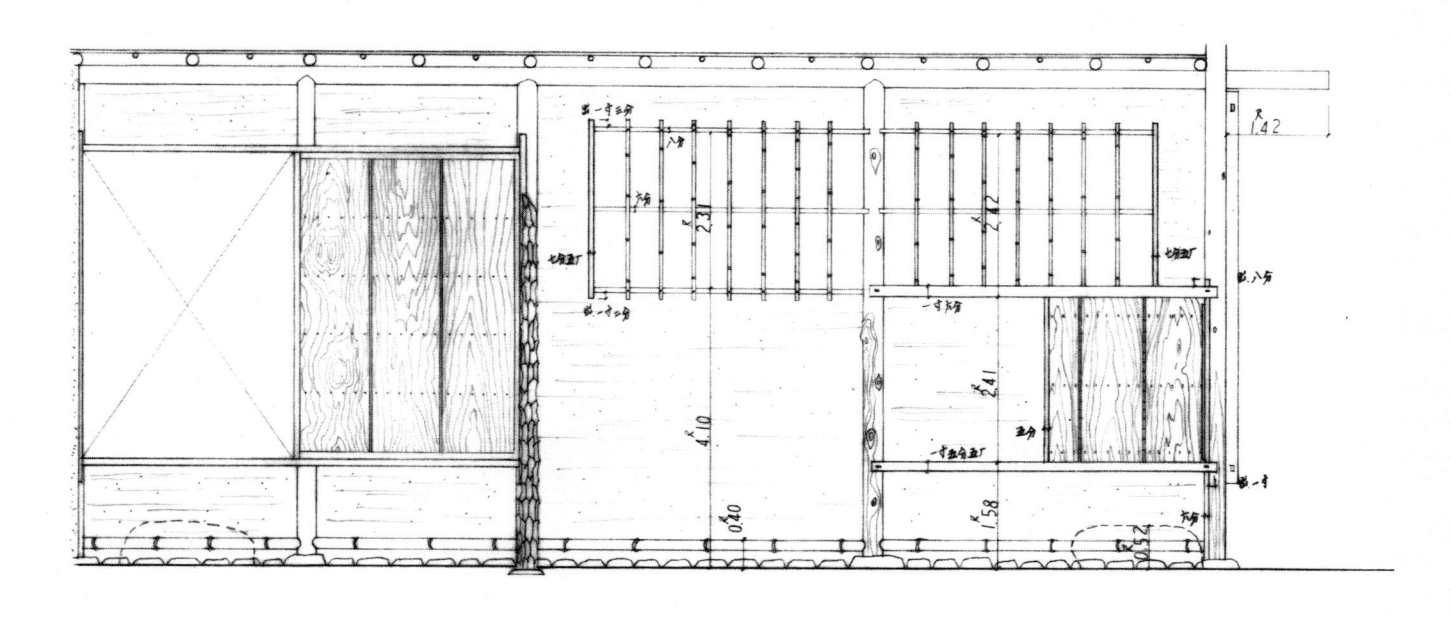

躏口一侧立面图　比例尺1:30

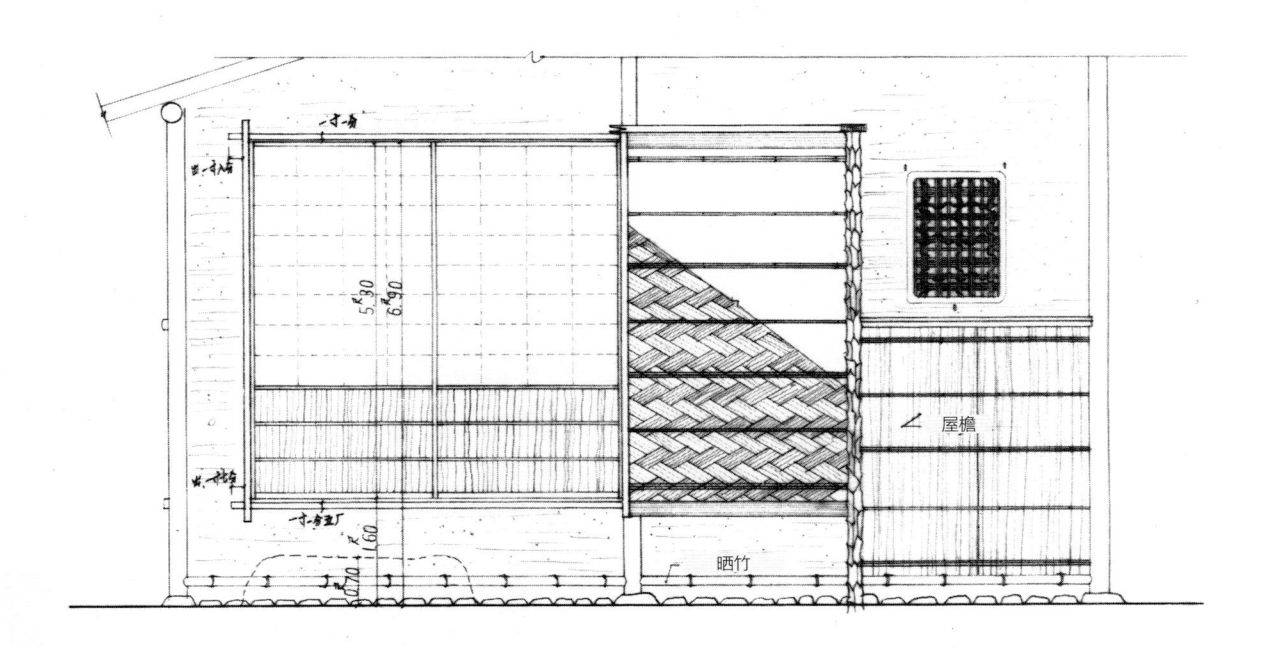

贵人口一侧立面图　比例尺1:30

带东　实测图

清惠庵

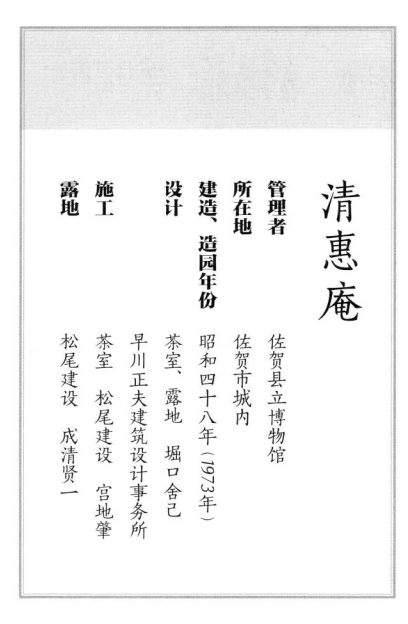

管理者	佐贺县立博物馆
所在地	佐贺市城内
建造、造园年份	昭和四十八年（1973年）
设计	茶室、露地 堀口舍己 早川正夫建筑设计事务所
施工	茶室 松尾建设 宫地肇 露地 松尾建设 成清贤一

茶室位于佐贺县立博物馆的某个旧佐贺城内。设计出自堀口舍己博士之手，由早川正夫负责实施设计、现场指导。

南面有漂浮着莲花的河渠，可以从舟付场（停靠处）直接踏着木台阶来到寄付。穿过东北门，眼前延伸着两条苑路，一条路通往茶室躙口，一条路笔直向南，右转到达寄付。

茶室东侧设有朝北的腰挂，腰挂后面是厕所，从茶室北侧到厕所之间有土间庇，厕所东侧是细竹编排而成的目隐（隔挡用的屏风），走在寄付通往茶室的苑路上，露地景色与建筑融为一体。苑路东侧紧邻的大型圆形水钵是露地的重点，蹲距石组也被置在这里。水钵是这个茶室的捐赠者市村清的生前钟爱之物。

茶室被规划为社会教育设施，除茶道以外，还兼具书画、陶艺这类的鉴赏教育等功能，这也是设计中的精彩之处。

因其具备茶道等多个功能，所以设计为广间（七叠半）结构。与床之间成直角设有琵琶台和地袋（落地柜），东侧设有水屋，采用单扇襖遮挡。紧挨着向南眺望可以看到河渠的长廊，实际的可使用空间能达到十叠有余。

待庵看上去像广间的原因是采用了扩大二叠的手法，而清惠庵也借用了类似的天井构成方法来扩大视觉空间，这也是博士擅长的手法。将小壁（门框上端的横木与顶棚之间的墙壁）灵活用于照明的嵌入，平天井的一部分中嵌入木质百叶窗，小壁（侧面）上有纸障子，为了避免积灰，下面没有贴纸。为了更好地采光，躙口也在板户（木板门）的内侧做了纸障子。在保证茶道空间明亮的同时，还充分彰显了博士独特的追求意境。

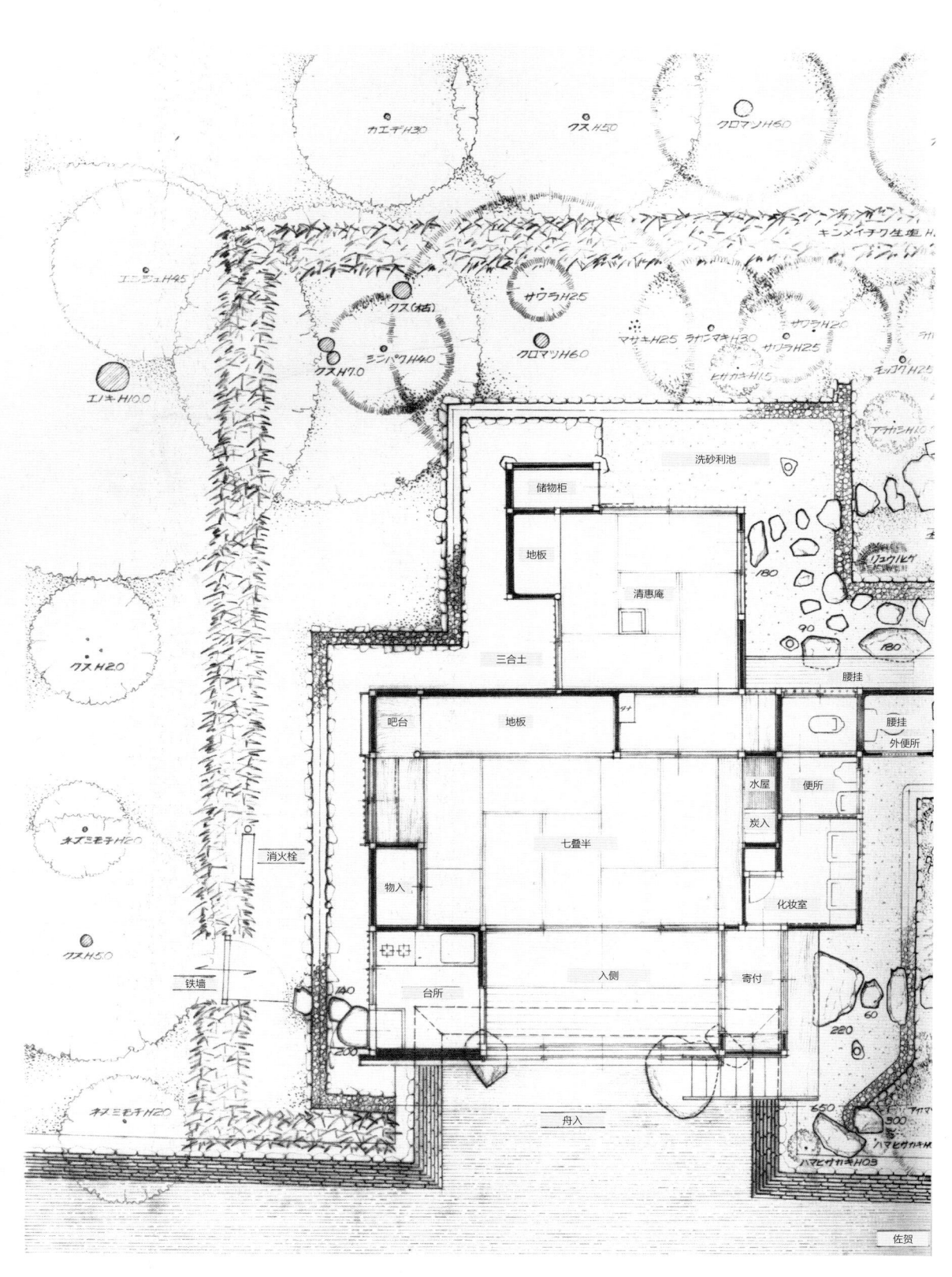

平面图　比例尺1:80

清惠庵　实测图

躙口一侧 　　　　　　　　　腰挂外观 　　　　　　　　　蹲踞附近

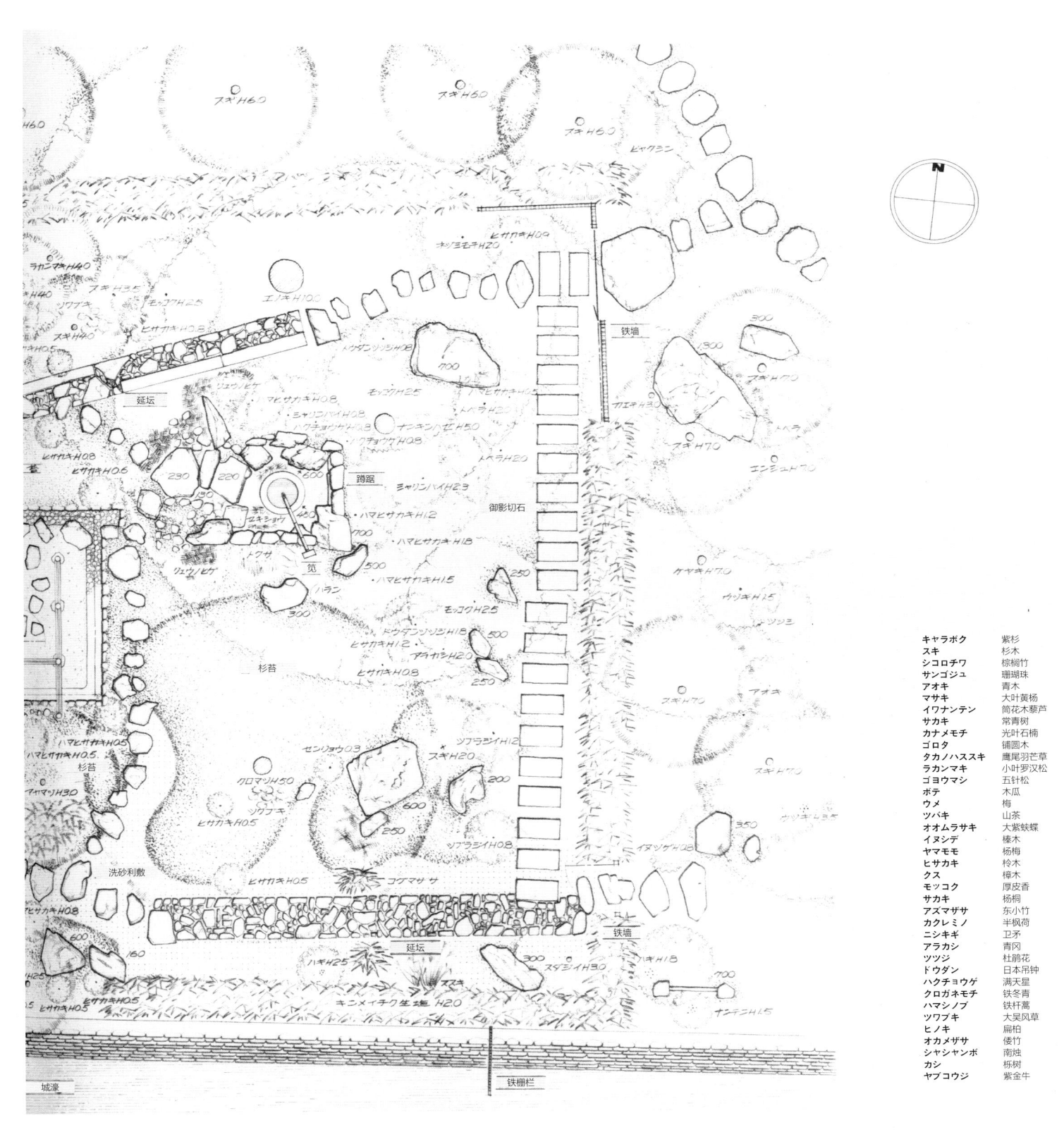

キャラボク	紫杉
スギ	杉木
シコロチワ	棕榈竹
サンゴジュ	珊瑚珠
アオキ	青木
マサキ	大叶黄杨
イワナンテン	筒花木藜芦
サカキ	常青樹
カナメモチ	光叶罗汉松
ゴロタ	铺圆木
タカノハスズキ	鹰尾羽芒草
ラカンマキ	小叶罗汉松
ゴヨウマツ	五针松
ボケ	木瓜
ウメ	梅
ツバキ	山茶
オオムラサキ	大紫蛱蝶
イヌシデ	榛梅
ヤマモモ	杨梅
ヒサカキ	柃木
クス	楠木
モッコク	厚皮香
サカキ	杨桐
アズマザサ	东小竹
カクレミノ	半枫荷
ニシキギ	卫矛
アラカシ	青冈
ツツジ	杜鹃花
ドウダン	日本吊钟
ハクチョウゲ	满天星
クロガネモチ	铁冬青
ハマシャノブ	铁杆蒿
ツワブキ	大吴风草
ヒノキ	扁柏
オカメザサ	倭竹
シャシャンボ	南烛
カシ	栎树
ヤブコウジ	紫金牛

清惠庵　实测图

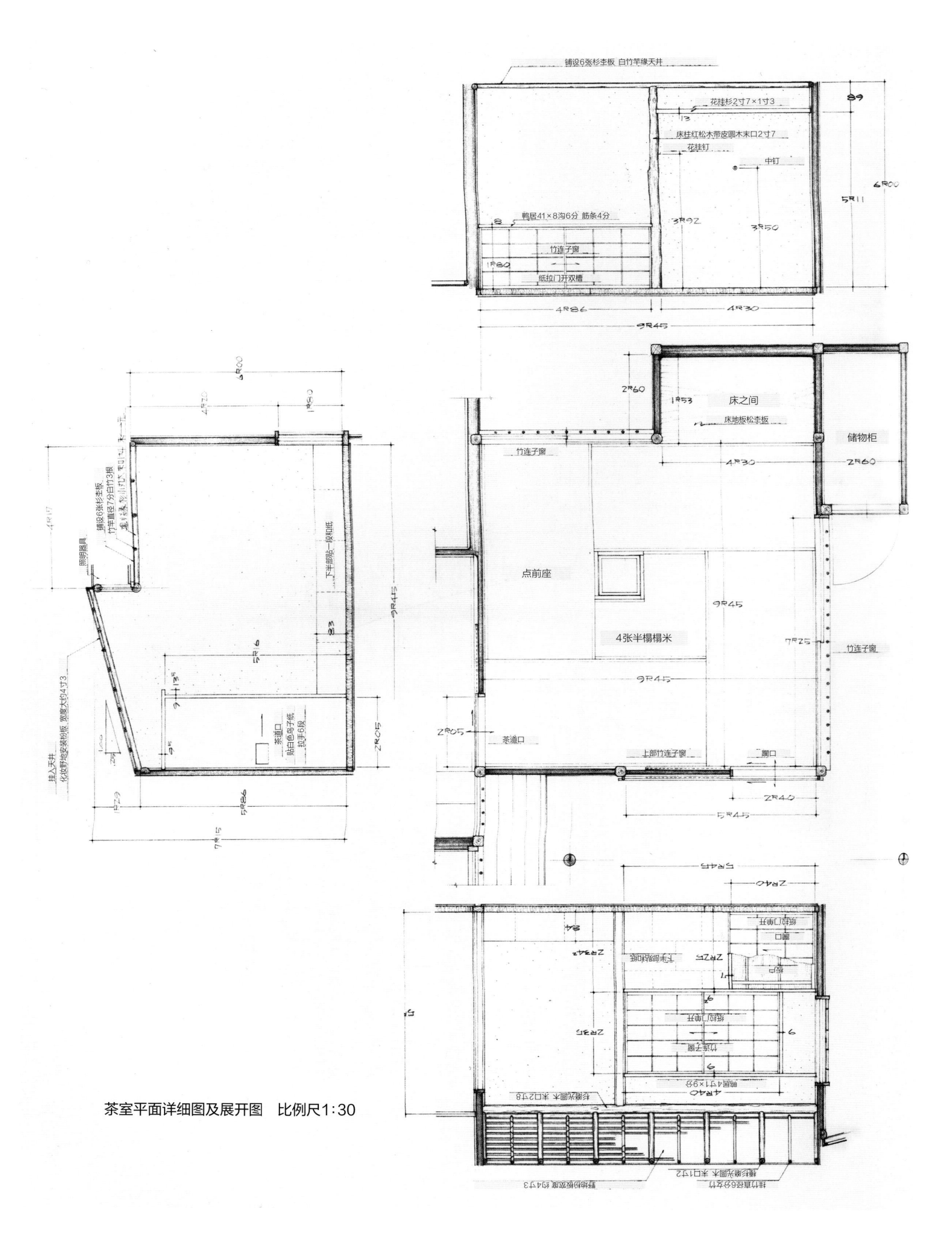

茶室平面详细图及展开图　比例尺1:30

清惠庵　实测图

清惠庵　实测图

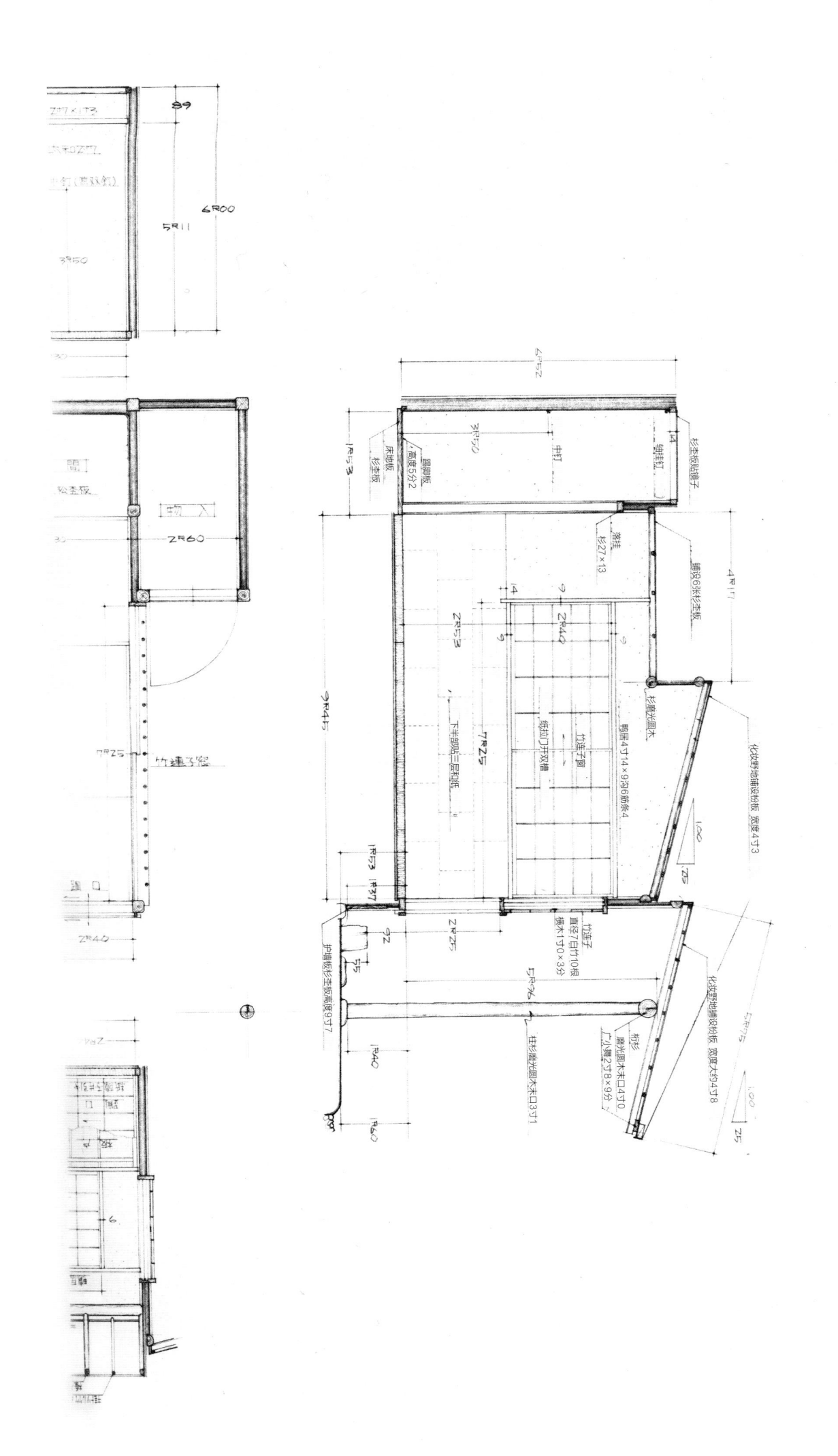

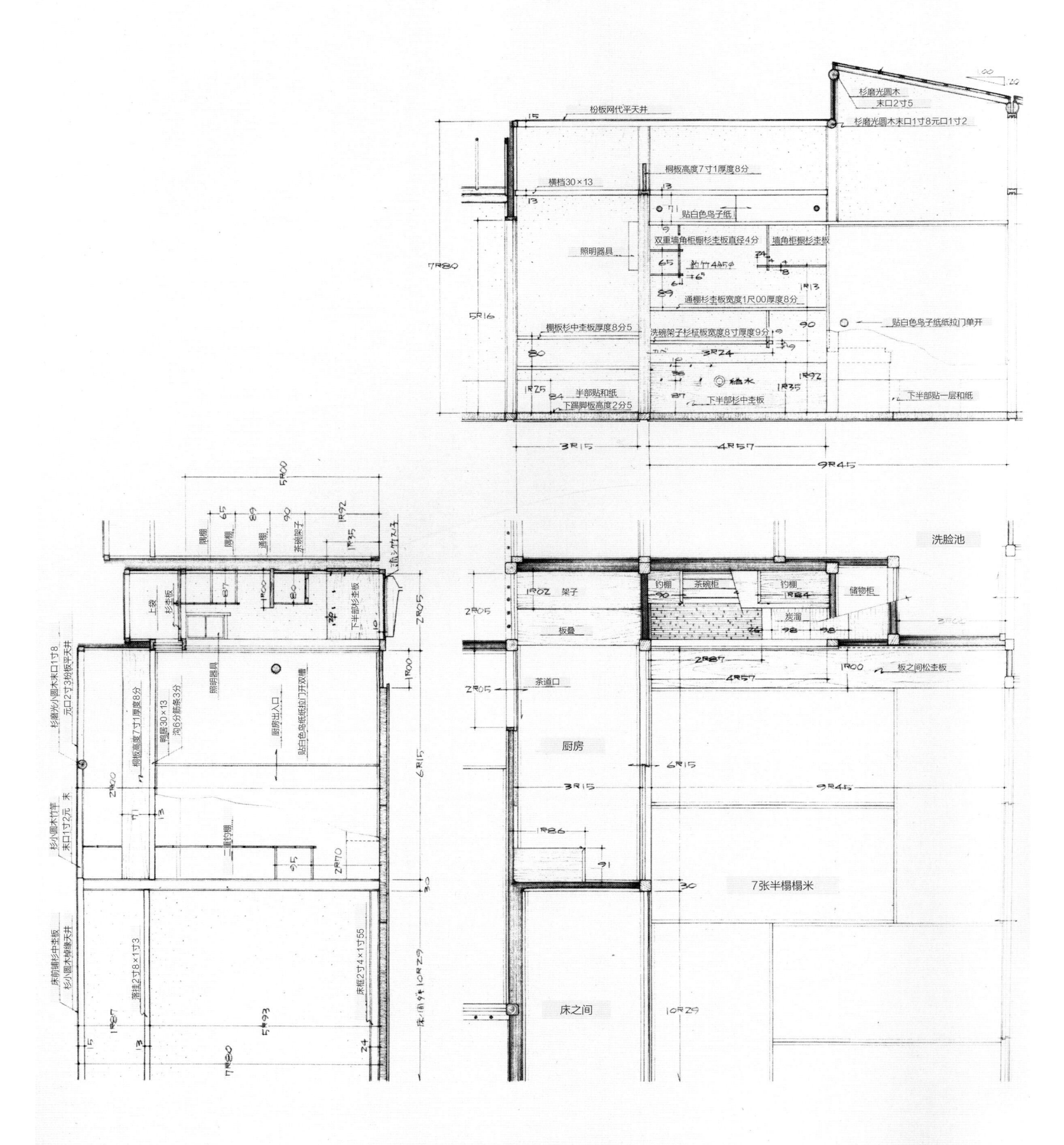

广间（水屋附近）平面详细图及展开图　比例尺1:30

清惠庵　实测图

清惠庵　实测图

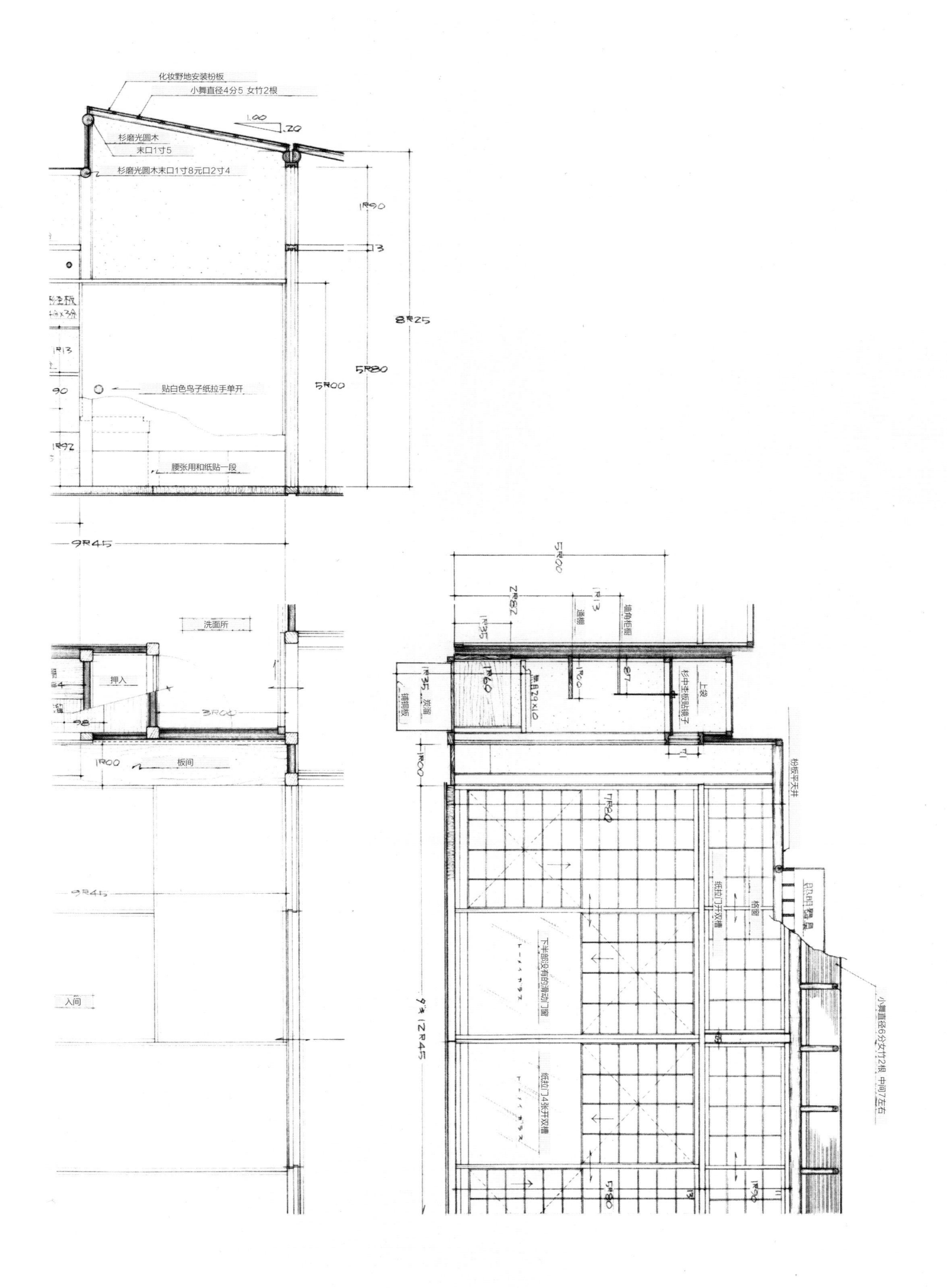

常芳庵

茶室外观

上＝茶室　下＝尘穴和刀挂石
右页图＝床之间

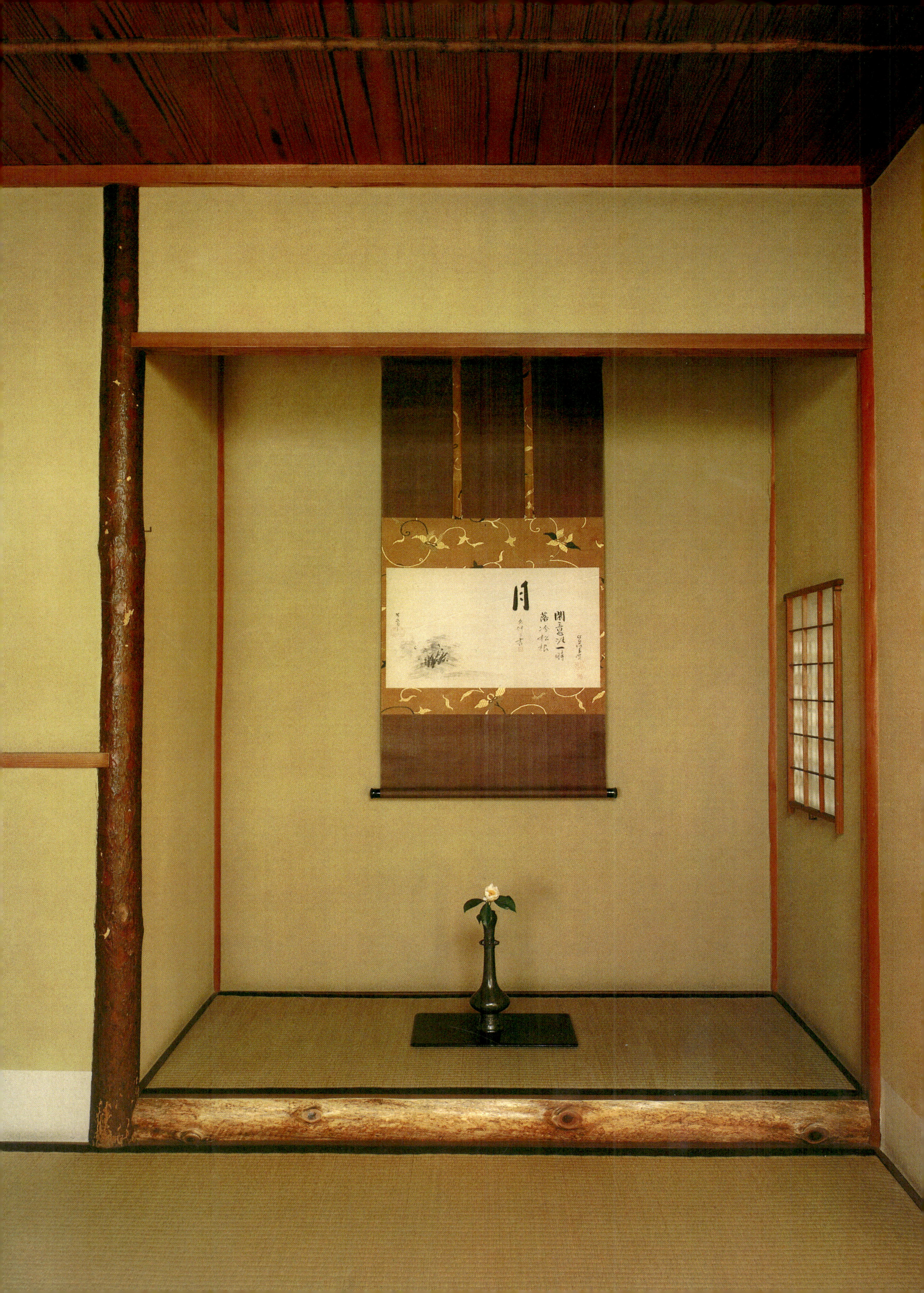
月

点前座

水屋

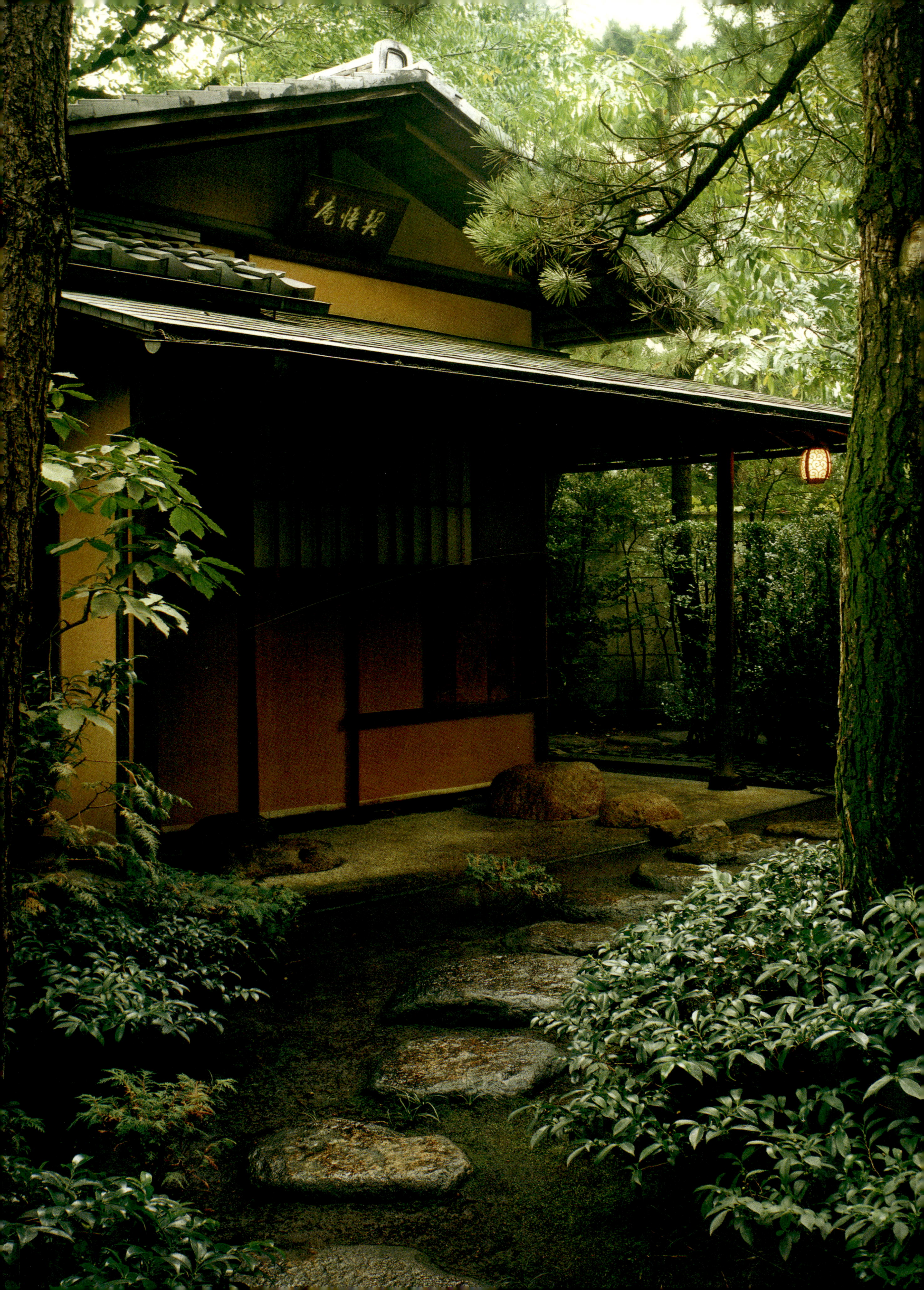

契悟庵

左页图＝茶室外观
上＝床之间和给仕口

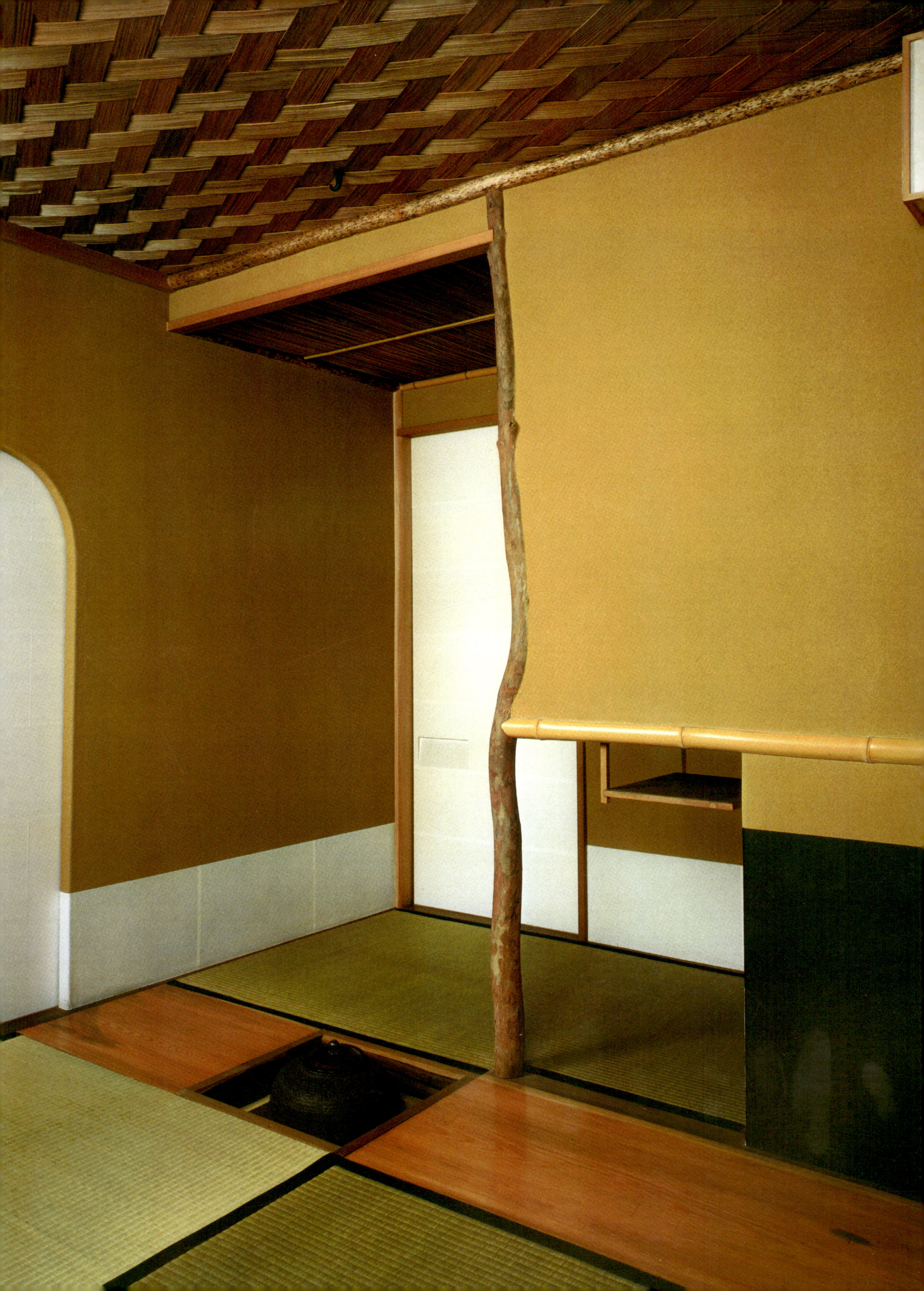

左页图＝点前座
上＝寄付　下＝水屋

松风庵

上＝腰挂　下＝蹲踞
右页图＝露地和茶室外观

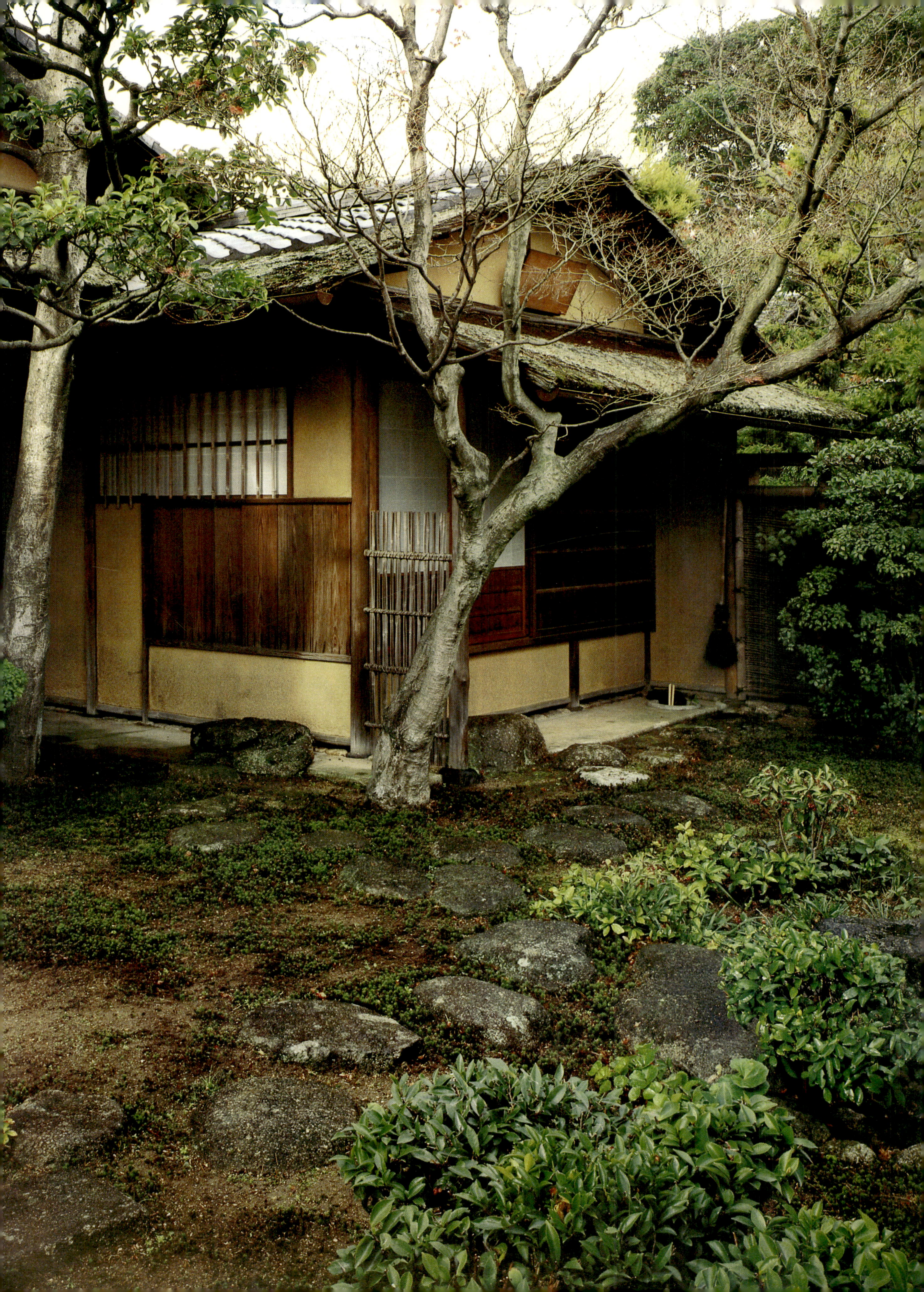

日本建筑集成　茶室与露地　156

上＝贵人口
右＝床之间、点前座

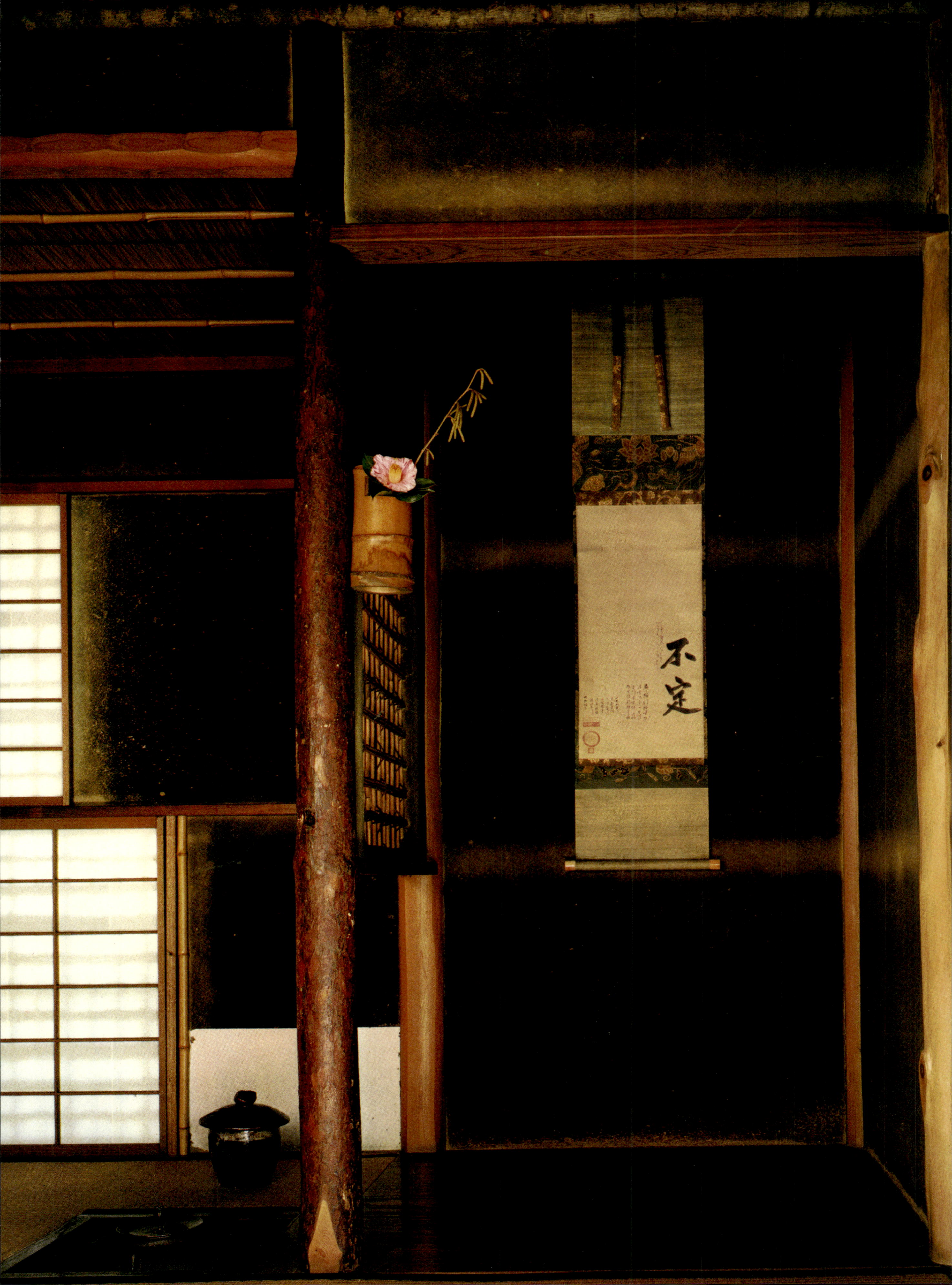
不定

水屋

松喜庵
茶室和腰挂

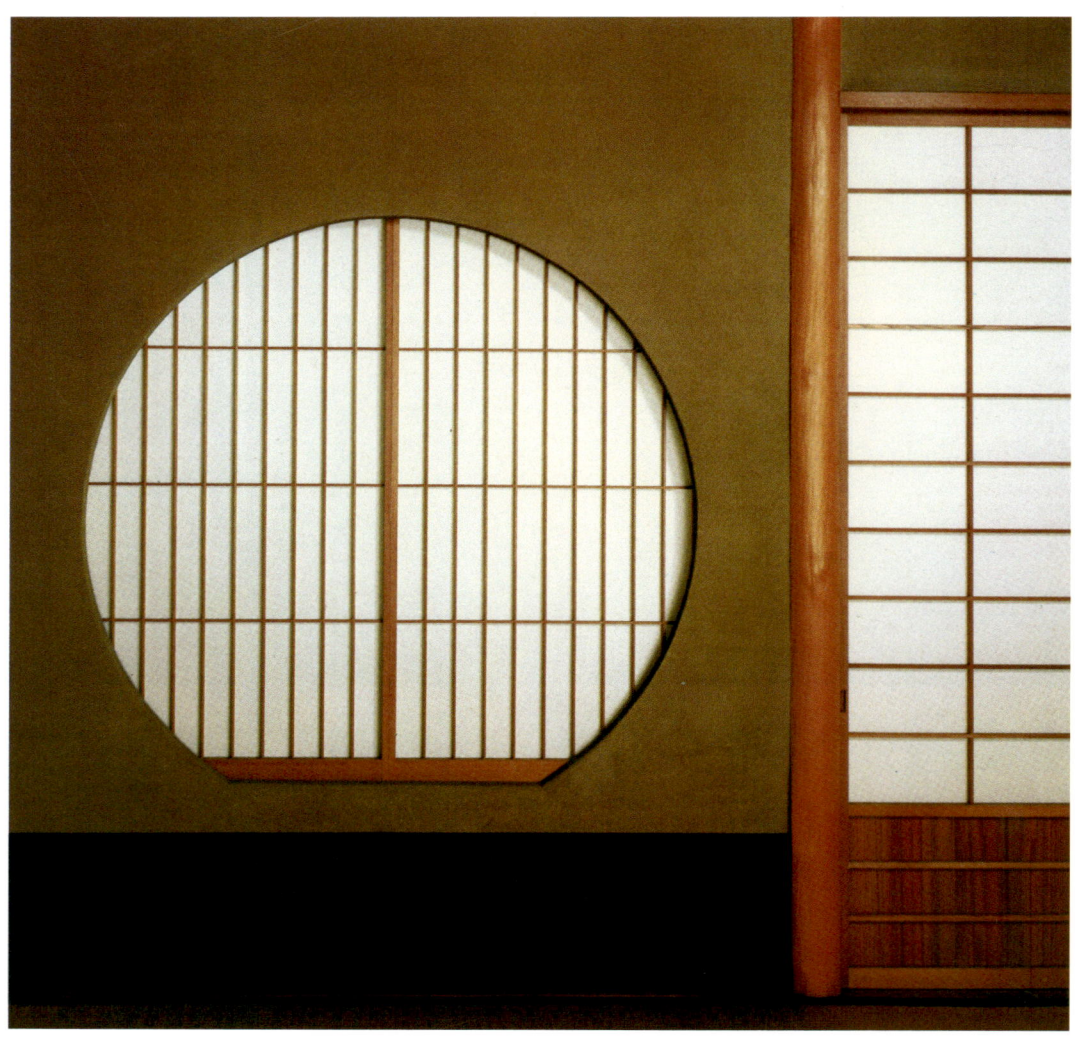

上＝蹲踞　下＝圆窗
右页图＝床之间

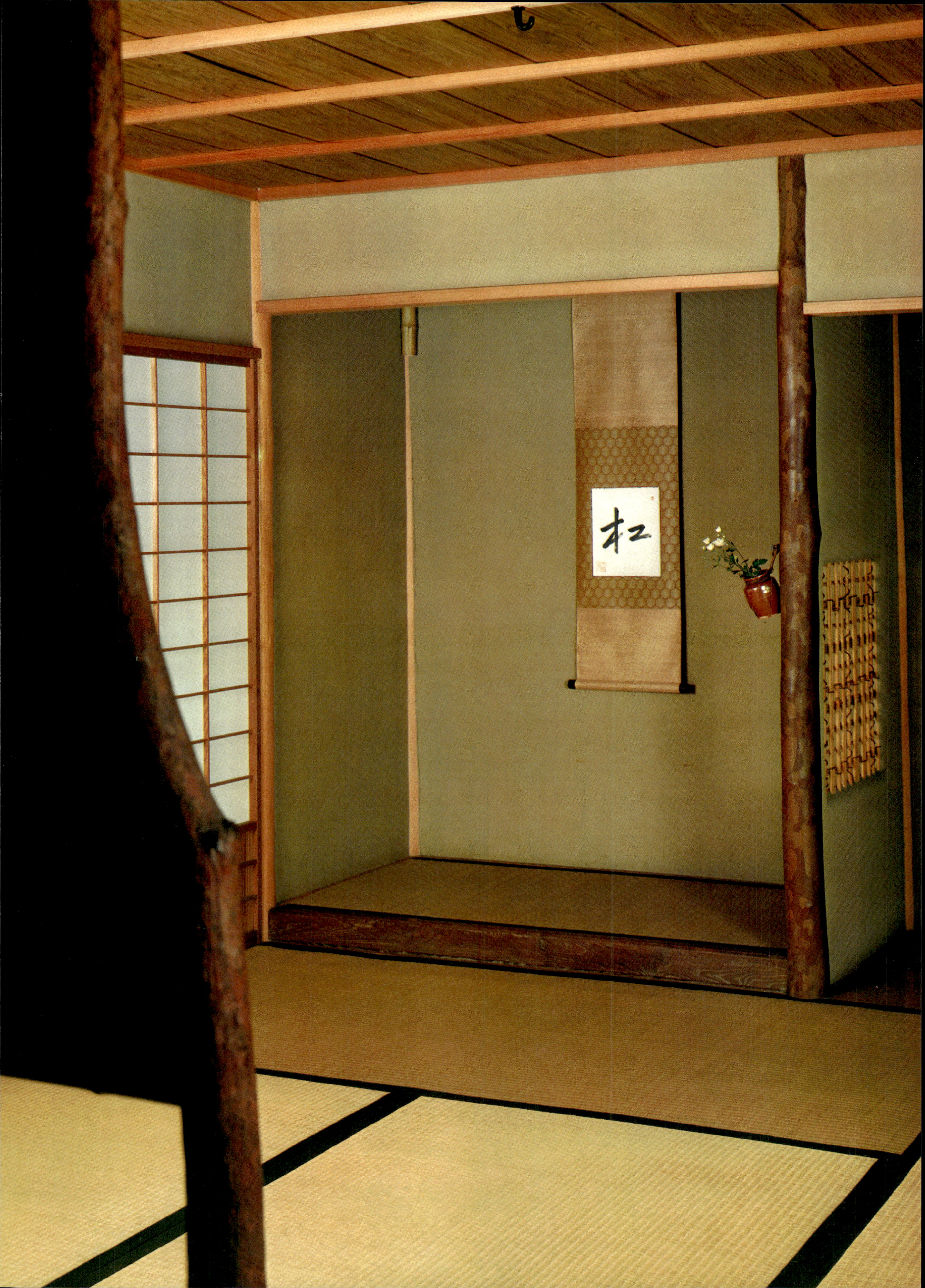

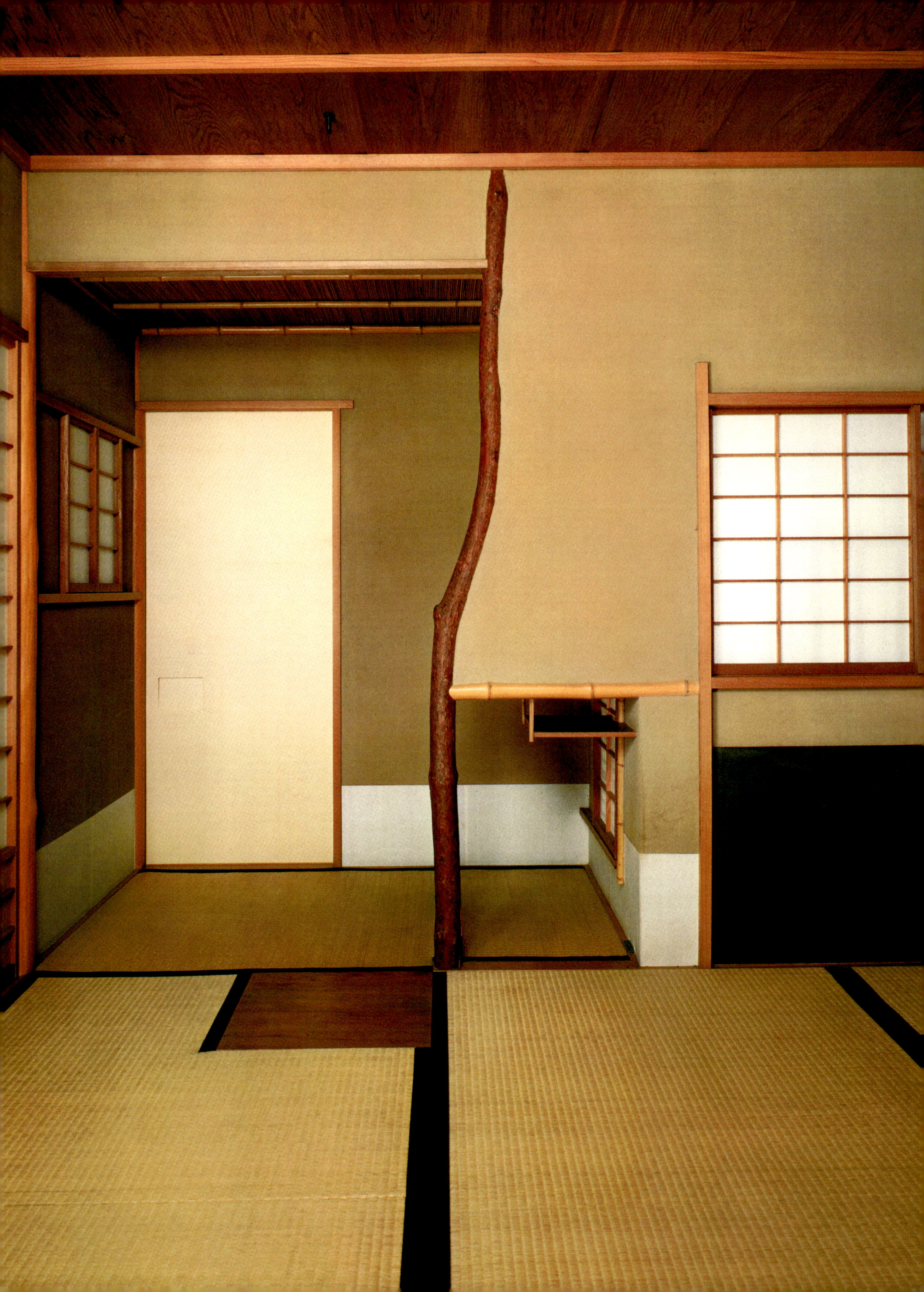

左页图=点前座
上=水屋

无字庵

上＝躙口　下＝蹲踞
右页图＝露地

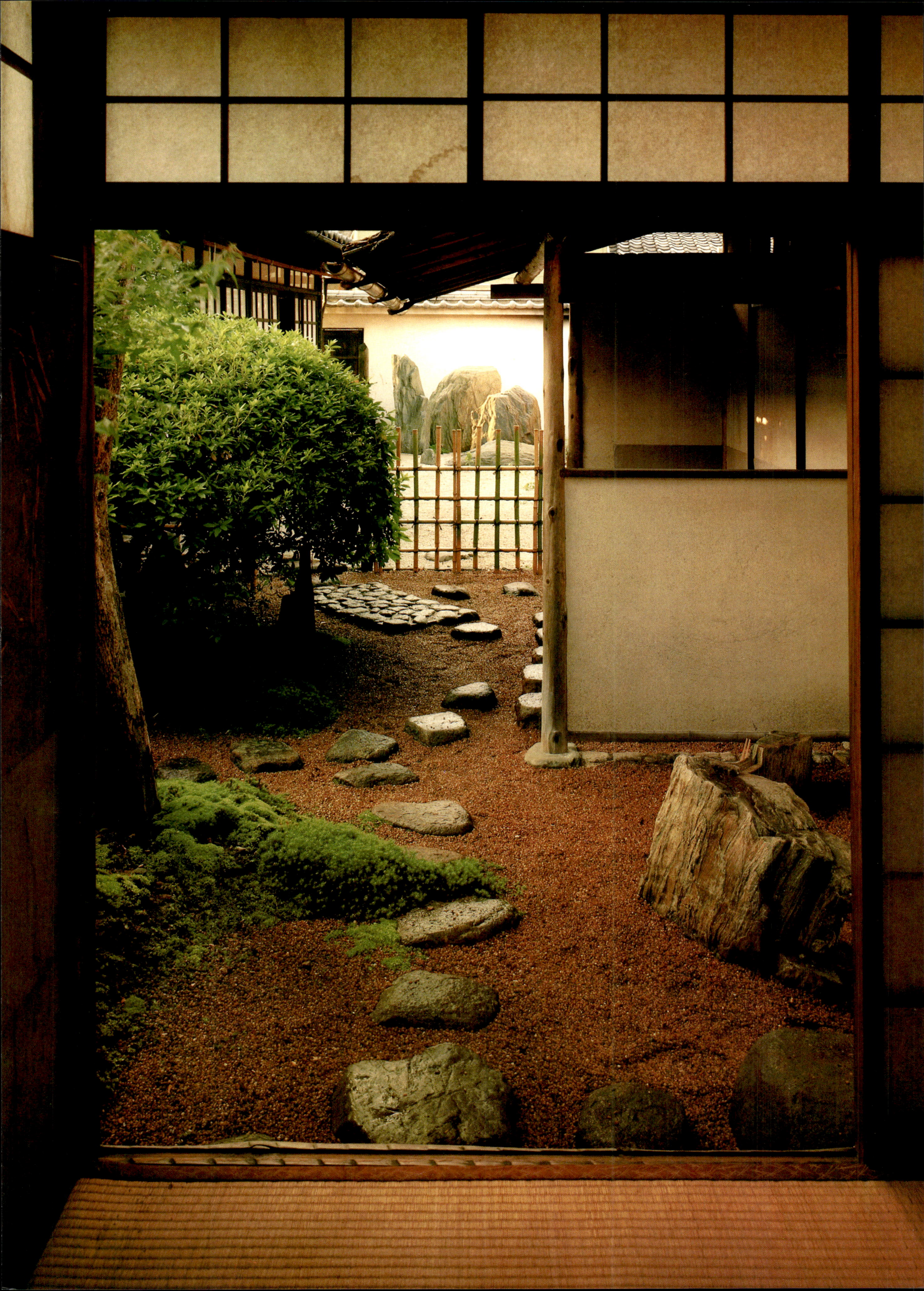

上＝貴人口
下＝水屋

上＝床之间、点前座
下＝地炉

应庵

上＝通往茶室的渡廊　下＝蹲踞
右页图＝躝口

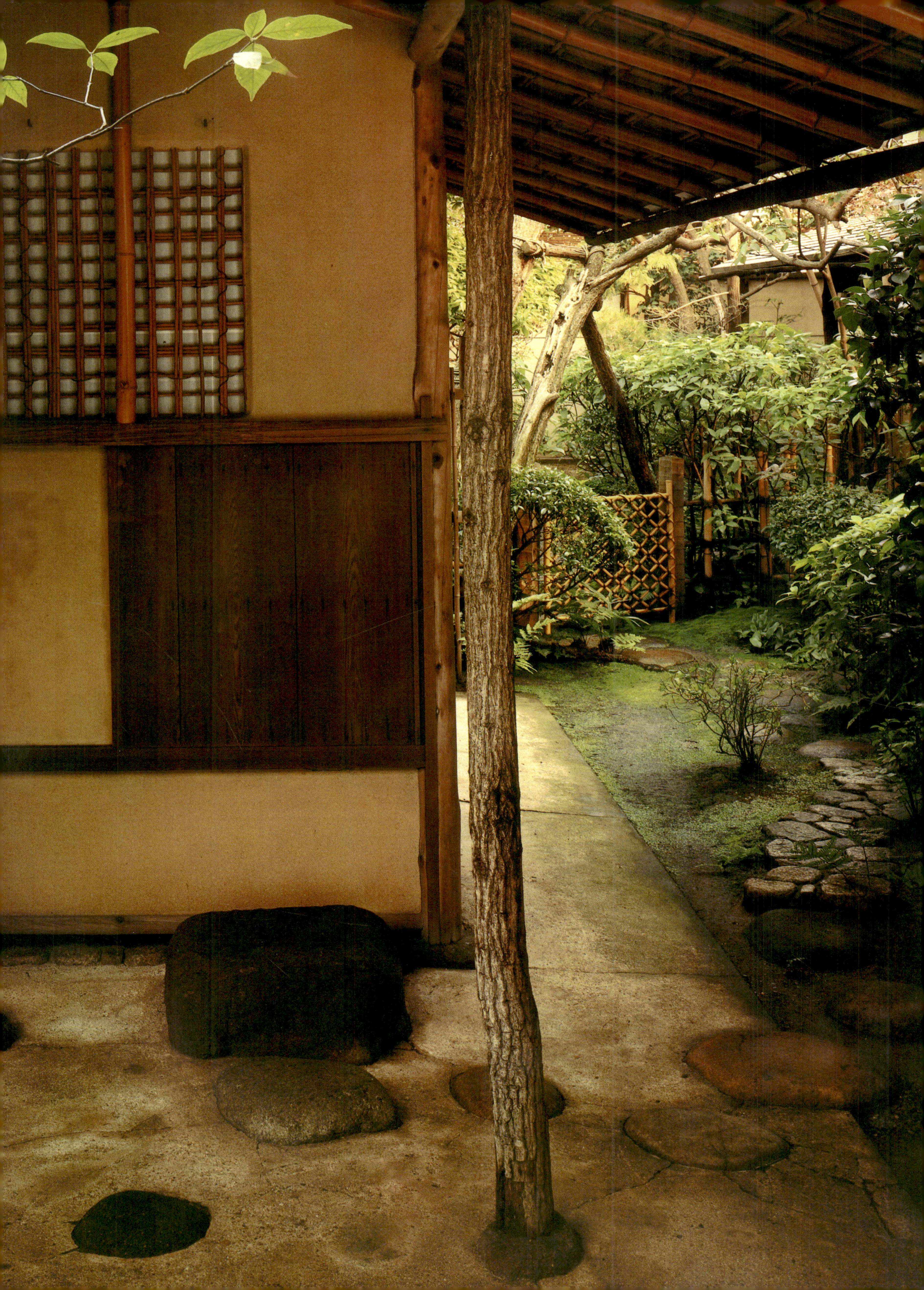

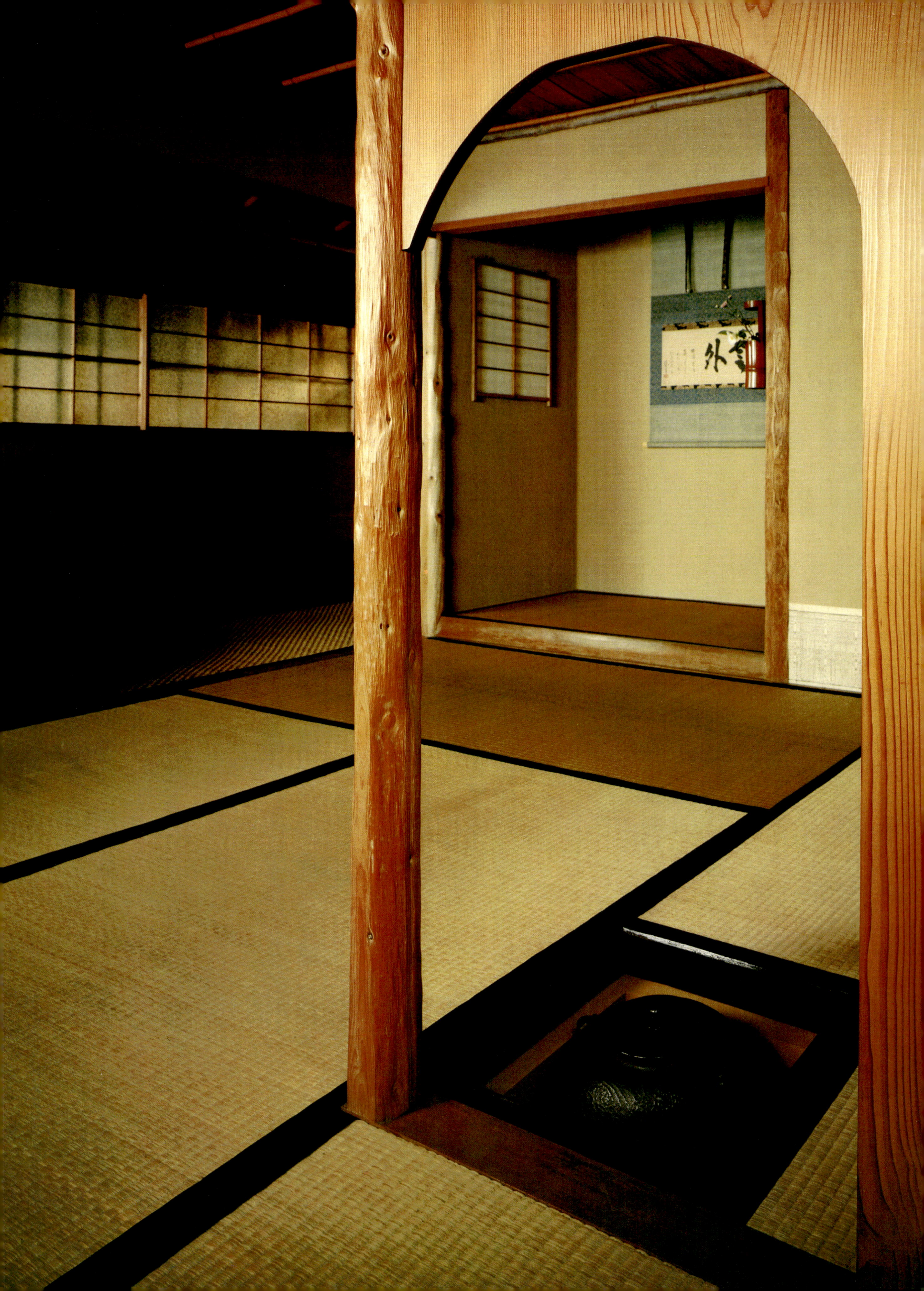
外

左页图＝床之间
上＝床之间、茶道口、相伴席　下＝中柱、客座

香积庵
露地

蹲口和腰挂

床之间

蓬声庵

茶室外观

床之间另一侧

貴人口、躙口

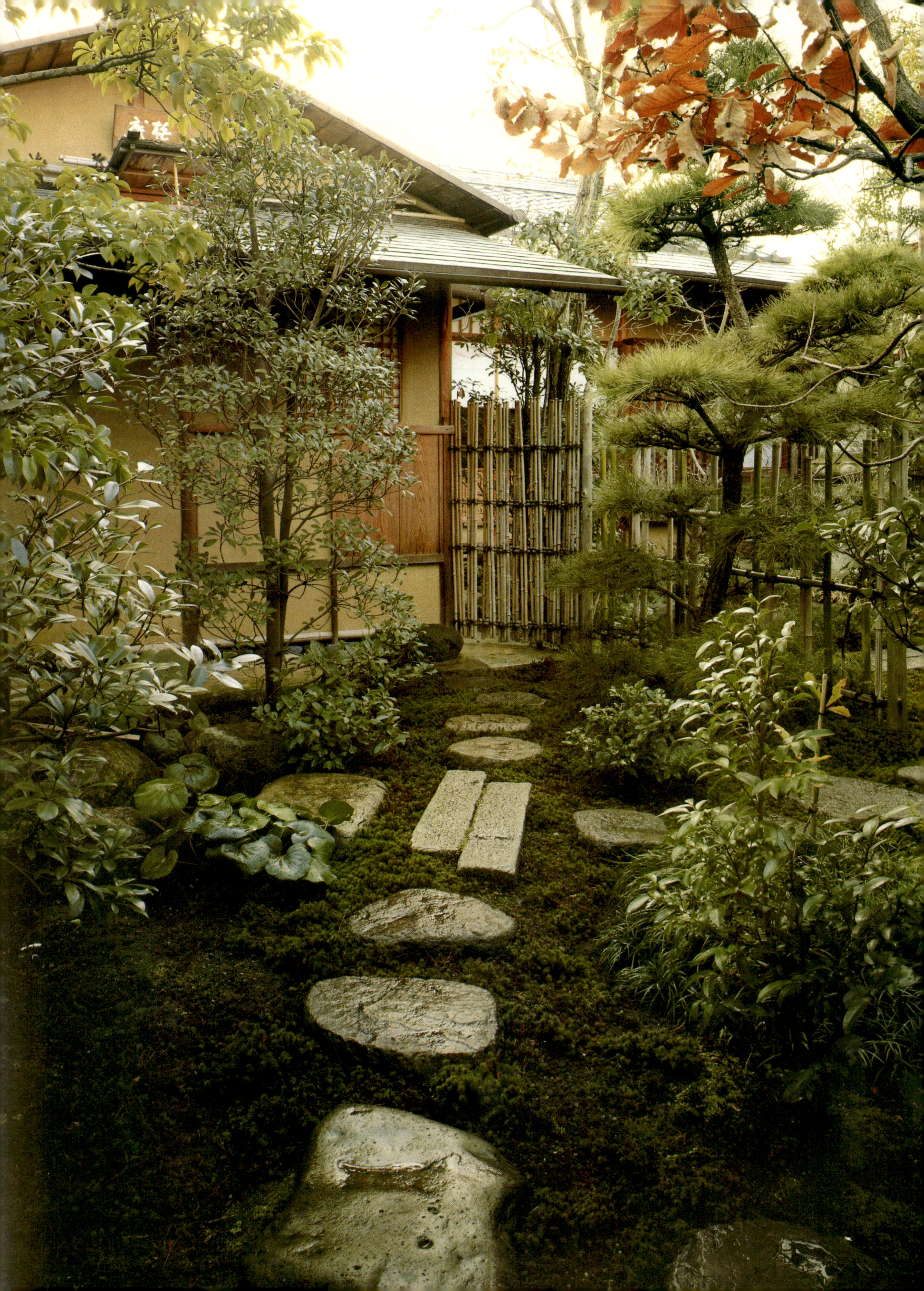

柏庵

左页图＝通往茶室的苑路
上＝床之间　下＝点前座

日本建筑集成　茶室与露地　　　　　　　　　　　180

兴庵

上＝轩先（屋檐的前端部分）　下＝刀挂
右＝露地和茶室外观

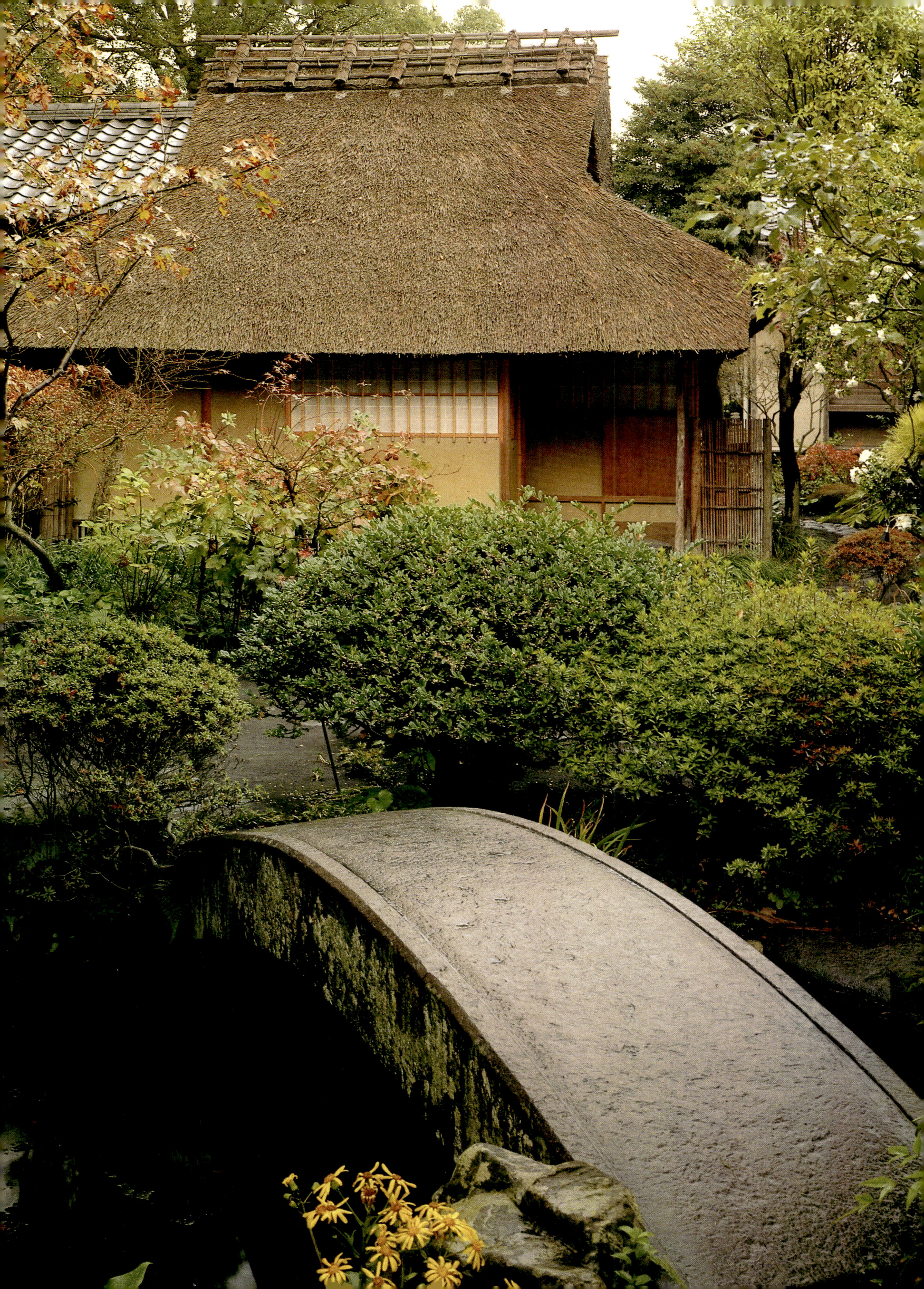

上＝茶道口、床之间、相伴席
右页图＝中柱、蹲口

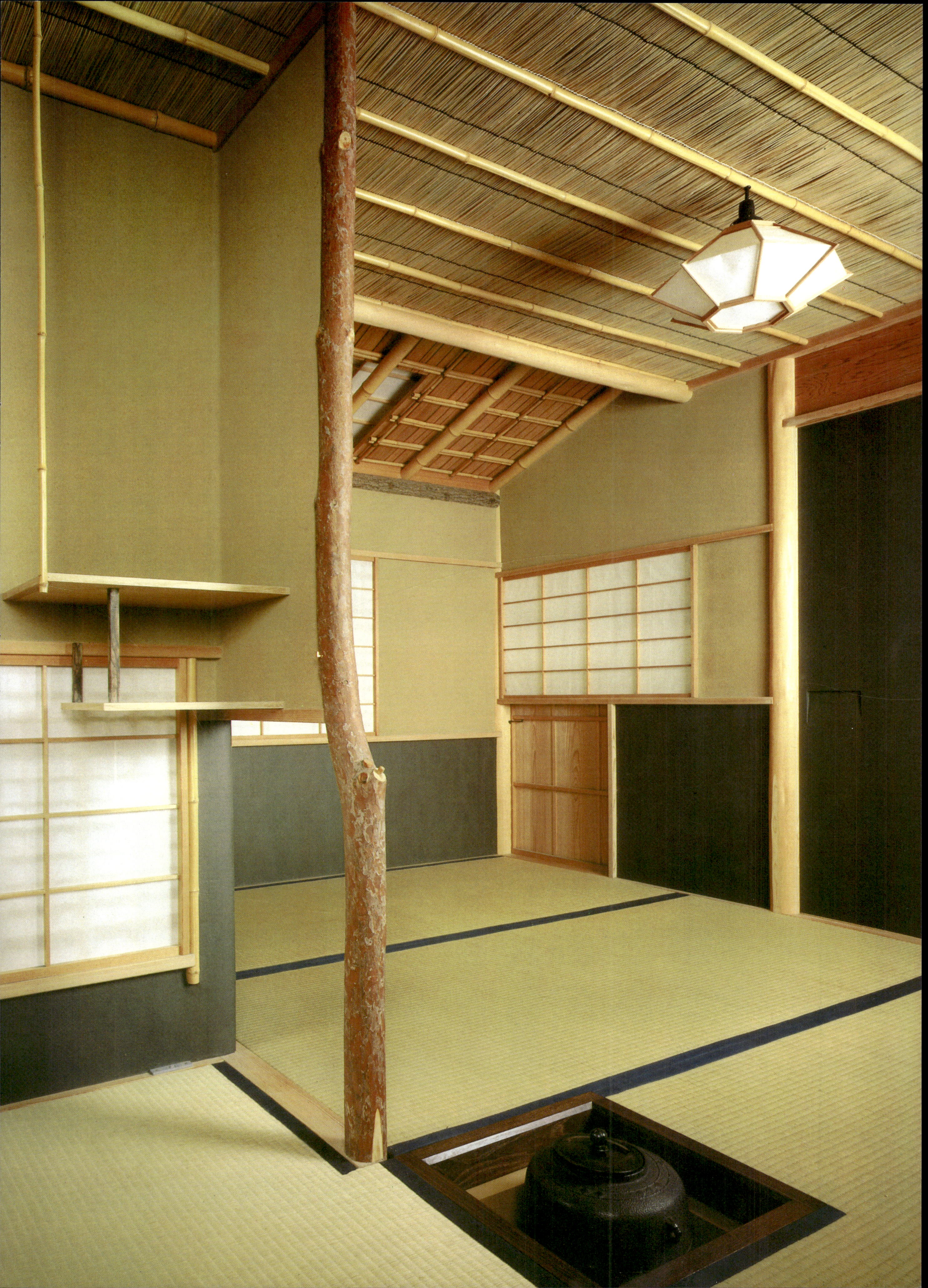

上＝水屋　下＝茶道口和置物架

设计图详解（三）

常芳庵的广间北侧通过水屋连接着的四叠半茶室，南侧西端设有蹒口，东侧设有双扇障子的贵人口，考虑到户袋（防雨窗套），设置的位置偏中央，前面有深土间庇。露地横卧在茶室南侧，由广间的三处长廊延伸出来的苑路构成主体。东边设有腰挂，腰挂东侧设有簣子张（横木上以竹条整排排列）。

茶室格局类似又隐，是典型四叠半、上座床。但是床之间旁边设有佛龛，正面设有圆窗，下方设有风炉先窗，天井被分为三部分，这可以说是它的特色。

常芳庵

所有者　平塚千鹤子
所在地　东京都涩谷区
建造年份　昭和十三年（1938年）
造园年份　昭和十四年（1939年）
设计　茶室、露地　田中仙樵
施工　茶室　大米
露地　宇多川

キャラボク	紫杉
スギ	杉木
シュロチワ	棕榈竹
サンゴジュ	珊瑚珠
アオキ	青木
マサキ	大叶黄杨
イワナンテン	筒花木藜芦
サカキ	常青树
カナメモチ	光叶石楠
ゴロタ	铺圆木
タカノハススキ	鹰尾羽芒草
ラカンマキ	小叶罗汉松
ゴヨウマツ	五针松
ボテ	木瓜
ウメ	梅
ツバキ	山茶
オオムラサキ	大紫蛱蝶
イヌシデ	榛木
ヤマモモ	杨梅
ヒサカキ	柃木
クス	樟木
モッコク	厚皮香
サカキ	杨桐
アズマザサ	东小竹
カクレミノ	半枫荷
ニシキギ	卫矛
アラカシ	青冈
ツツジ	杜鹃花
ドウダン	日本吊钟
ハクチョウゲ	满天星
クロガネモチ	铁冬青
ハマシノブ	铁杆蒿
ツワブキ	大吴风草
ヒノキ	扁柏
オカメザサ	倭竹
シャシャンボ	南烛
カシ	栎树
ヤブコウジ	紫金牛

平面图　比例尺1:80

常芳庵　实测图

水屋网代天井　　　　　　　　躙口附近　　　　　　　　　　蹲踞

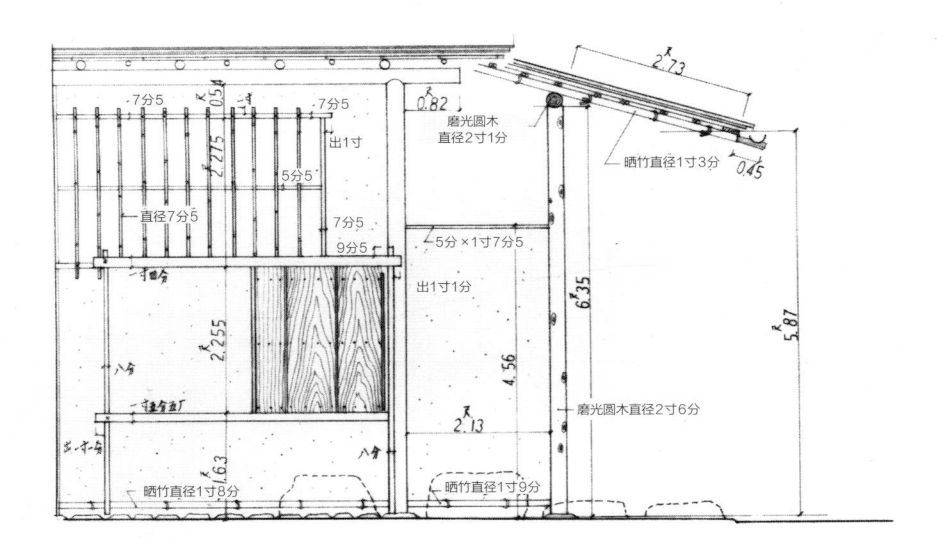

躙口一侧立面图　比例尺1∶30

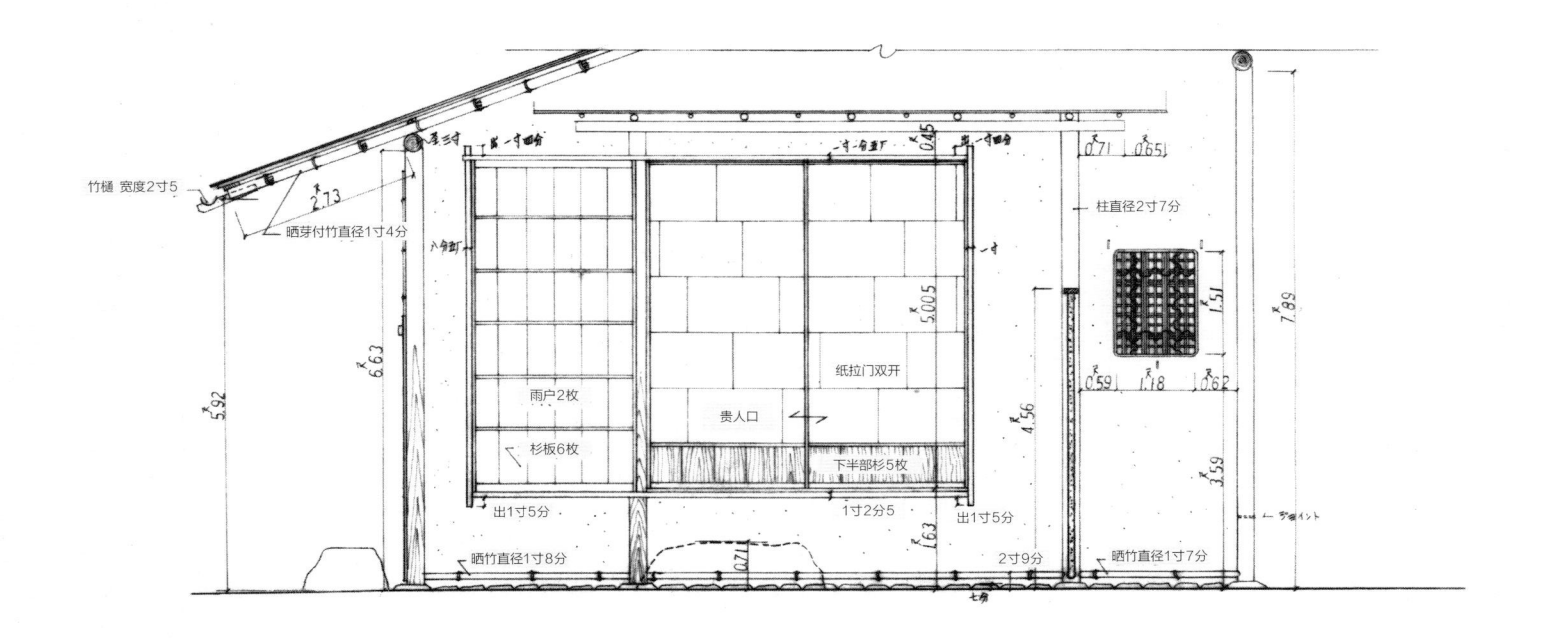

贵人口一侧立面图　比例尺1∶30

常芳庵　实测图

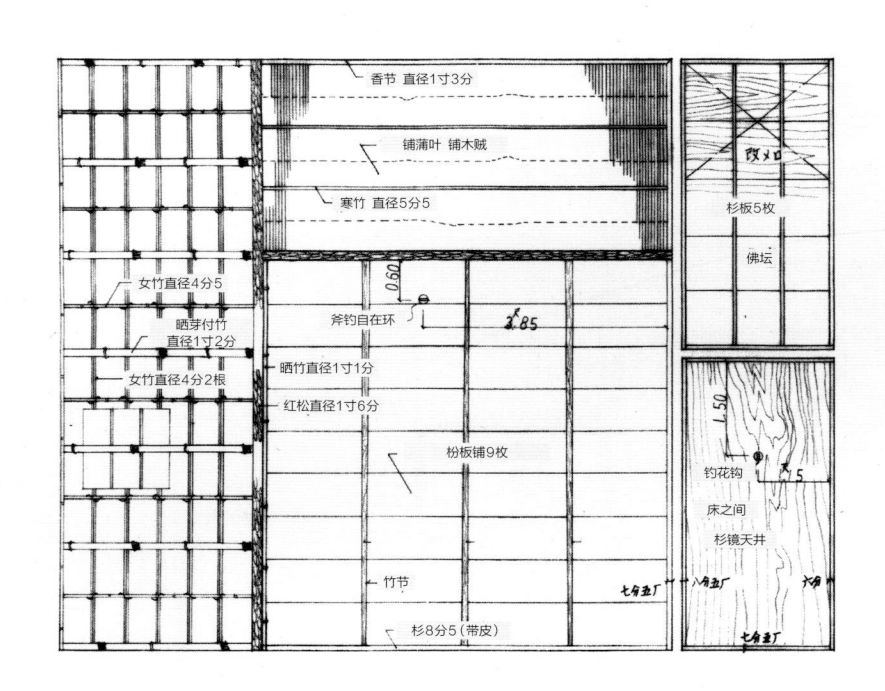

茶室天井平面投影图　比例尺1∶30

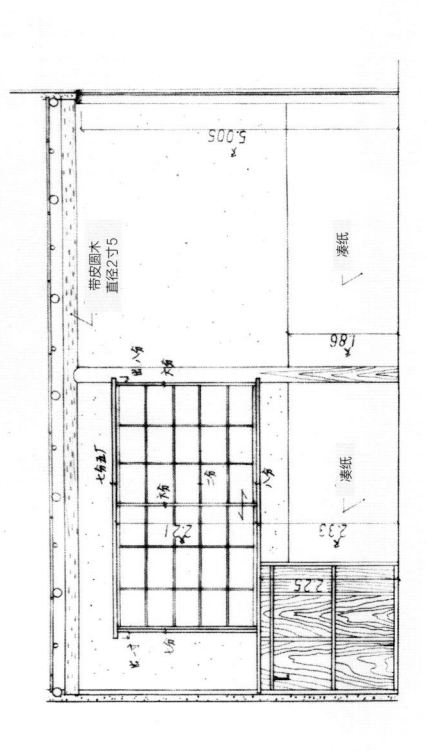

茶室平面详细图及展开图
比例尺1∶30

常芳庵　实测图

常芳庵 实测图

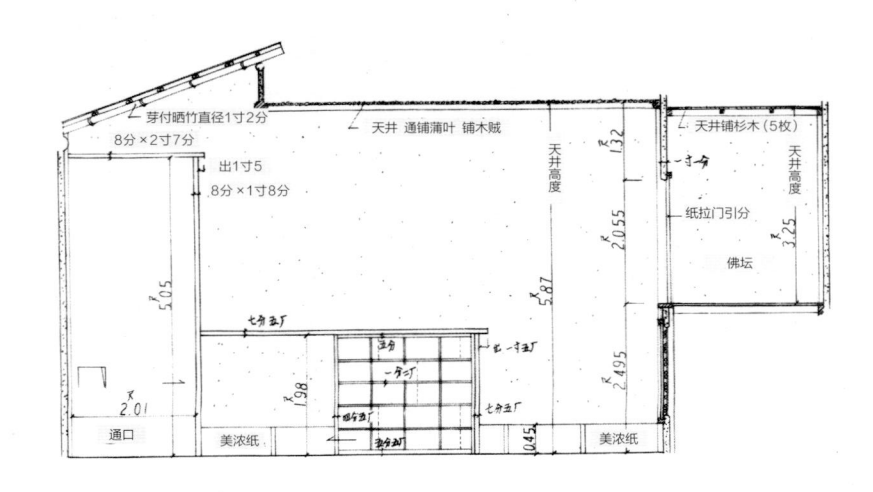

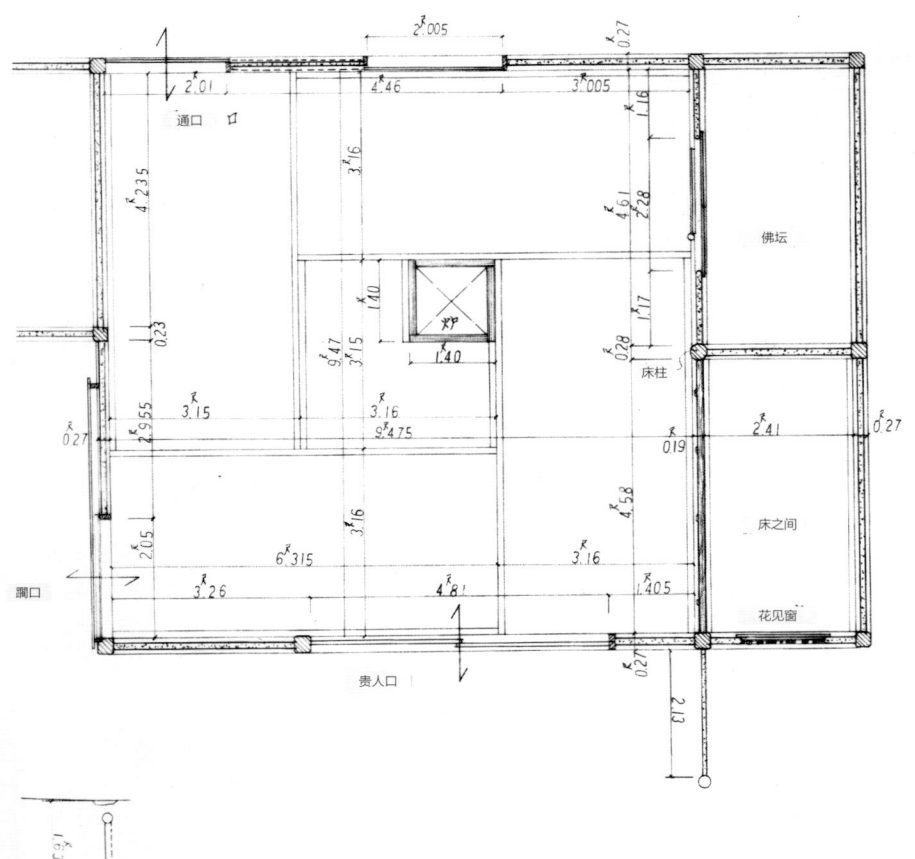

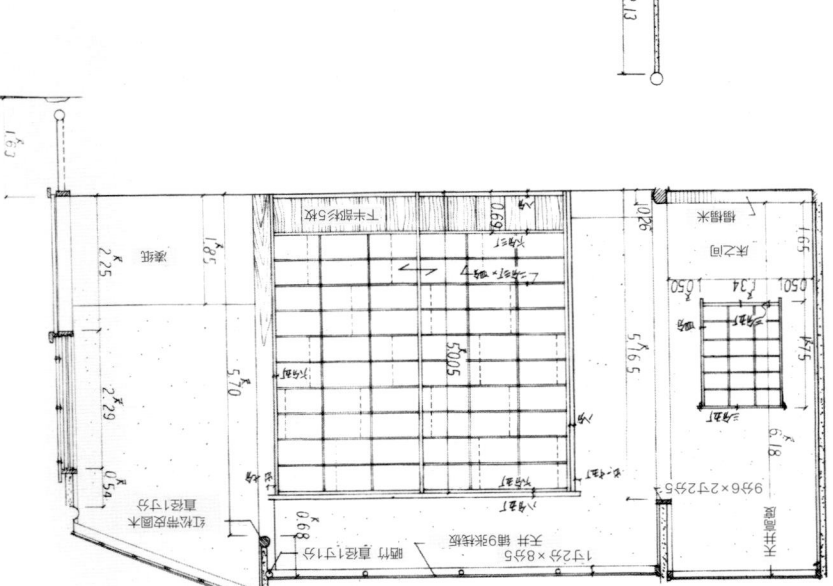

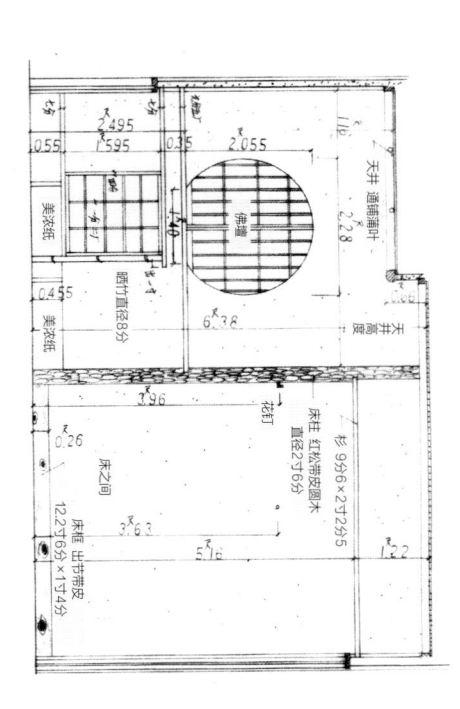

契悟庵

所有者 南 和仙
所在地 东京都世田谷区
建造、造园年份 昭和三十八年（1963年）
设计 茶室、露地 田中仙樵
施工 茶室 渡边工务店
露地 吉田造园

契悟庵采用深三叠台目，设中板、下座床的格局。通过铺设中板和客叠的方式扩大了二叠台目。切妻造（山形屋顶造型）的主屋顶自南向东延伸着屋檐，正面设有躙口，与其成直角设有双扇障子的贵人口。亭主一侧的出入口也设有茶道口和给仕口，因为铺设了中板，所以给仕口和地炉保持了恰到好处的距离。

点前座采用台目，立着皮付中柱，并插有横竹，天井是蒲天井。

客座上方顶棚，靠近床之间的二叠部分是网代天井，靠近躙口的部分是化妆屋根里。但是网代天井却并未使用竿缘（支撑屋顶的横木）。因此网代的铺设方法与通常的做法有所不同。

内露地中央位置的修剪过的柃木将茶室前方的蹲踞和腰挂处延伸出来的苑路分隔开。四方佛的手水钵立于中央，营造出了幽静深邃的蹲踞意境，也是这个露地的一大看点。

平面图　比例尺1:50

契悟庵　实测图

匾额 　　　　　　　　　　　　从蹲口眺望露地

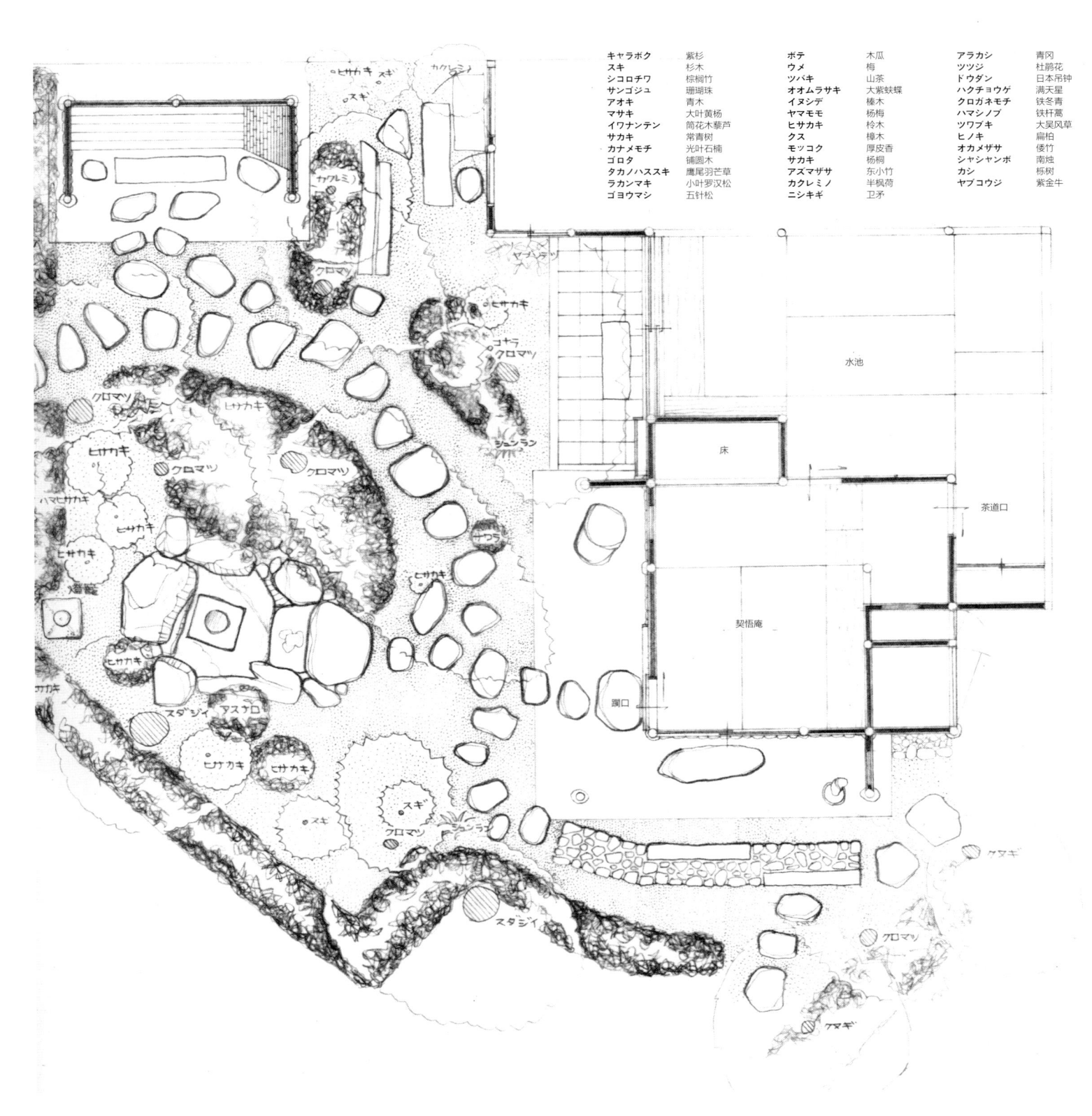

キャラボク	紫杉	ボテ	木瓜	アラカシ	青冈
スキ	杉木	ウメ	梅	ツツジ	杜鹃花
シコロチワ	棕榈竹	ツバキ	山茶	ドウダン	日本吊钟
サンゴジュ	珊瑚珠	オオムラサキ	大紫蛱蝶	ハクチョウゲ	满天星
アオキ	青木	イヌシデ	榉木	クロガネモチ	铁冬青
マサキ	大叶黄杨	ヤマモモ	杨梅	ハマシノブ	铁杆蒿
イワナンテン	筒花木藜芦	ヒサカキ	柃木	ツワブキ	大吴风草
サカキ	常青树	クス	樟木	ヒノキ	扁柏
カナメモチ	光叶石楠	モッコク	厚皮香	オカメザサ	倭竹
ゴロタ	铺圆木	サカキ	杨桐	シャシャンボ	南烛
タカノハススキ	鹰尾羽芒草	アズマザサ	东小竹	カシ	栎树
ラカンマキ	小叶罗汉松	カクレミノ	半枫荷	ヤブコウジ	紫金牛
ゴヨウマシ	五针松	ニシキギ	卫矛		

契悟庵　实测图

水屋一侧立面图　比例尺1∶30

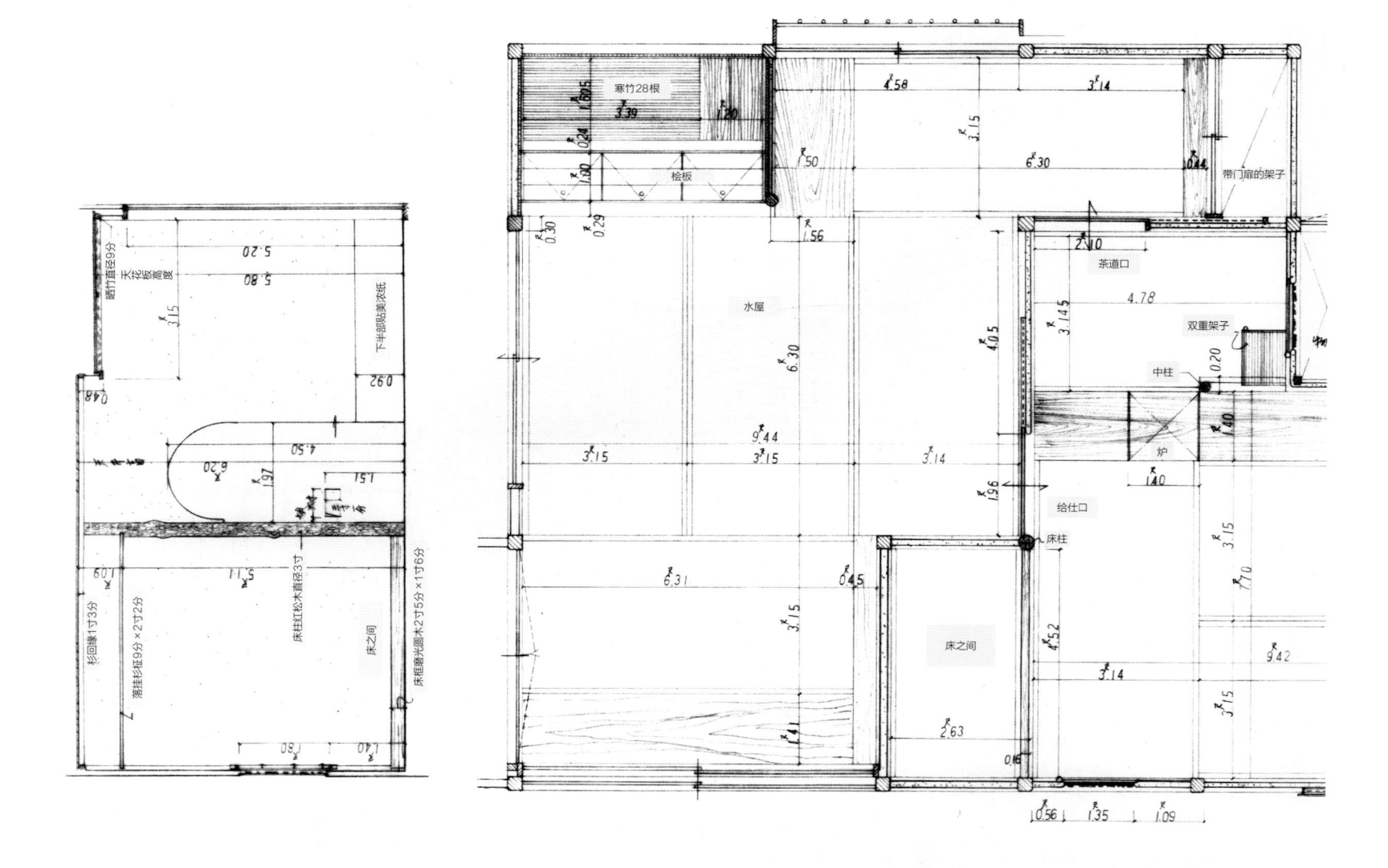

茶室平面详细图及展开图　比例尺1∶30

契悟庵　实测图

契悟庵　实测图

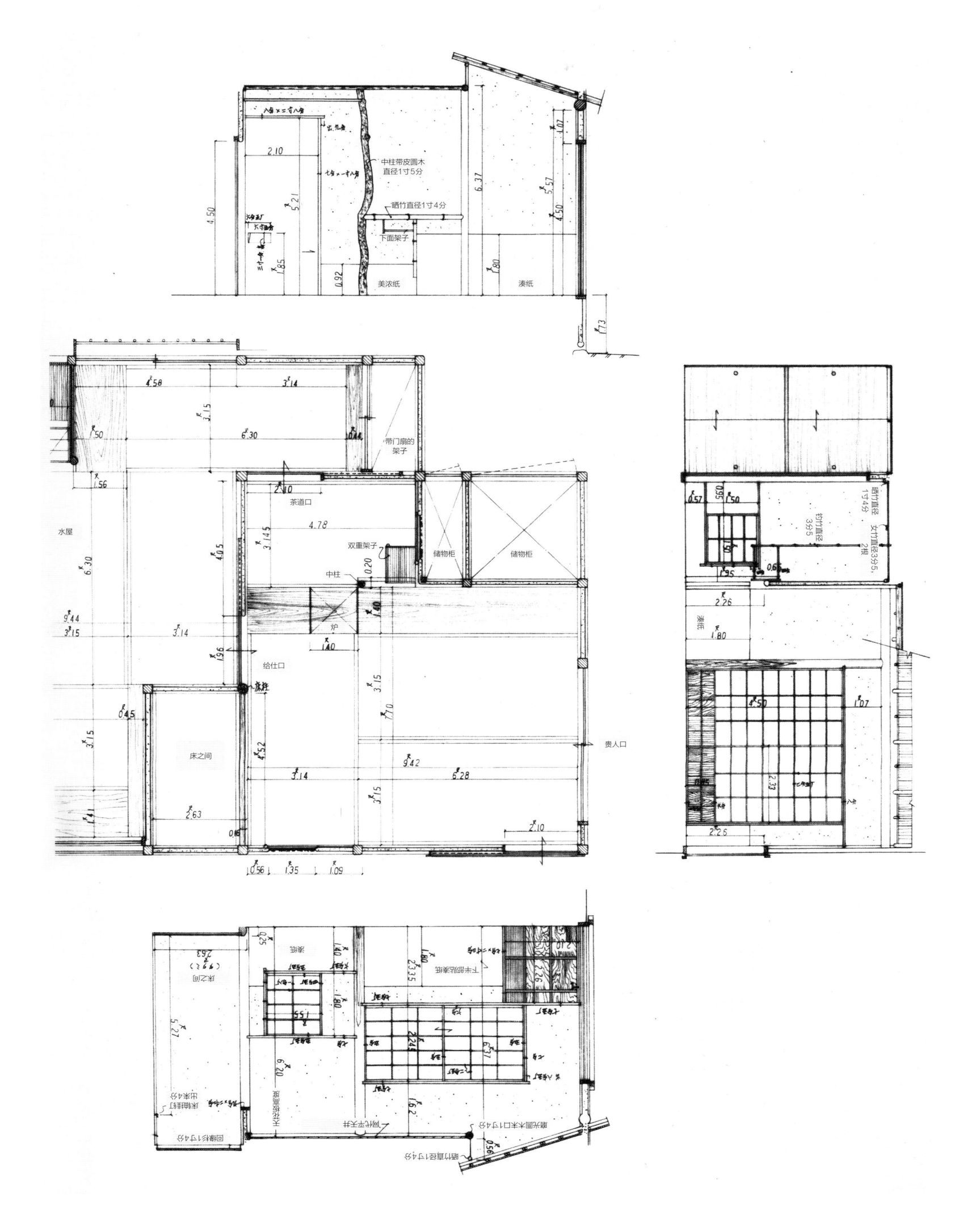

水屋下部

点前座的钓棚

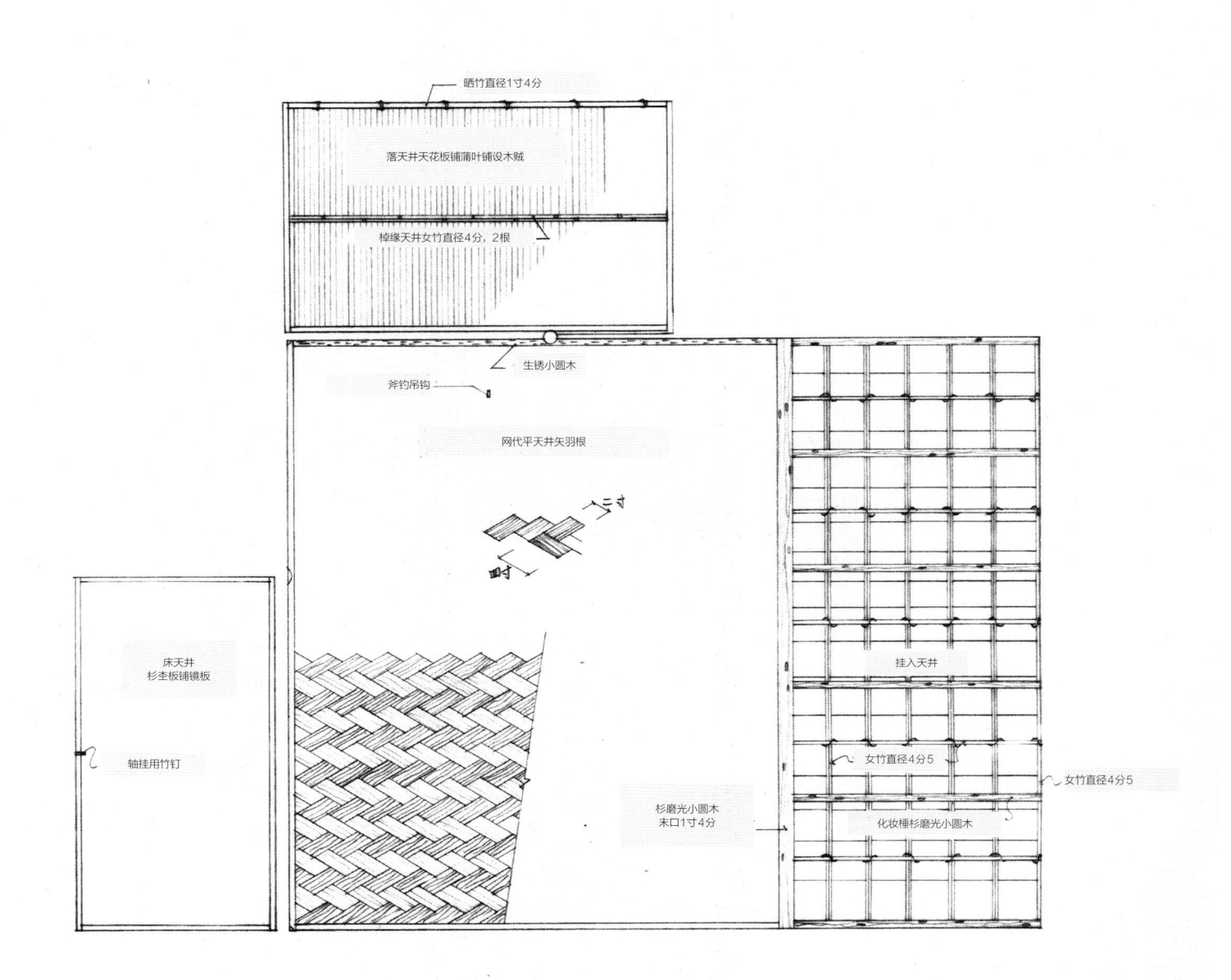

晒竹直径1寸4分

落天井天花板铺蒲叶铺设木贼

椽缘天井女竹直径4分，2根

生锈小圆木

斧钓吊钩

网代平天井矢羽根

床天井
杉杢板铺镜板

轴挂用竹钉

挂入天井

女竹直径4分5

女竹直径4分5

杉磨光小圆木
末口1寸4分

化妆棰杉磨光小圆木

茶室天井平面投影图　比例尺1∶20

契悟庵　实测图

蹲口和连子窗　　　　　　　　蹲口附近的飞石

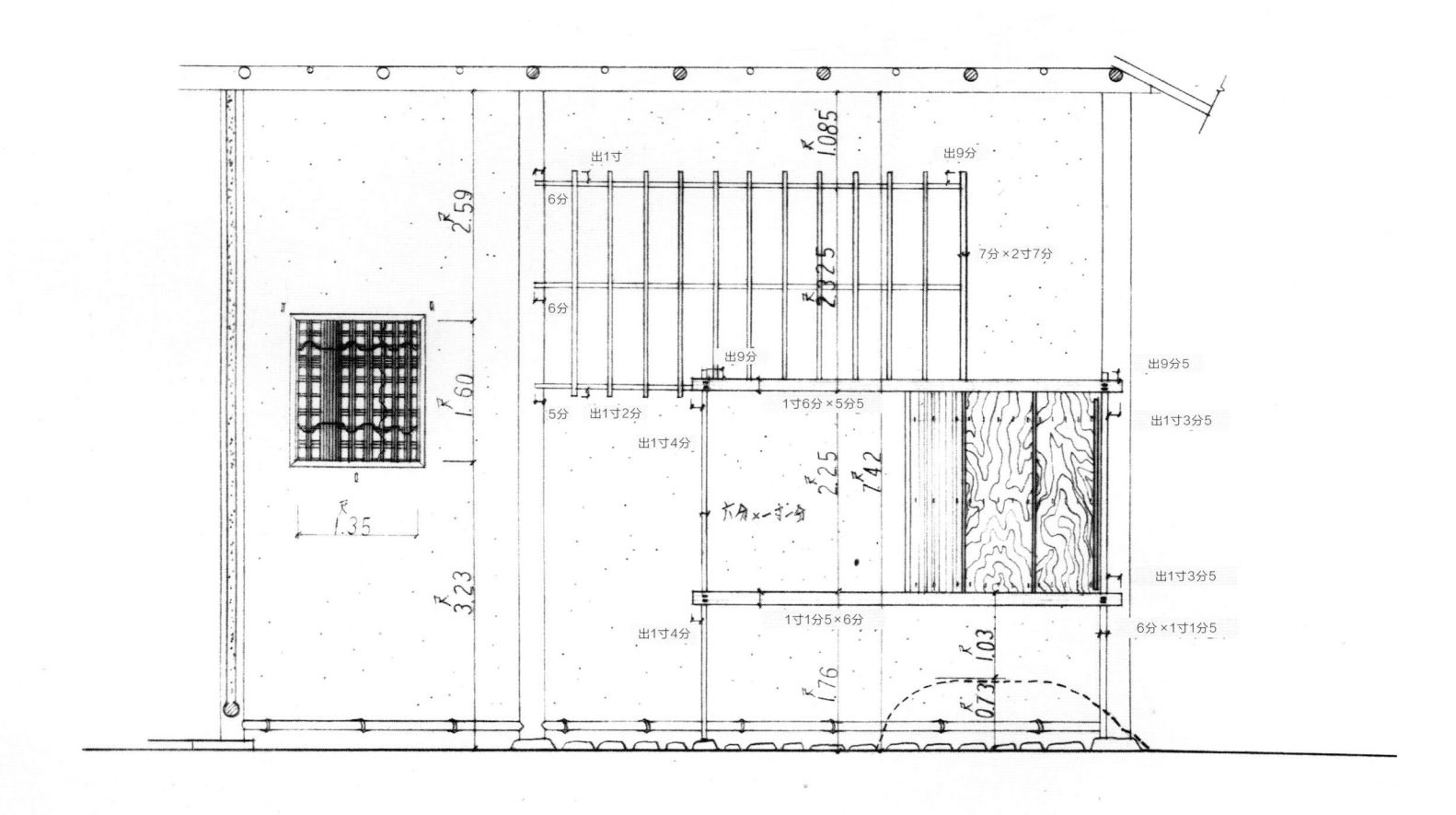

蹲口一侧立面图　比例尺1:20

契悟庵　实测图

松风庵

所有者 田中丸善治
所在地 福冈市中央区
建造、造园年份 昭和二十四年（1949年）
设施、施工
　茶室　笛吹嘉一郎
露地 植熊

位于桂离宫万字亭腰挂仿作的腰挂待合的西侧。采用四叠枡床、广间十叠、水屋三叠的格局形式。

茶室在与蹲口形成直角，设有双扇障子的贵人口。蹲口采用板户引违（双槽推拉木板门），茶道口采用双扇襖。

点前座被并列设在方形的床之间旁边，特别之处在于床之间旁边为风炉先，但却是枡床格局。以此为基本，客席侧与亭主侧的出入口是开放的，点前座的胜手付处设有两扇下地窗，营造出色纸窗（两扇尺寸不同的彩色障子构成的窗户）风格，可见设计者的独特匠心。

客座上方的天井是一整面的网代天井，点前座上方是蒲落天井。

广间和胜手、水屋和茶室的穿梭动线很顺畅，可谓匠心独运。

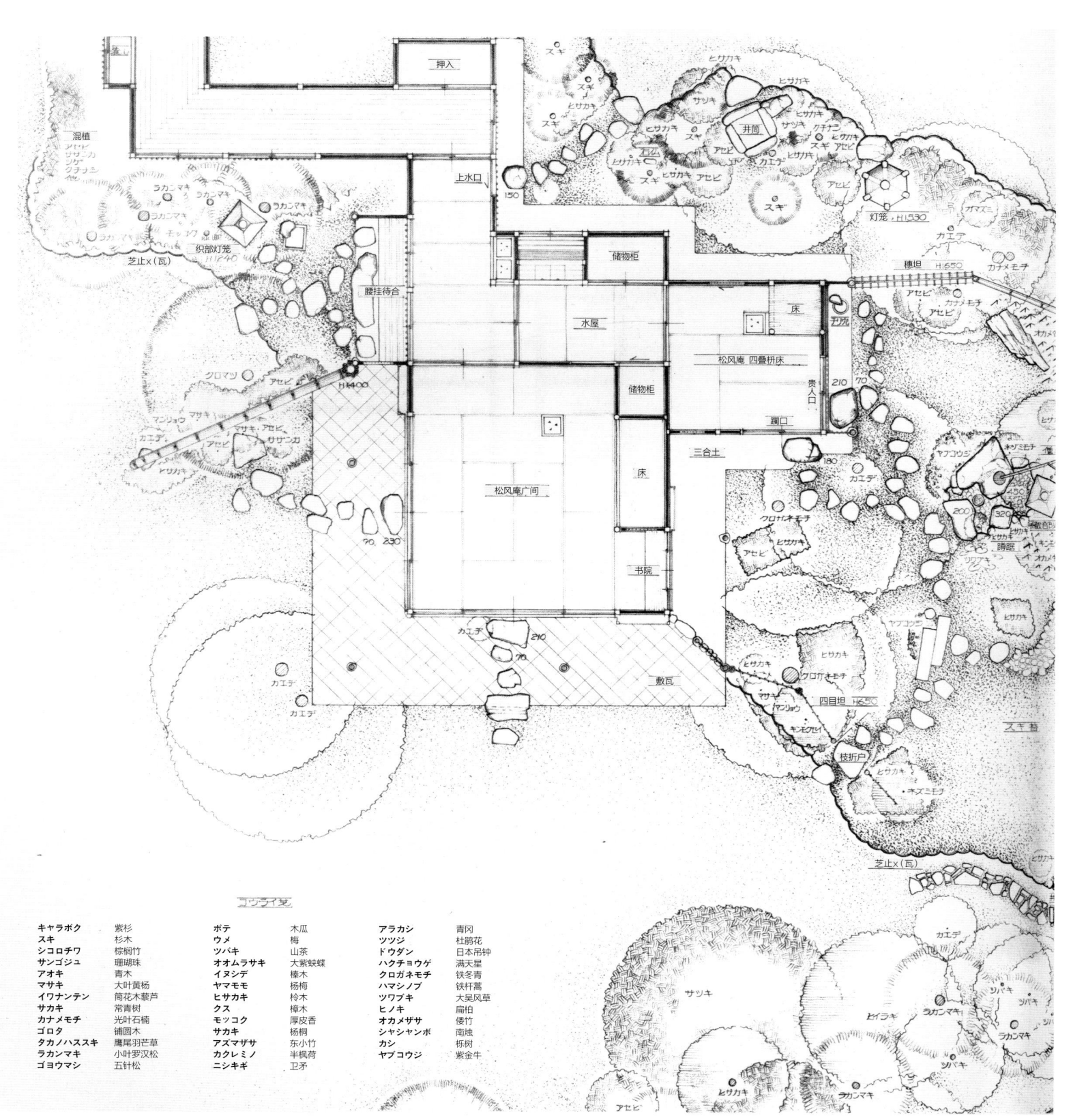

キャラボク	紫杉	ボケ	木瓜	アラカシ	青冈
スギ	杉木	ウメ	梅	ツツジ	杜鹃花
シュロチク	棕榈竹	ツバキ	山茶	ドウダン	日本吊钟
サンゴジュ	珊瑚珠	オオムラサキ	大紫蛱蝶	ハクチョウゲ	满天星
アオキ	青木	イヌシデ	榛木	クロガネモチ	铁冬青
マサキ	大叶黄杨	ヤマモモ	杨梅	ハマシノブ	铁杆蒿
イワナンテン	筒花木藜芦	ヒサカキ	柃木	ツワブキ	大吴风草
サカキ	常青树	クス	樟木	ヒノキ	扁柏
カナメモチ	光叶石楠	モッコク	厚皮香	オカメザサ	倭竹
ゴロタ	铺圆木	サカキ	杨桐	シャシャンボ	南烛
タカノハススキ	鹰尾羽芒草	アズマザサ	东小竹	カシ	栎树
ラカンマキ	小叶罗汉松	カクレミノ	半枫荷	ヤブコウジ	紫金牛
ゴヨウマツ	五针松	ニシキギ	卫矛		

松风庵　实测图

渡廊的化妆屋根里　　　　　　　　　土间的化妆屋根里　　　　　　　　　苑路

平面图　比例尺1:80

松风庵　实测图

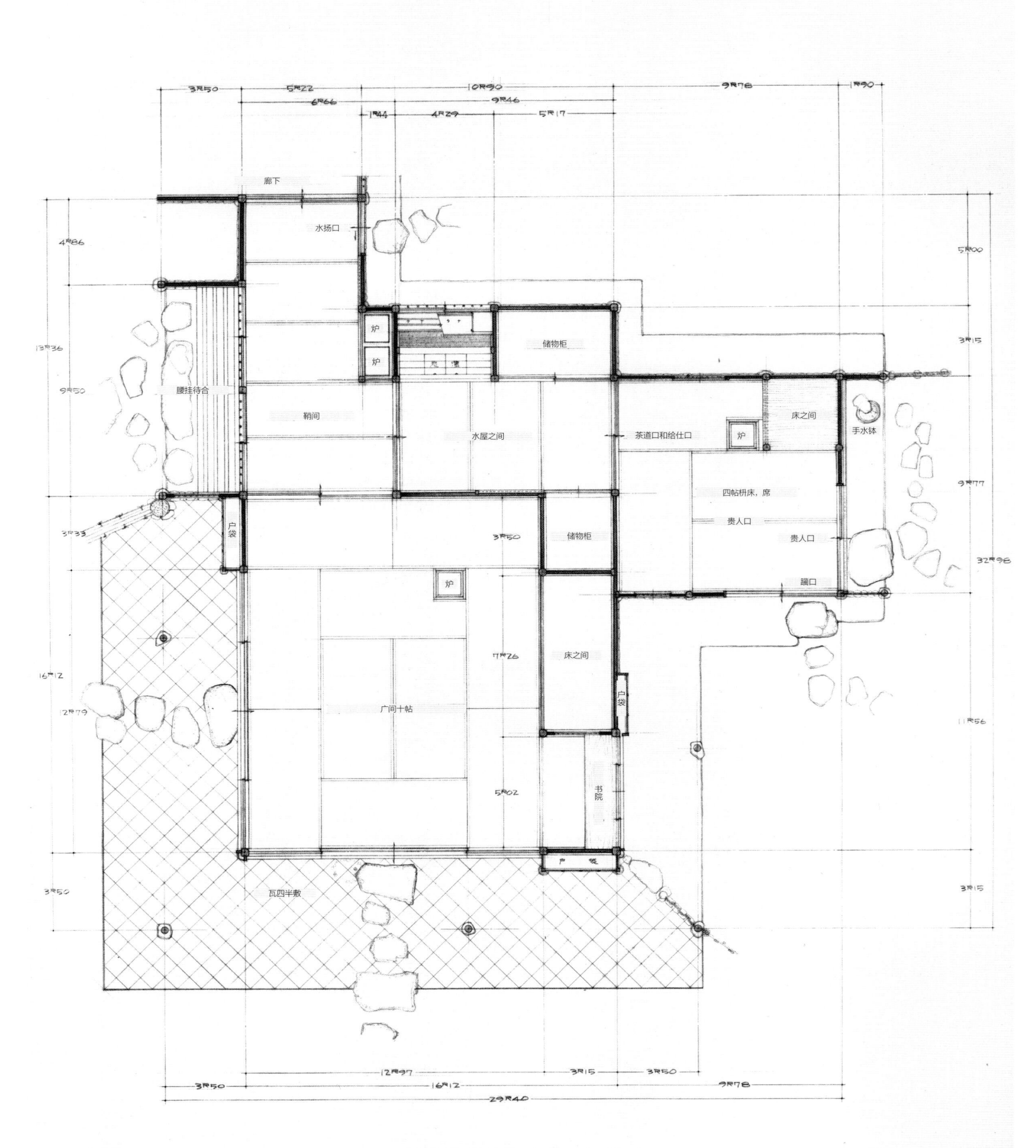

松风庵平面图 比例尺1:50

松风庵 实测图

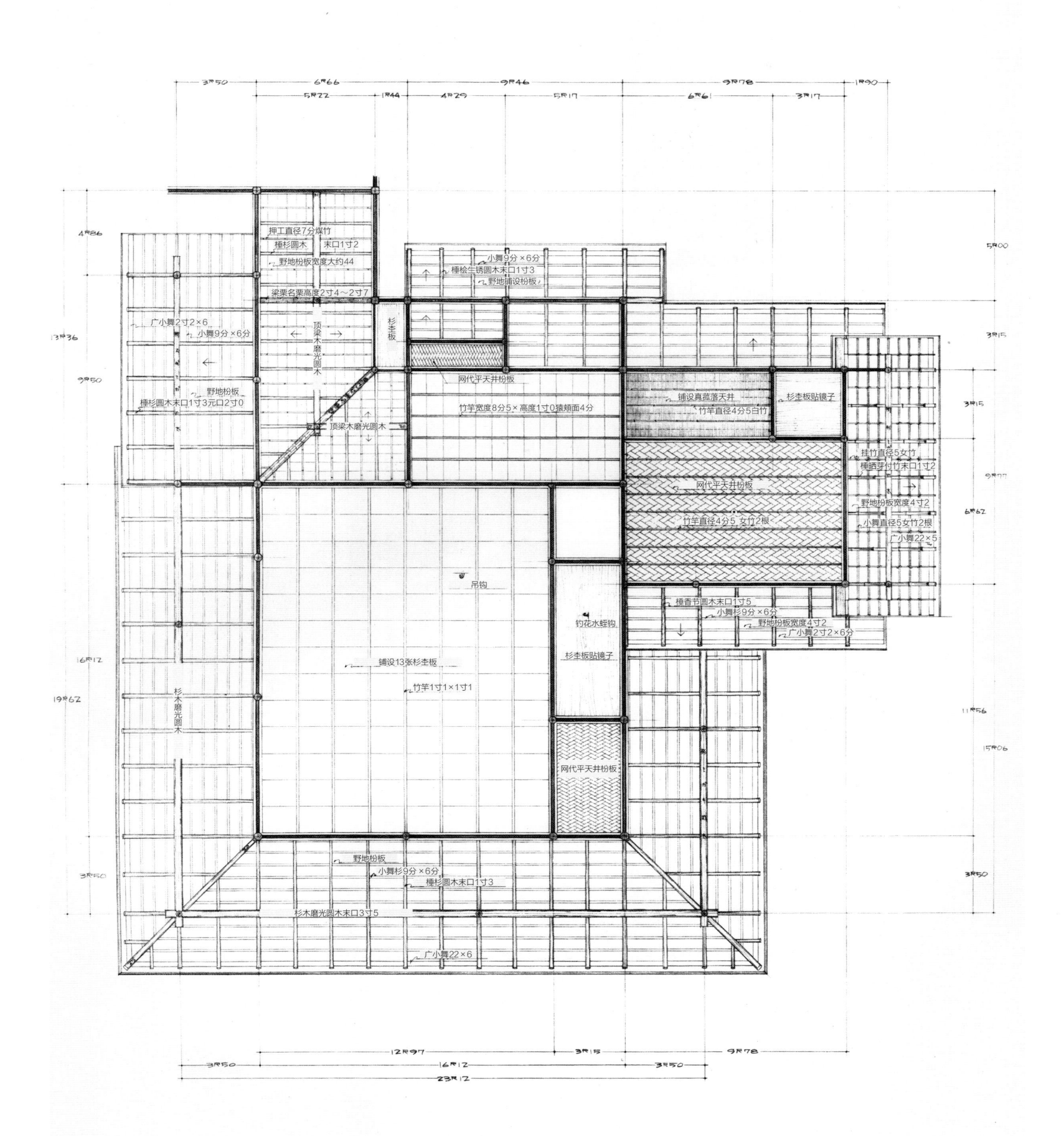

天井平面投影图 比例尺1:50

松风庵 实测图

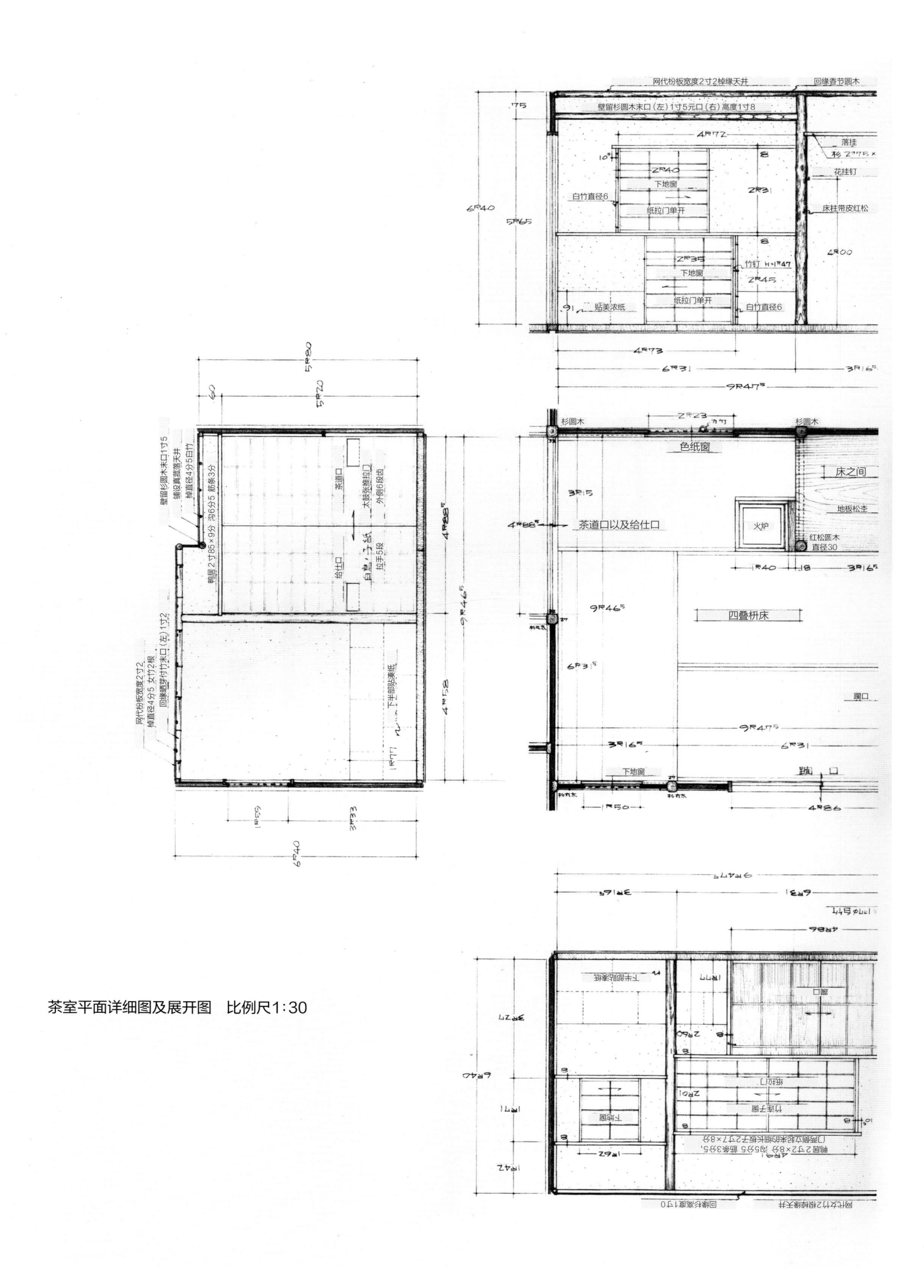

茶室平面详细图及展开图　比例尺1∶30

松风庵　实测图

松风庵　实测图

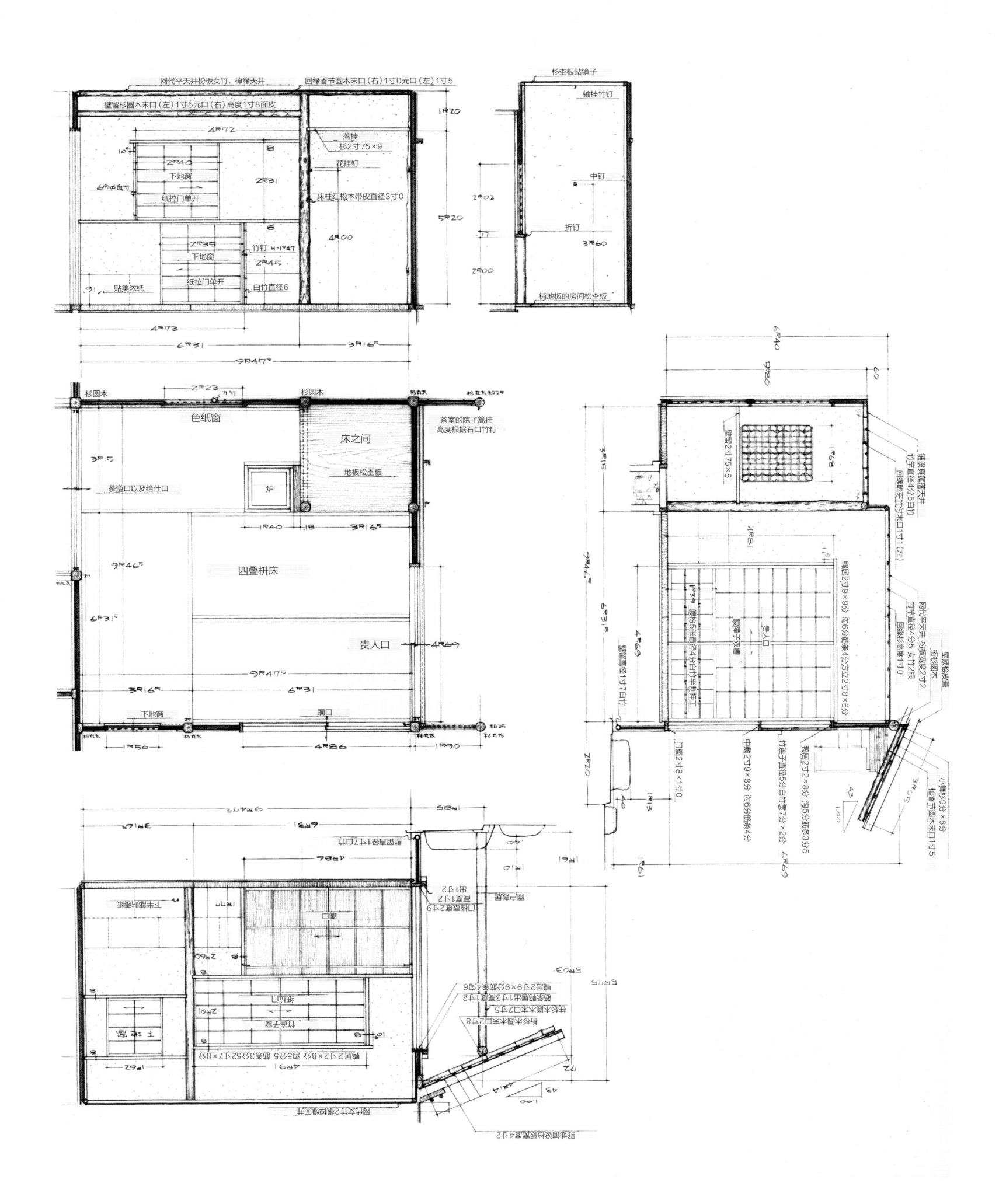

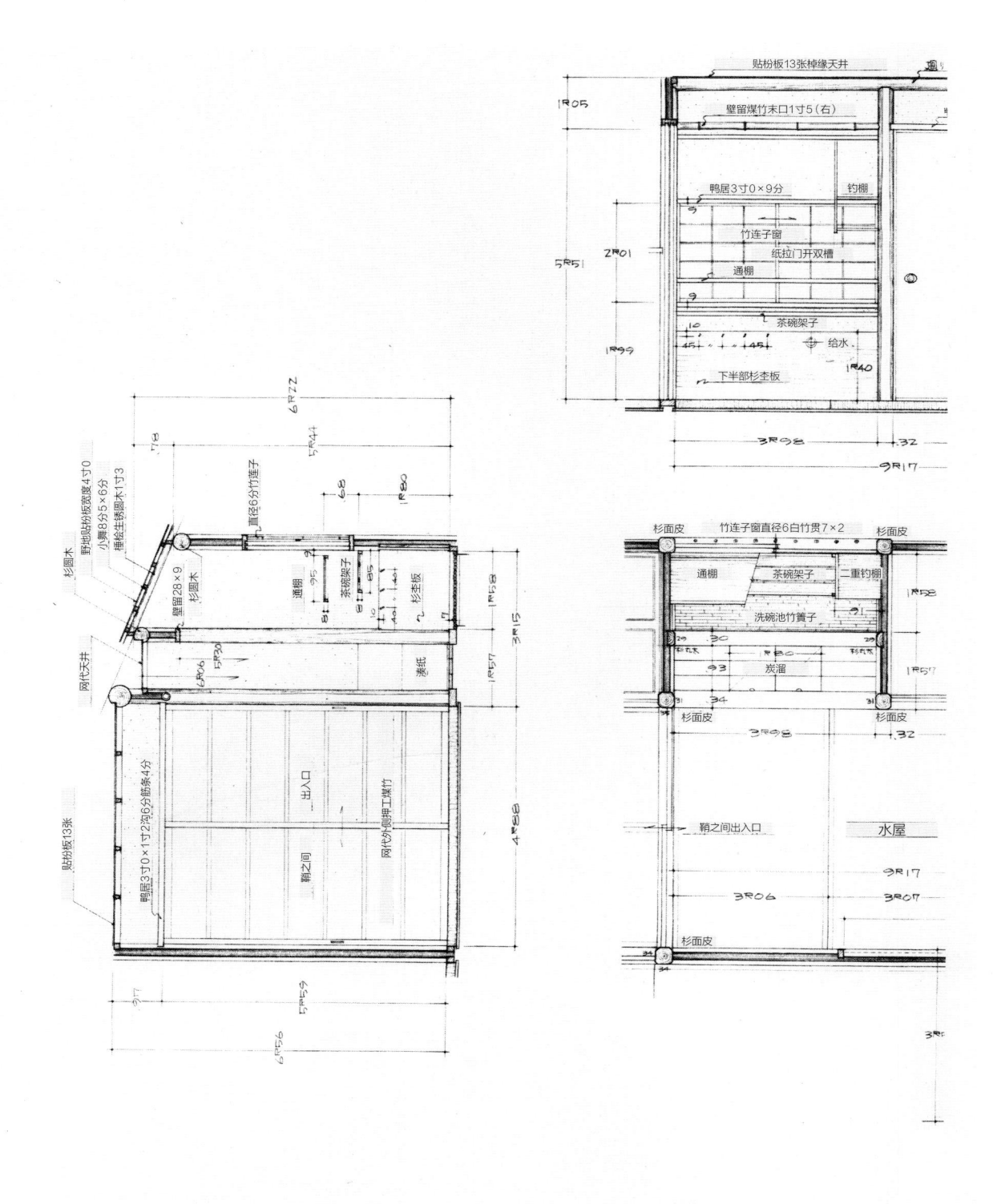

水屋平面详细图及展开图　比例尺1:30

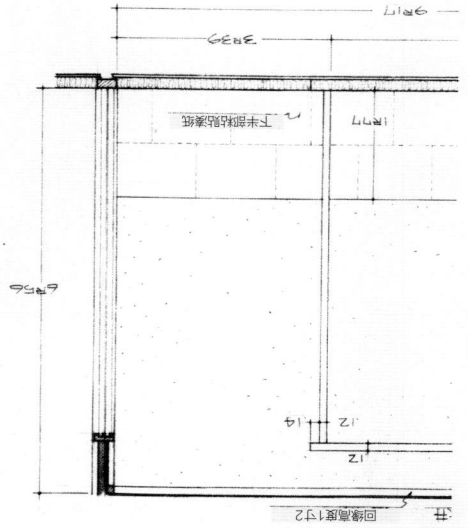

松风庵　实测图

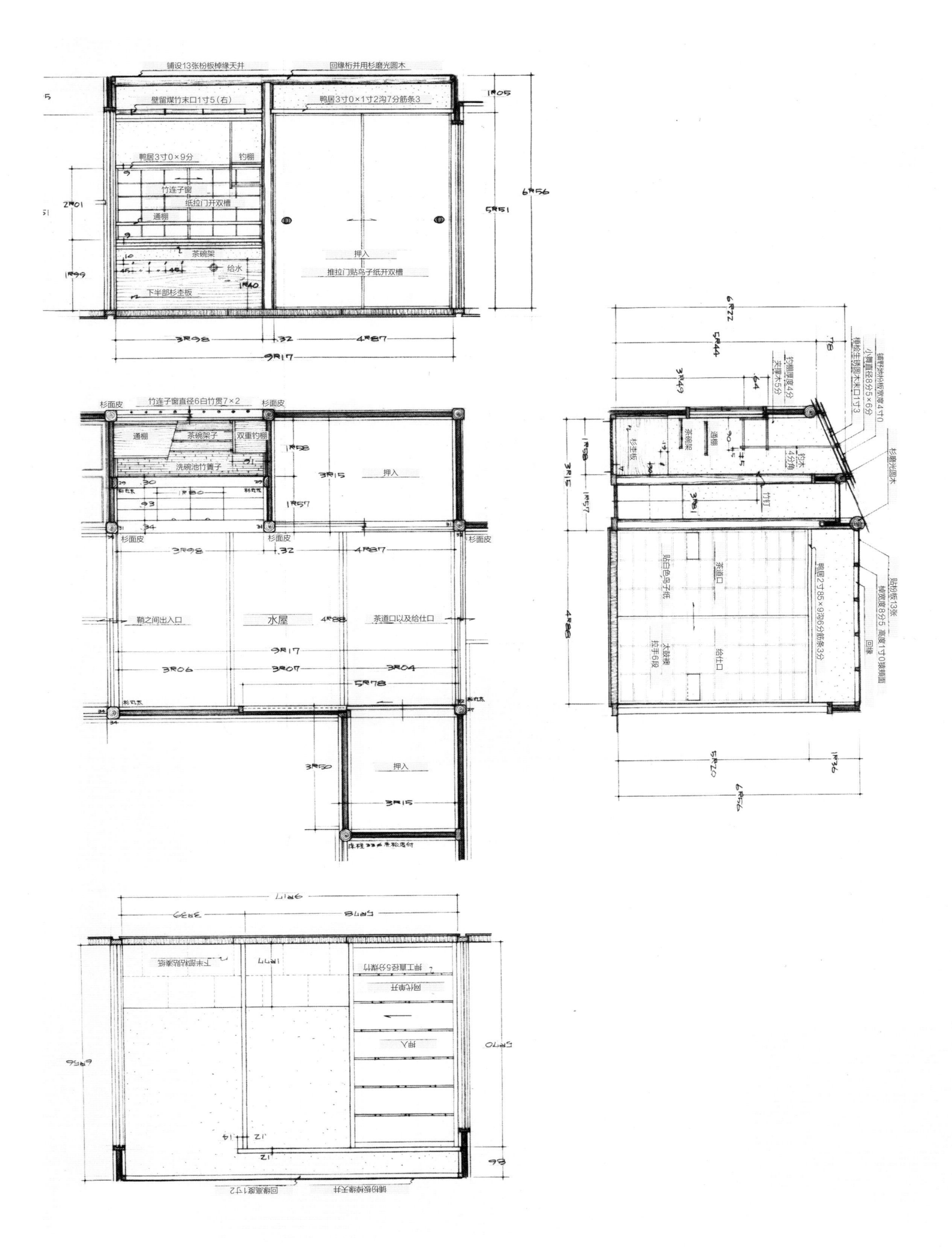

松风庵　实测图

所有者	广田清
所在地	神奈川县镰仓市
建造、造园年份	昭和三十年（1955年）
设计、施工	
茶室	前川宗德
露地	田中泰阿弥

松喜庵

采用四叠半台目、床之间旁边设板敷的格局形式。四叠半的下座中加入了台目结构的点前座。这种格局使小间具备了广间的宽敞感。床之间对面是蹲口，东侧设有三扇障子的贵人口。

贵人口对面的西侧墙壁被柱子分为两部分，一面墙面设有圆窗，另一面墙面设有给仕口，给仕口配有两扇腰障子（带护板的纸隔扇，也称高腰隔扇）。点前座的背后也设有窗户。

结合这种座敷的风格，客座的顶棚是杉中杢板（中杢：木材纹理的一种。板中央部分是不均衡纹理，两端是直木纹）搭配削木（削落木皮制作成鞭状物）的竿缘。床之间旁边是镜天井（没有框格，像镜子一样的平面板制作的天井），床之间天井采用网代形式，与一般的做法恰恰相反。

露地位于茶室东侧，由假山、枯瀑布、枯山水构成。此处的氛围极其安详平和。蹲口前是赤砂利敷（铺红色沙砾）的土路，一直延伸到腰挂处，配石也格外用心。

モチノキ	冬青
モクレン	木兰
ハラン	一叶兰
ムクノキ	椋子木
ツバキ	山茶
イヌシデ	榛木
ヤマモモ	杨梅
ヒサカキ	柃木
クス	樟木
モッコク	厚皮香
サカキ	杨桐
アズマザサ	东小竹
カクレミノ	半枫荷

平面图　比例尺 1:80

松喜庵　实测图

贵人口底部

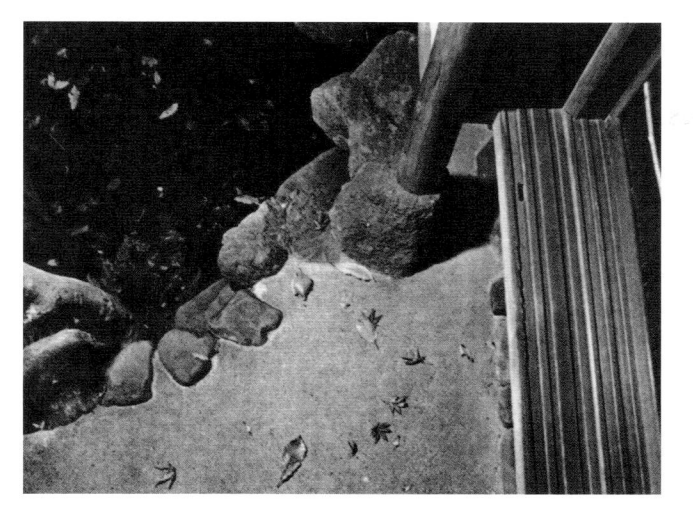

眺望茶室

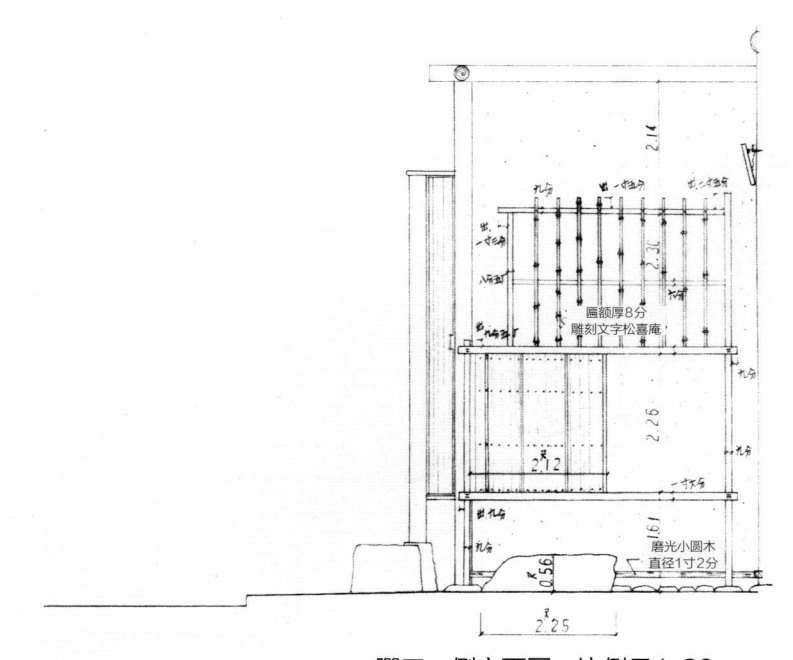

躏口一侧立面图　比例尺1:30

贵人口一侧立面图　比例尺1:30

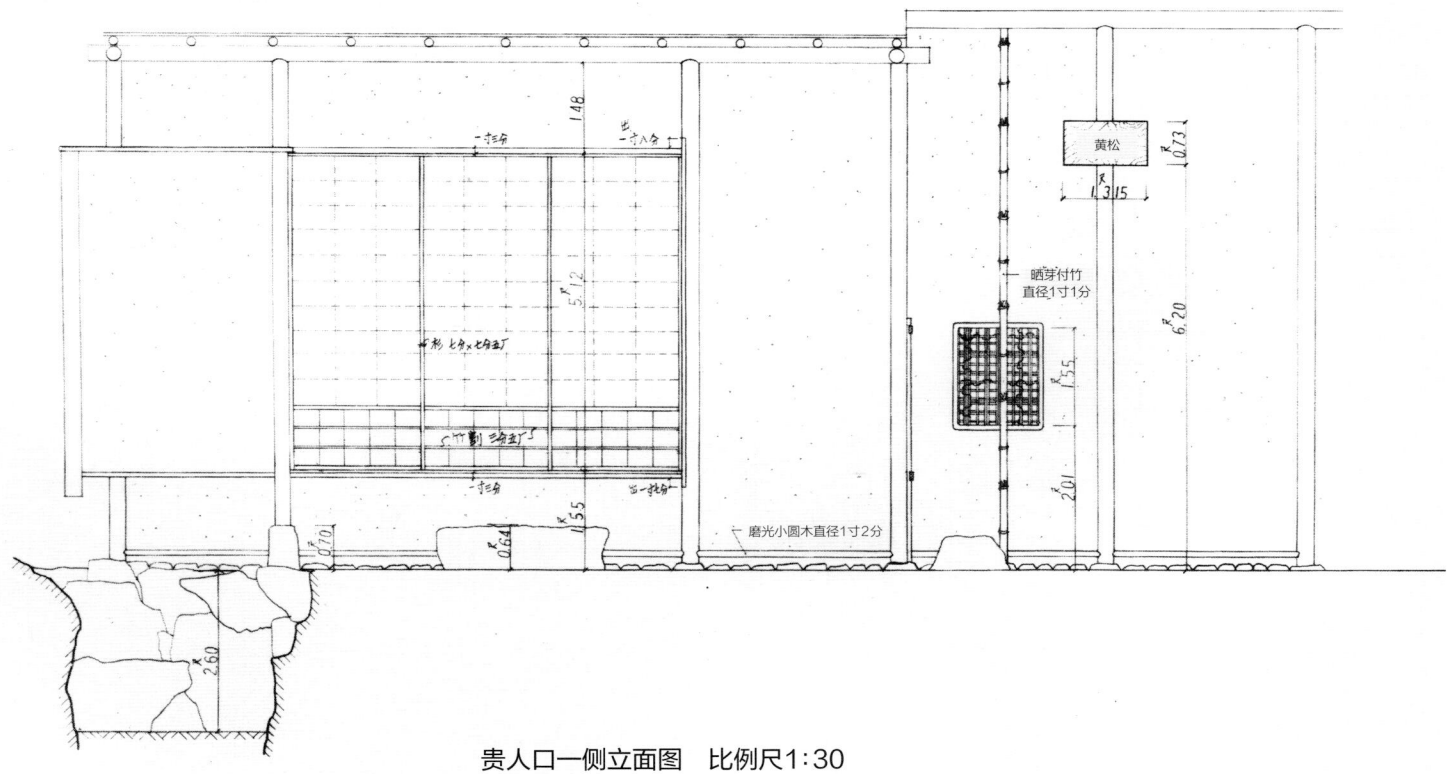

松喜庵　实测图

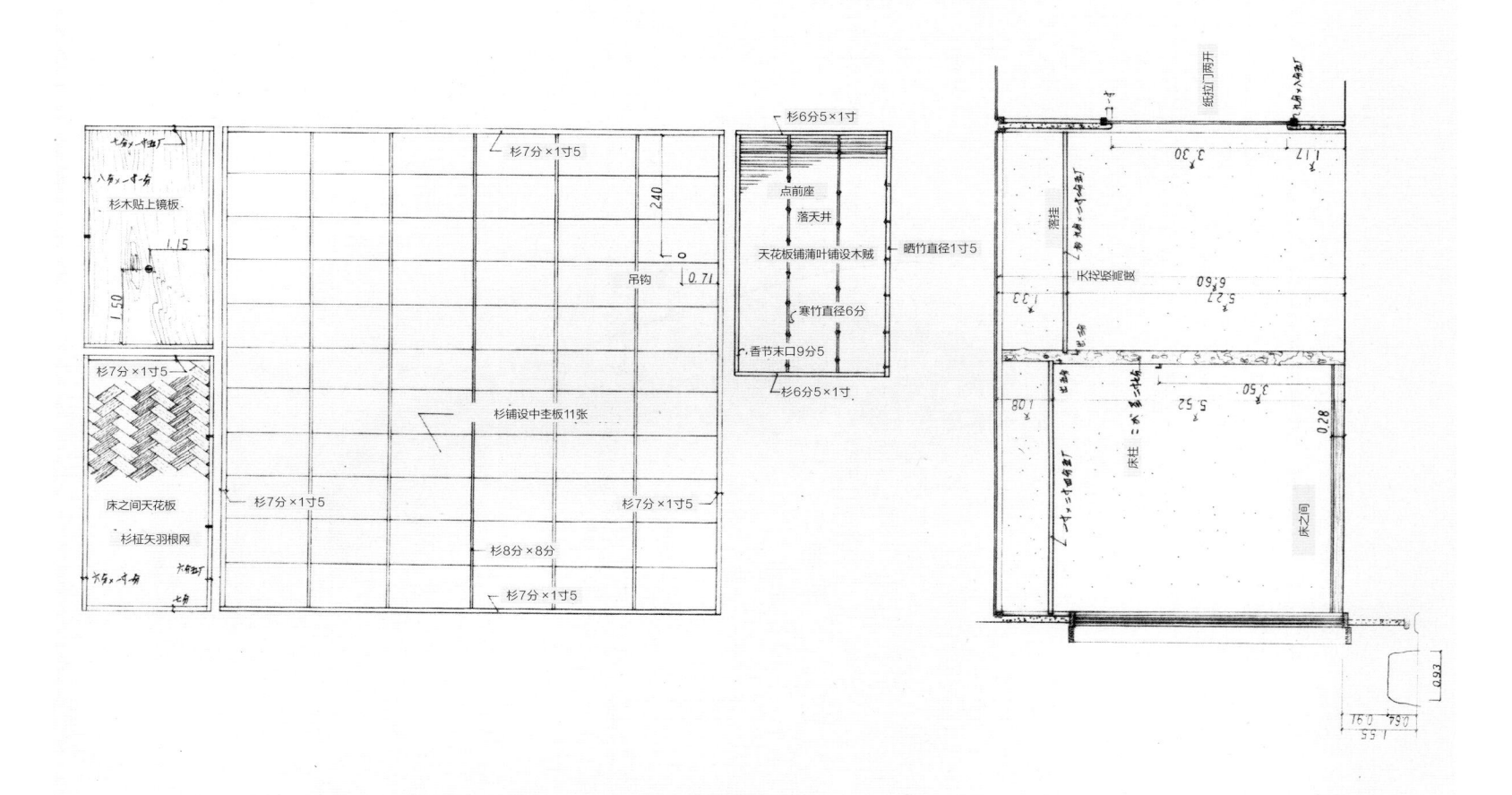

茶室天井平面投影图　比例尺1:30　　　　　　　　　　茶室平面详细图及展开图　比例尺1:30

松喜庵　实测图

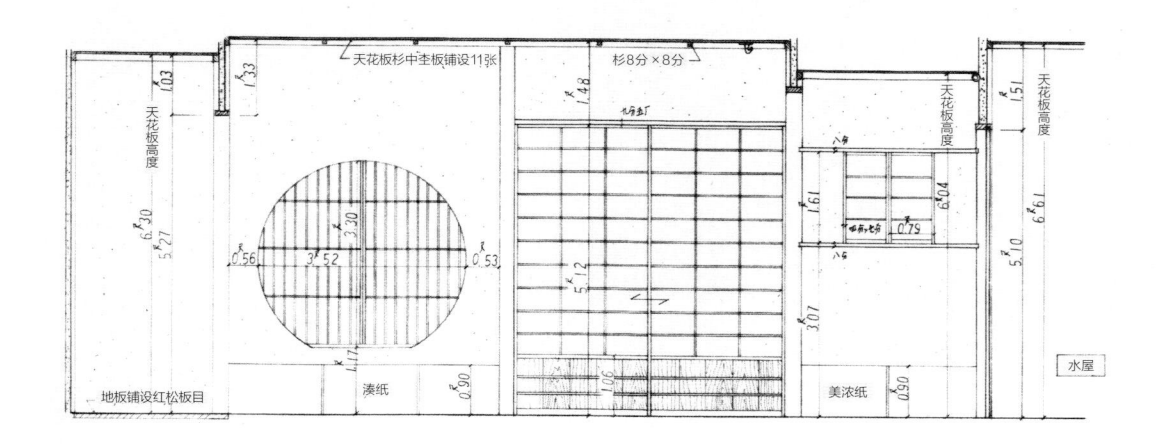

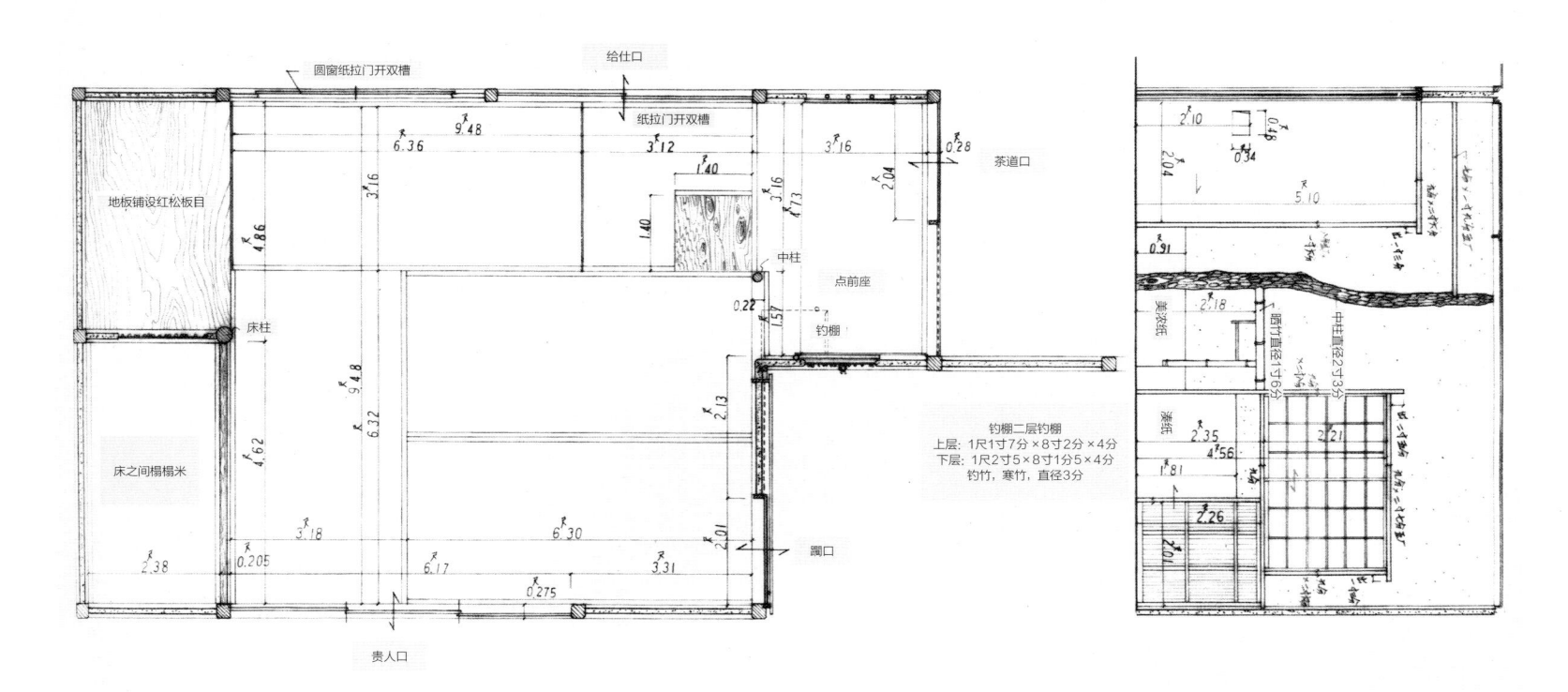

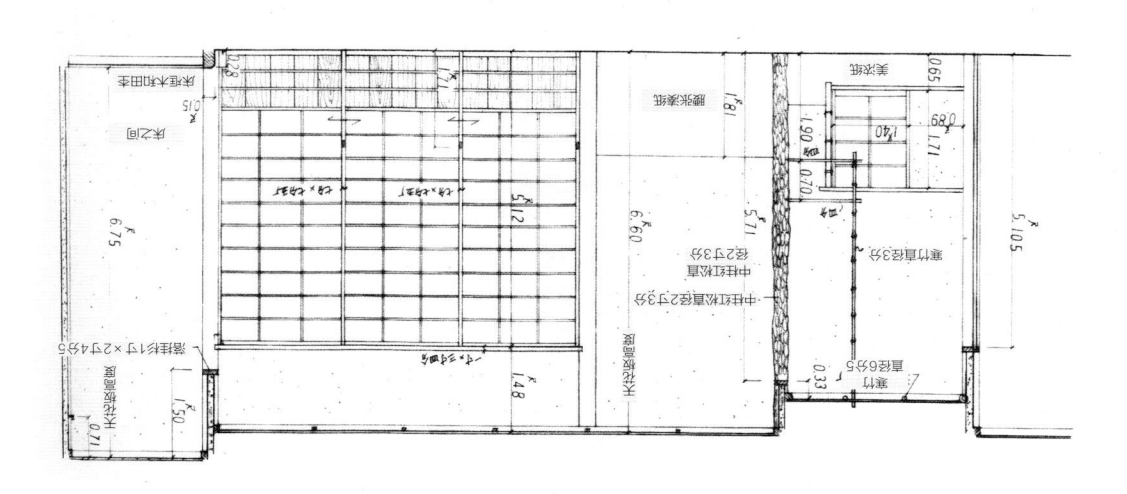

松喜庵 实测图

这是京都吉田神社的古老社家残留建筑，由曾住在这里的重森三玲翁独出心裁建造的茶室和露地。

在书院后方，隔着中坪设有水屋，其南侧邻接茶室无字庵三叠台目。

该露地自西向东被附属屋和分离的书院包围，形成坪庭（被建筑包围的中园、内庭）。中央部分被构建成了杉苔之岛，周围使用锖砂利敷（铺锈色沙砾），蹲踞的位置基本是露地的中心。水钵采用了五轮塔的火轮（屋顶部分），照明采用御间型的石灯笼。

三玲翁是著名的庭园家，在日本庭园研究中重视独创，整个艺术生涯中一直追求"现代之庭"的创作。并且在茶道和插花等古典艺术领域也有很深的造诣，不断尝试各种新的创意。这个露地也是三玲翁的代表作，无处不彰显着三玲翁一流的喜好。

无字庵

所有者	重森铃子
所在地	京都市左京区
建造、造园年份	昭和二十八年（1953年）
设计	茶室、露地　重森三玲
施工	茶室　龟村辰之助
露地	重森三玲

眺望腰挂

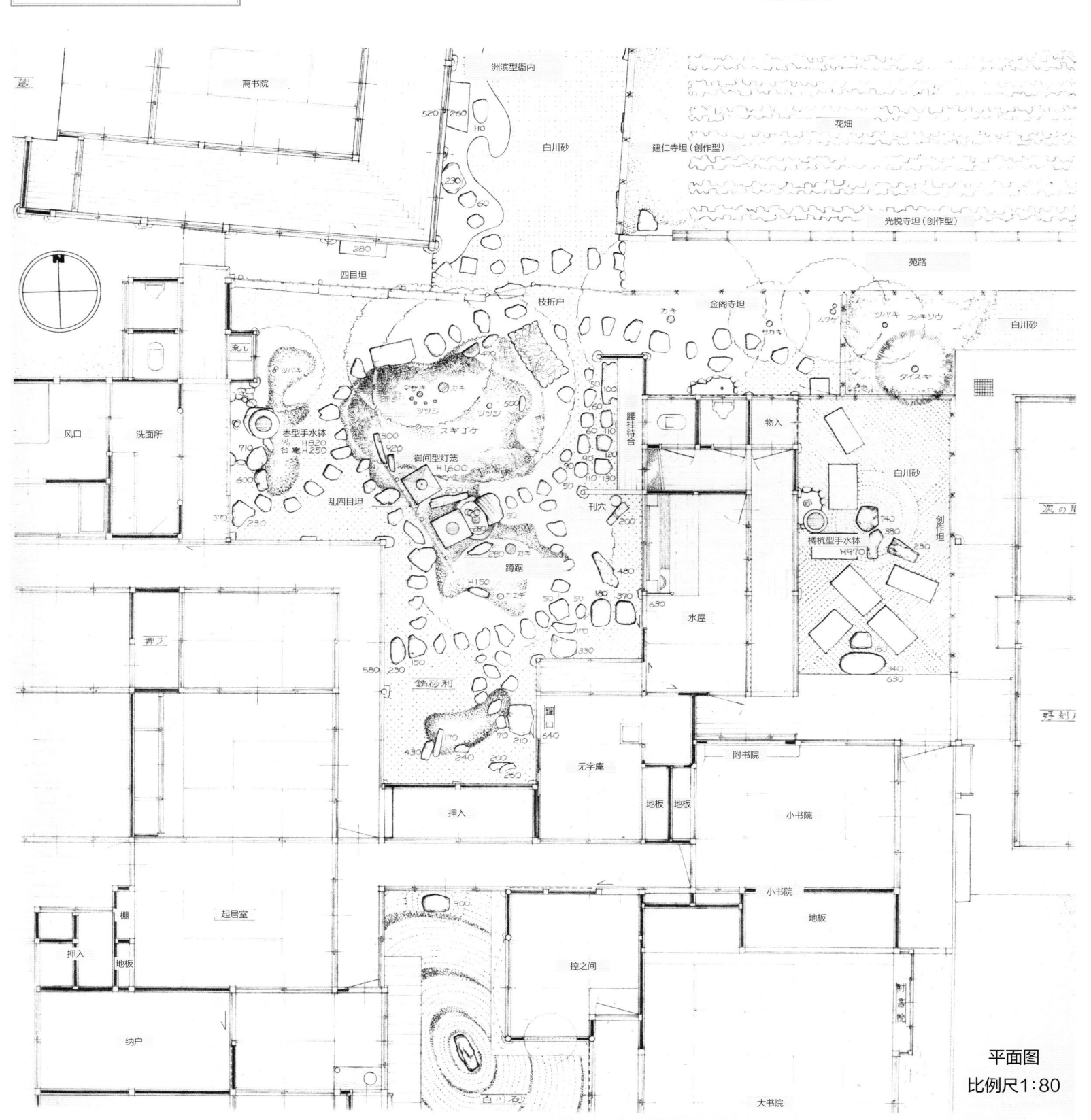

无字庵　实测图

平面图　比例尺1：80

从玄关（寄付）到茶室被土间廊下连接。土间廊下到腰挂，苑路延伸到内露地，经过蹲踞，到达南面邻接的蹋口，散落着飞石。

茶室采用四叠半、下座床的格局。使用双扇襖隔开，加入了一叠设有板入的相伴席。点前座采用向切格局，炉的前角立着中柱，风炉先的板壁采用火灯形，借用了如庵的格局。但是客座席却借用原封不动地借用了燕庵的格局结构。设计者巧妙地将两种古典特色融合在一起，使茶室格局既宽敞又可伸缩。正面外观也沿用了如庵。

天井采用了平天井、落天井、化妆屋根里的组合形式。

应庵

所有者 桥场与吉
所在地 大阪府　市
建造、造园年份 昭和三十一年（1956年）
设计 茶室　西川富太郎
施工 露地　川崎幸次郎
　　　　茶室　丸富工务店
露地 川崎造园

平面图　比例尺1:80

应庵　实测图

茶室外观

腰挂

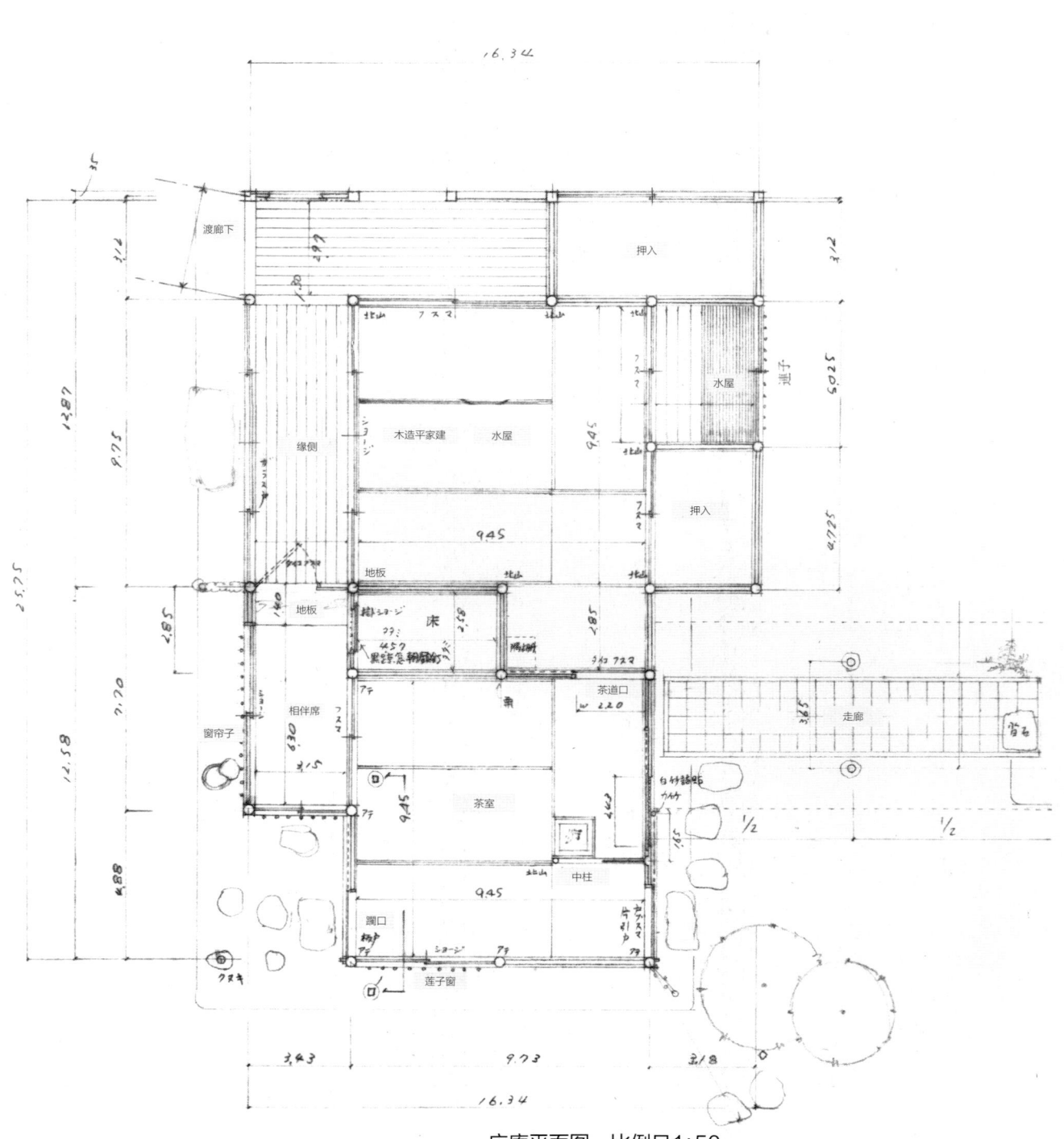

应庵平面图 比例尺1:50

应庵 实测图

敷瓦

蹲口附近的役石

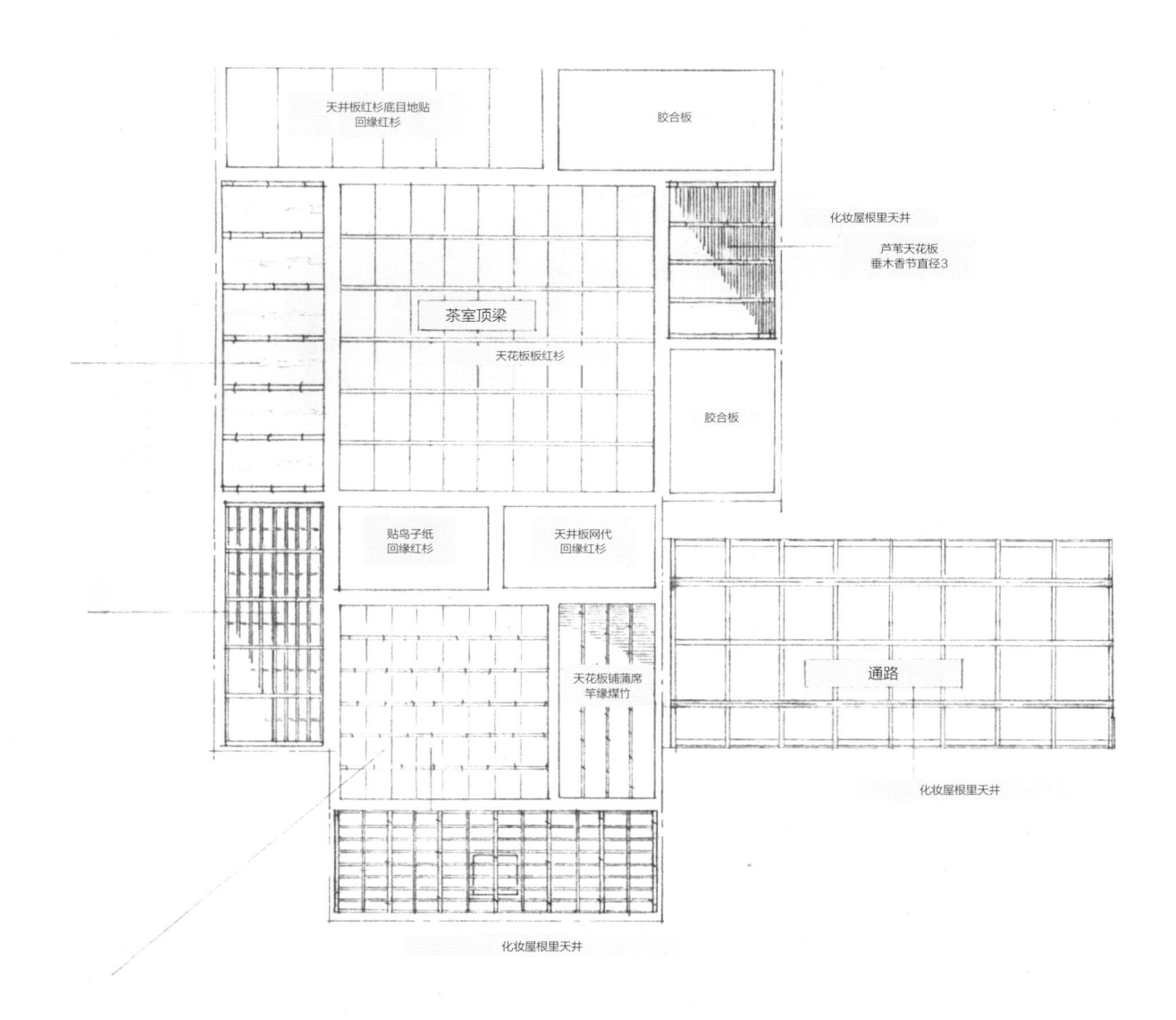

天井平面投影图　比例尺1:50

应庵　实测图

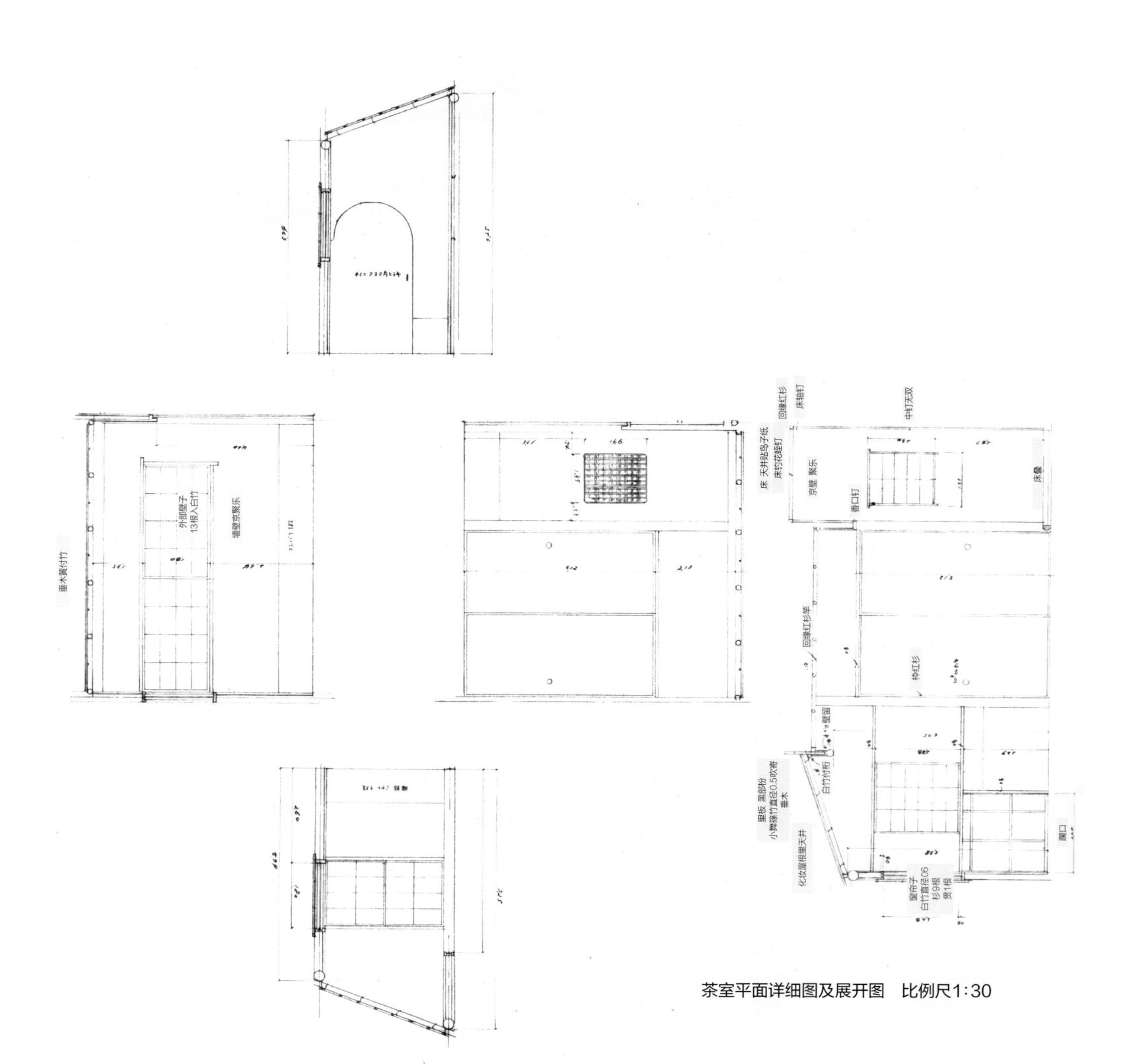

茶室平面详细图及展开图　比例尺1:30

相伴席展开图　比例尺1:30

应庵　实测图

应庵 实测图

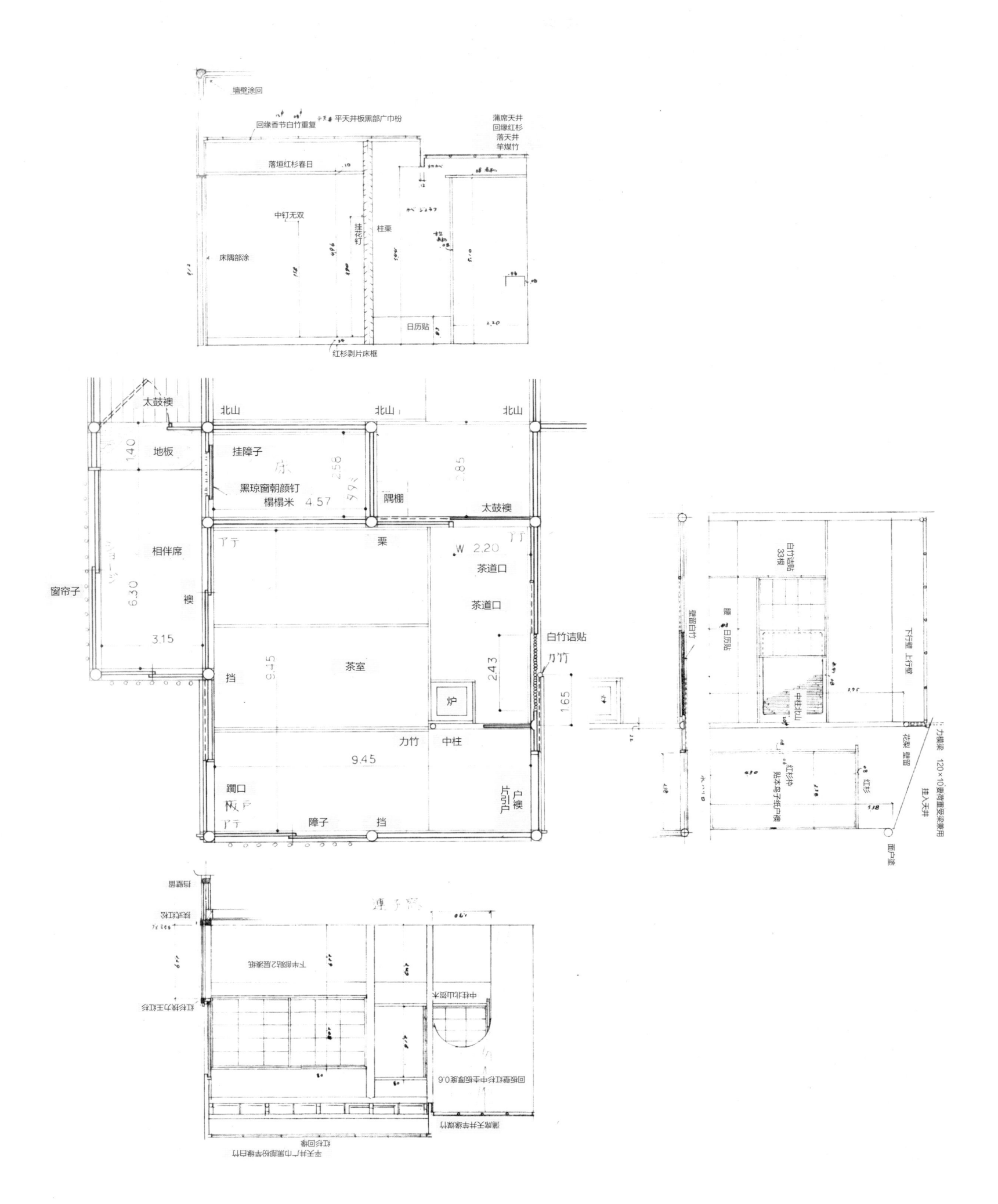

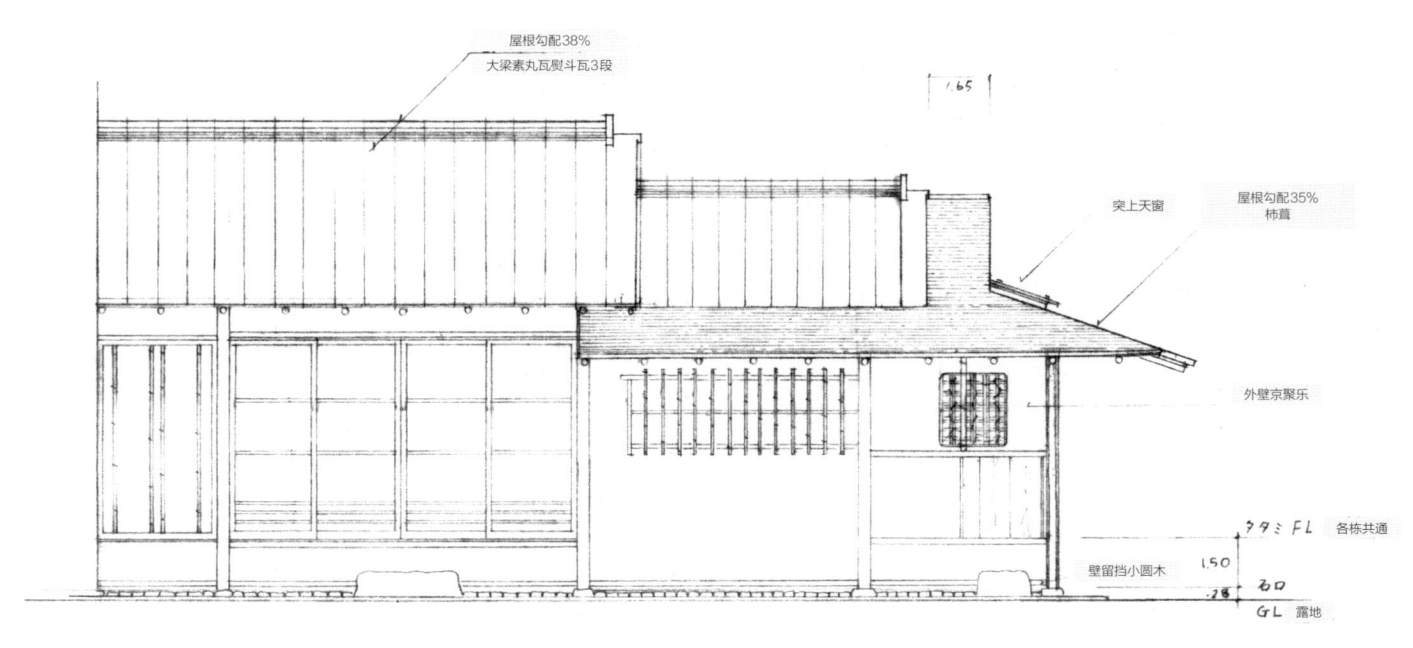

躙口一侧立面图　比例尺1:50

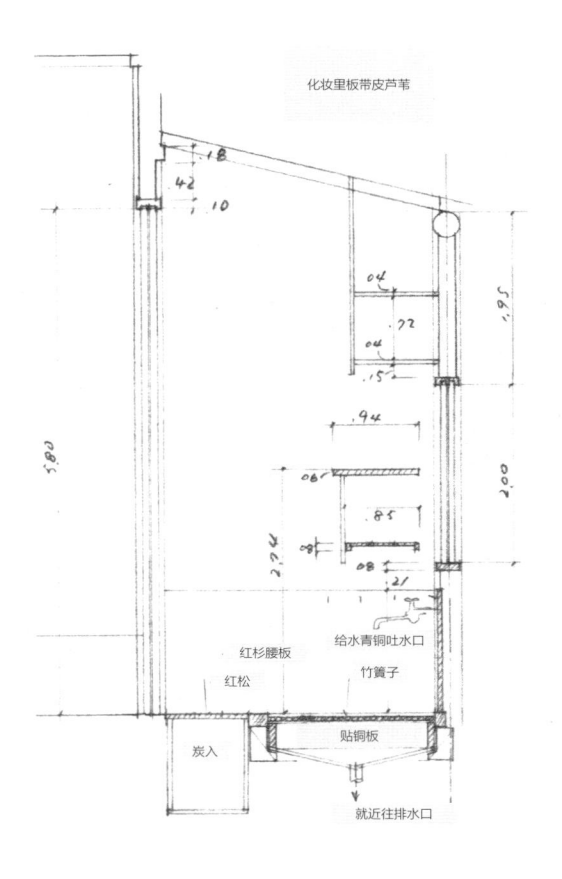

截面图　比例尺1:20

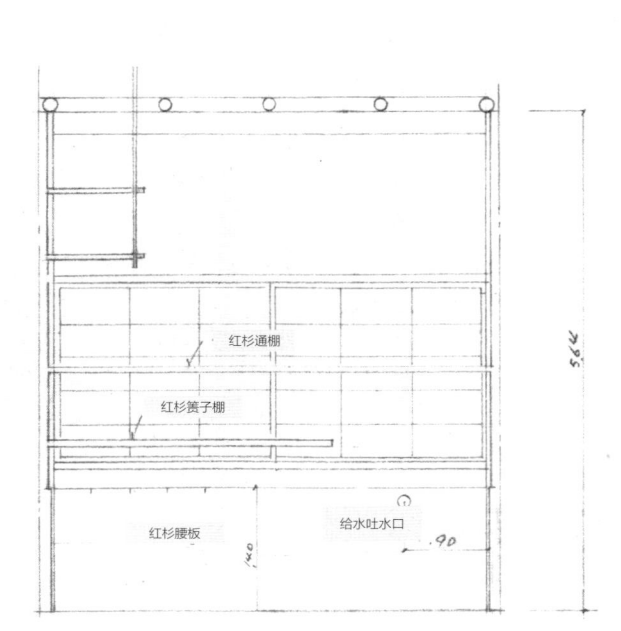

水屋一侧立面图　比例尺1:20

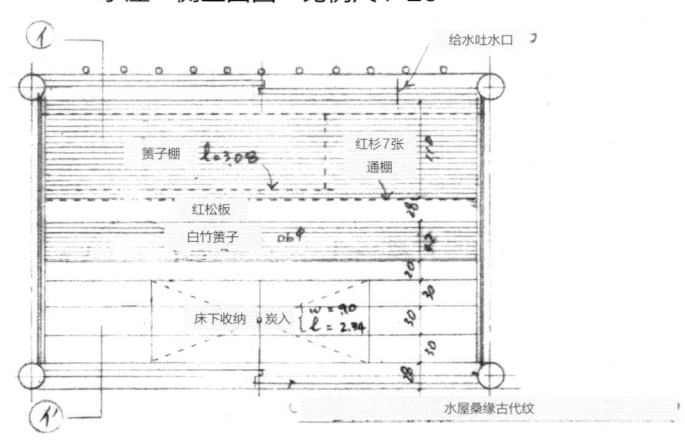

水屋平面图　比例尺1:20

应庵　实测图

东侧立面图　比例尺1:50

矩计图（房屋平面布置图）　比例尺1:20

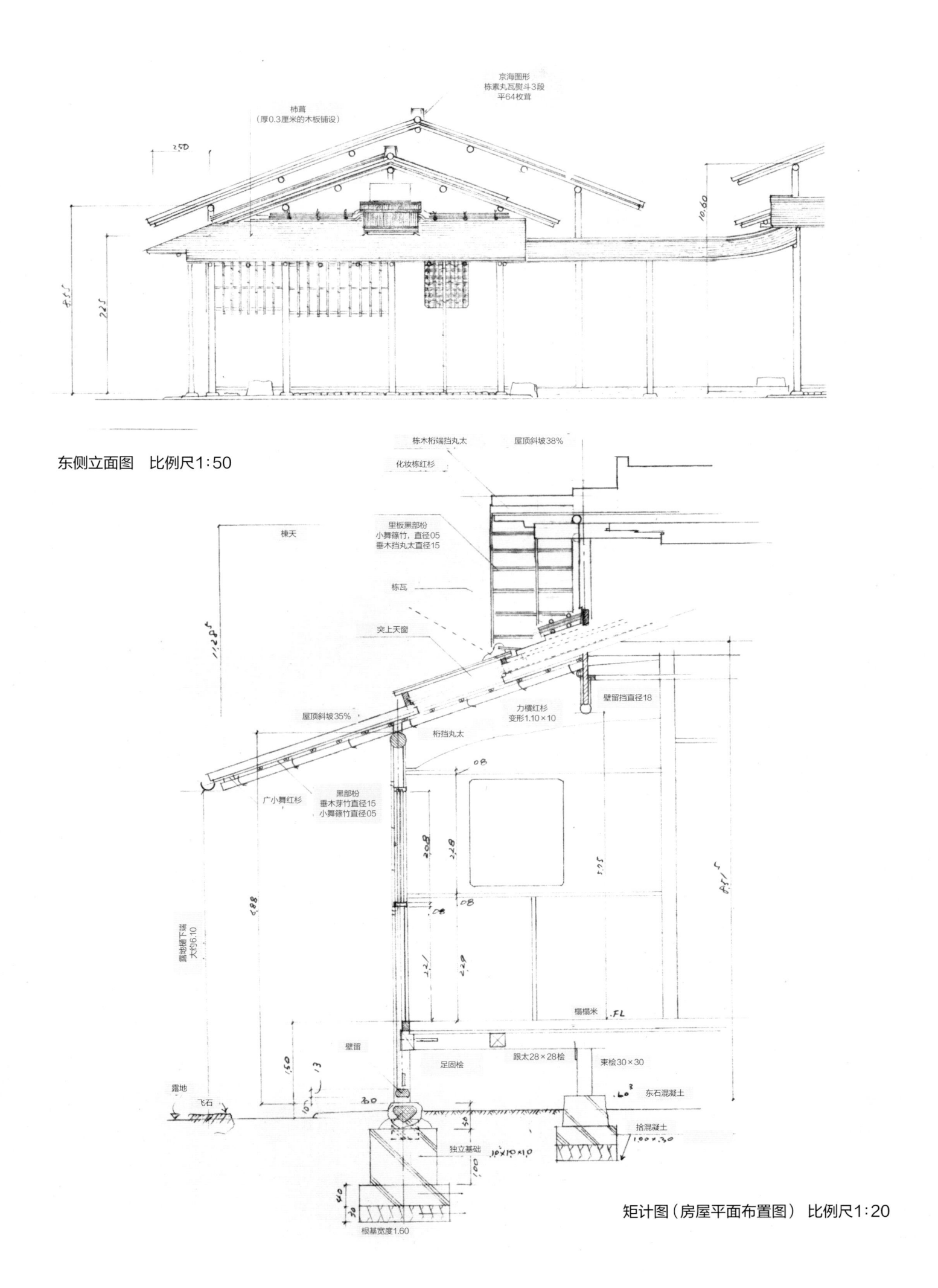

应庵　实测图

香积庵

所有者	吉田 盍
所在地	富山县富山市
建造、造园年份	昭和四十一年（1966年）
设计、施工	茶室　仓幸四郎 露地　久乡一树园

采用四叠半、上座床，设有水屋的格局。可以说是独立茶室中最为标准的格局了。

两边都有特别深的土间庇，腰挂设置在水屋的东侧，内露地也在檐内。建筑较高，虽然多少有些破坏了草庵风，但却可以从土间庇中享受到另一番美感。

这个露地有一个地方特色，就是下雪天积雪很深。甚至冬天有时会因大雪闭户，所以屋檐很大，尽量使雪不要落到里面。

茶室设有贵人口和蹫口，茶道口是单扇襖。

天井的结构以及胜手付的布局都独具匠心。

腰挂和役石

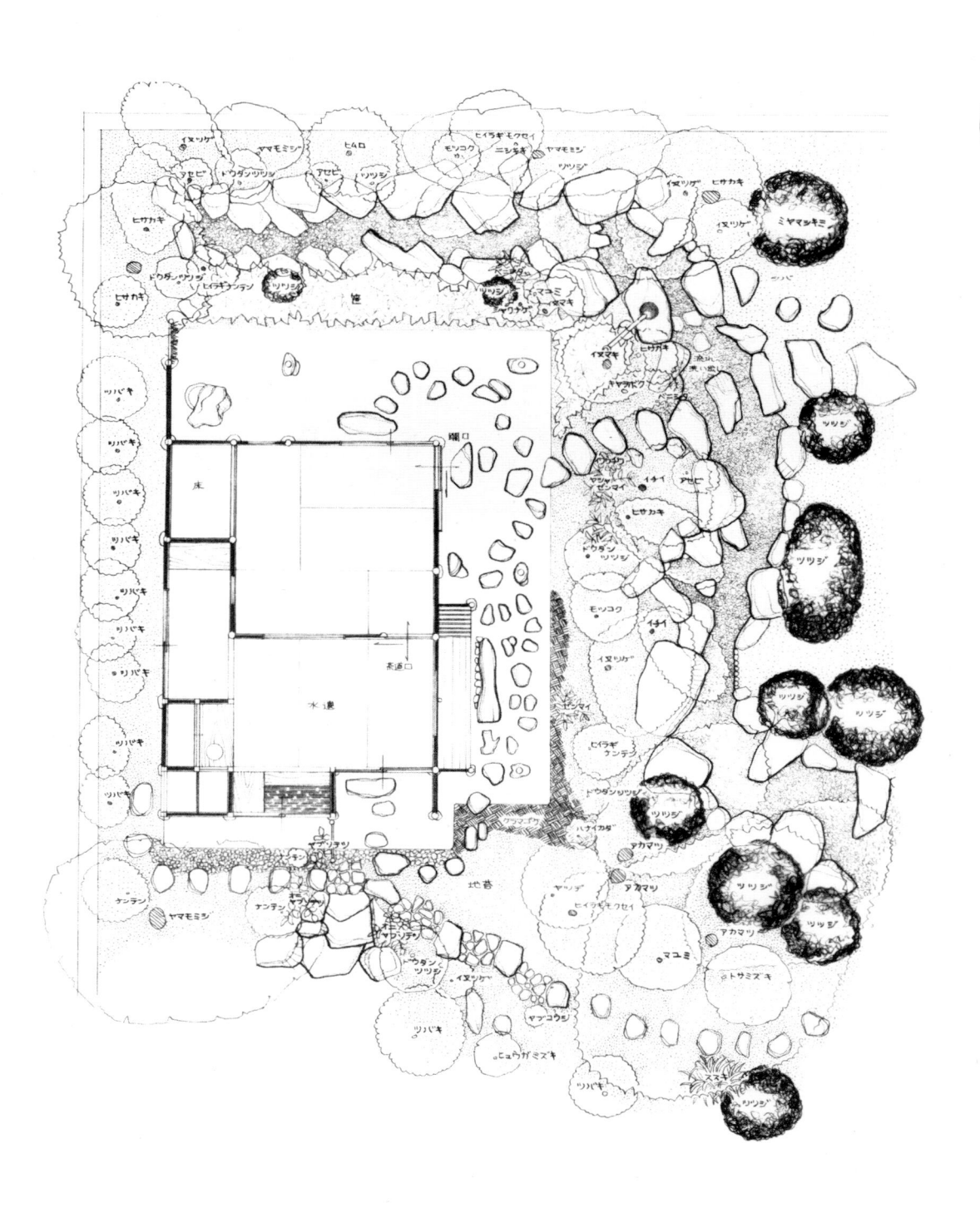

平面图　比例尺1∶80

香积庵　实测图

蓬声庵

所有者 平冈基吉
所在地 静冈县清水市
建造、造园年份 昭和四十三年（1968年）
设计、施工茶室 笛吹嘉一郎
露地 平冈基吉

邸内增建了茶室后，成为现在的蓬声庵。八叠广间的主屋和袴付（整理服装仪表的空间）、两个茶室被露地流畅地衔接起来，相互之间的连接与整体的构成都充分体现了行家风范。

台目三叠、设板入的茶室采用了枡床格局。以床之间前的板叠为中心，铺设了三叠的台目叠，相传是对久田宗全喜好的复原。

还有一间茶室也是枡床格局，台目三叠的客座是其特色。

两间茶室的外观、内部的巧妙构成都充分体现了千家流的常规定法。

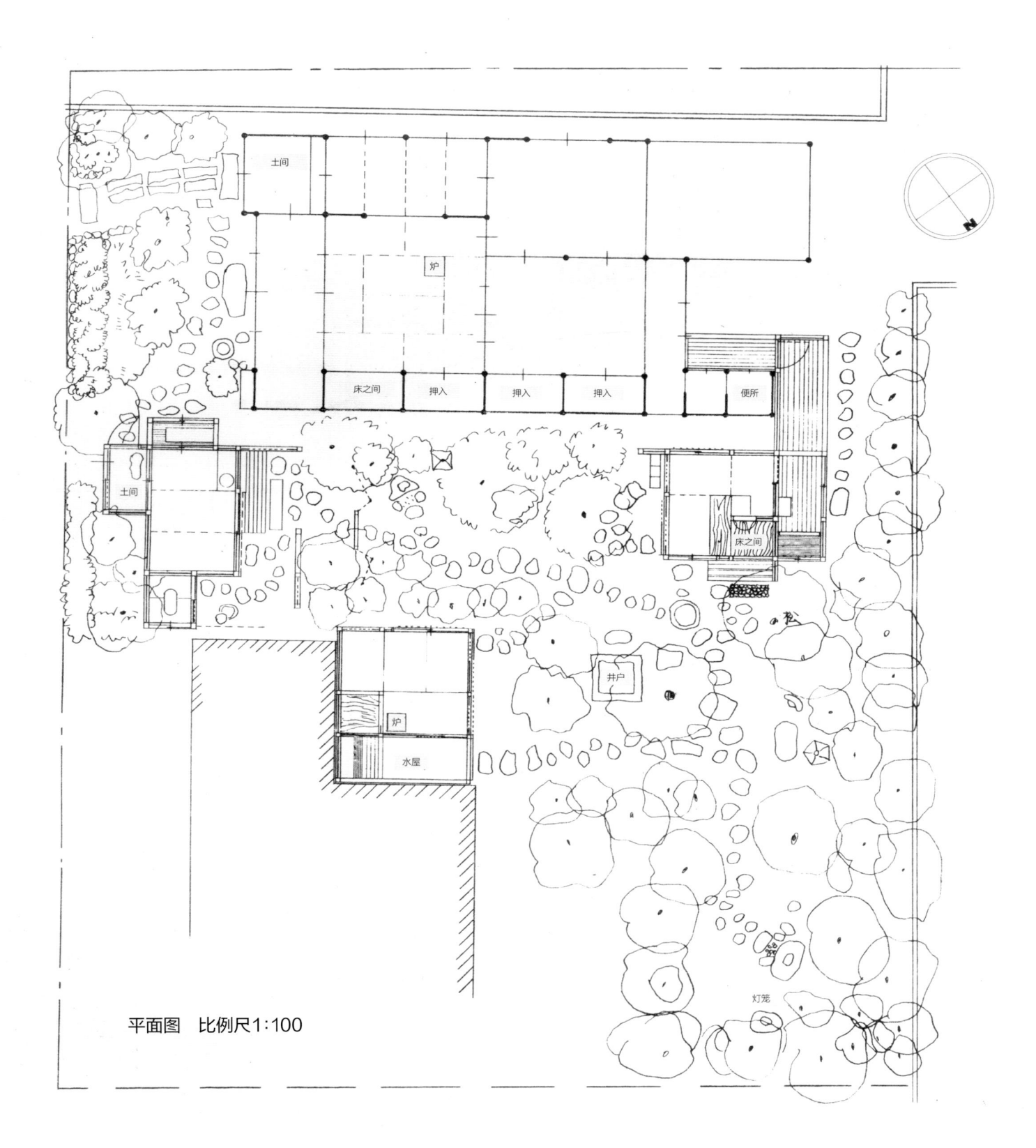

平面图　比例尺1:100

蓬声庵　实测图

刀挂附近　　　　　　　蹲踞附近

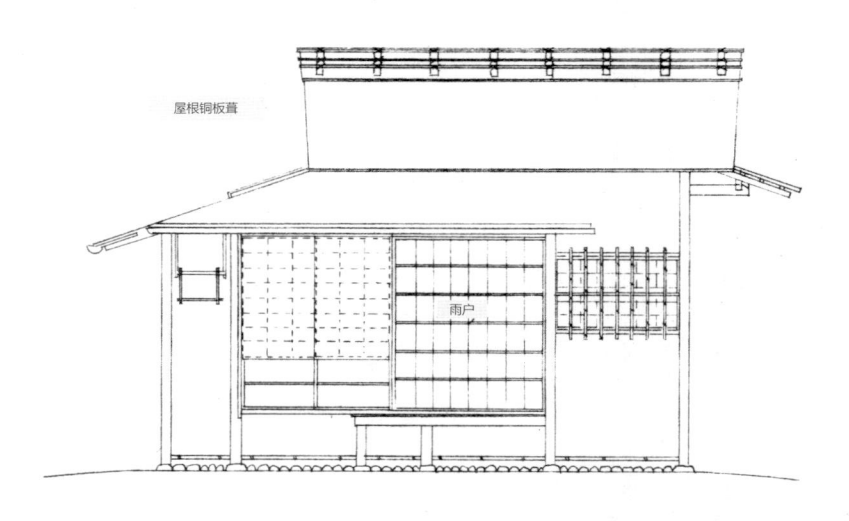

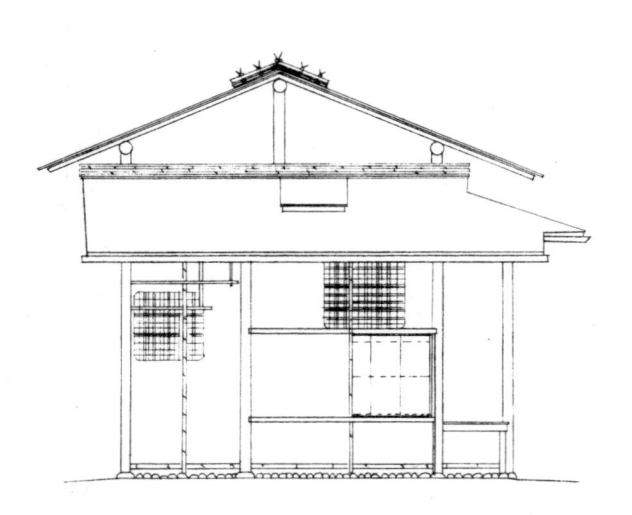

贵人口一侧立面图　比例尺1:50　　　蹲口一侧立面图　比例尺1:50

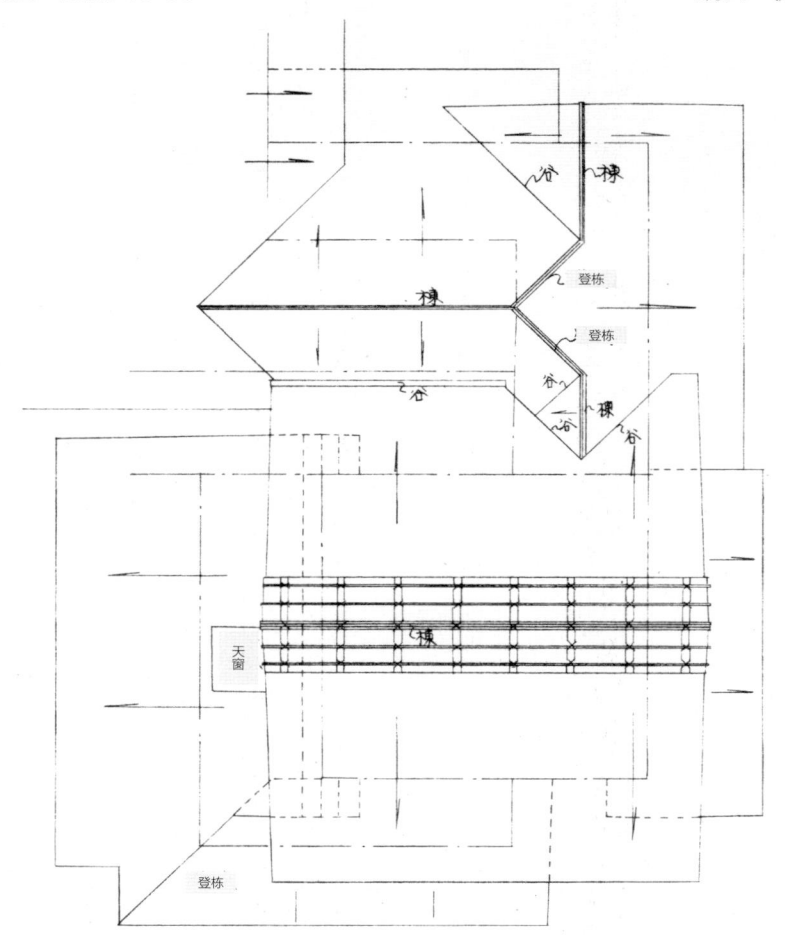

屋顶平面投影图　比例尺1:50

蓬声庵　实测图

贵人口和飞石　　　　　　　　　　　蹲口附近

刀挂　比例尺1:20

茶室平面详细图及展开图
比例尺1:50

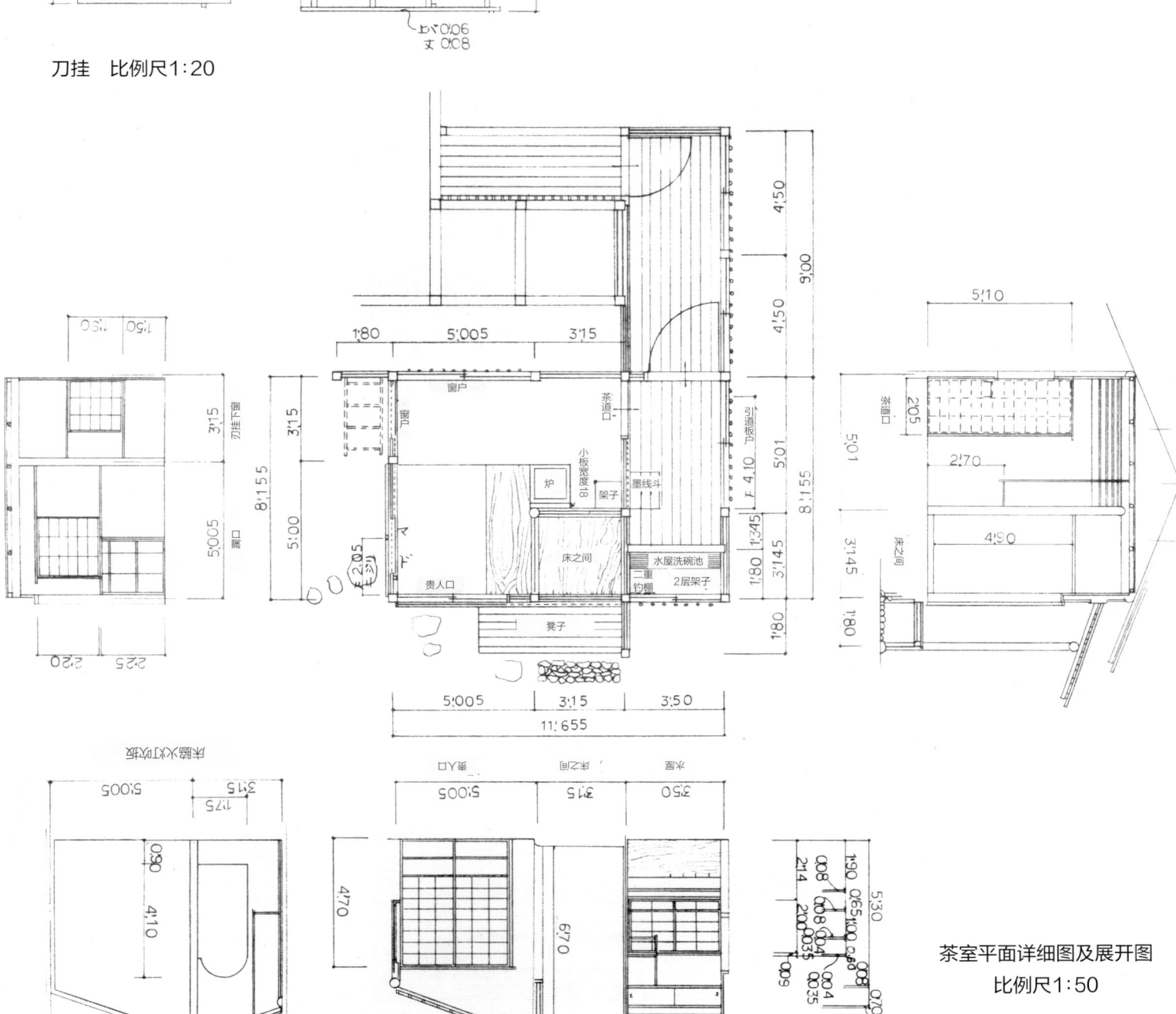

蓬声庵　实测图

化妆屋根里和突上窗

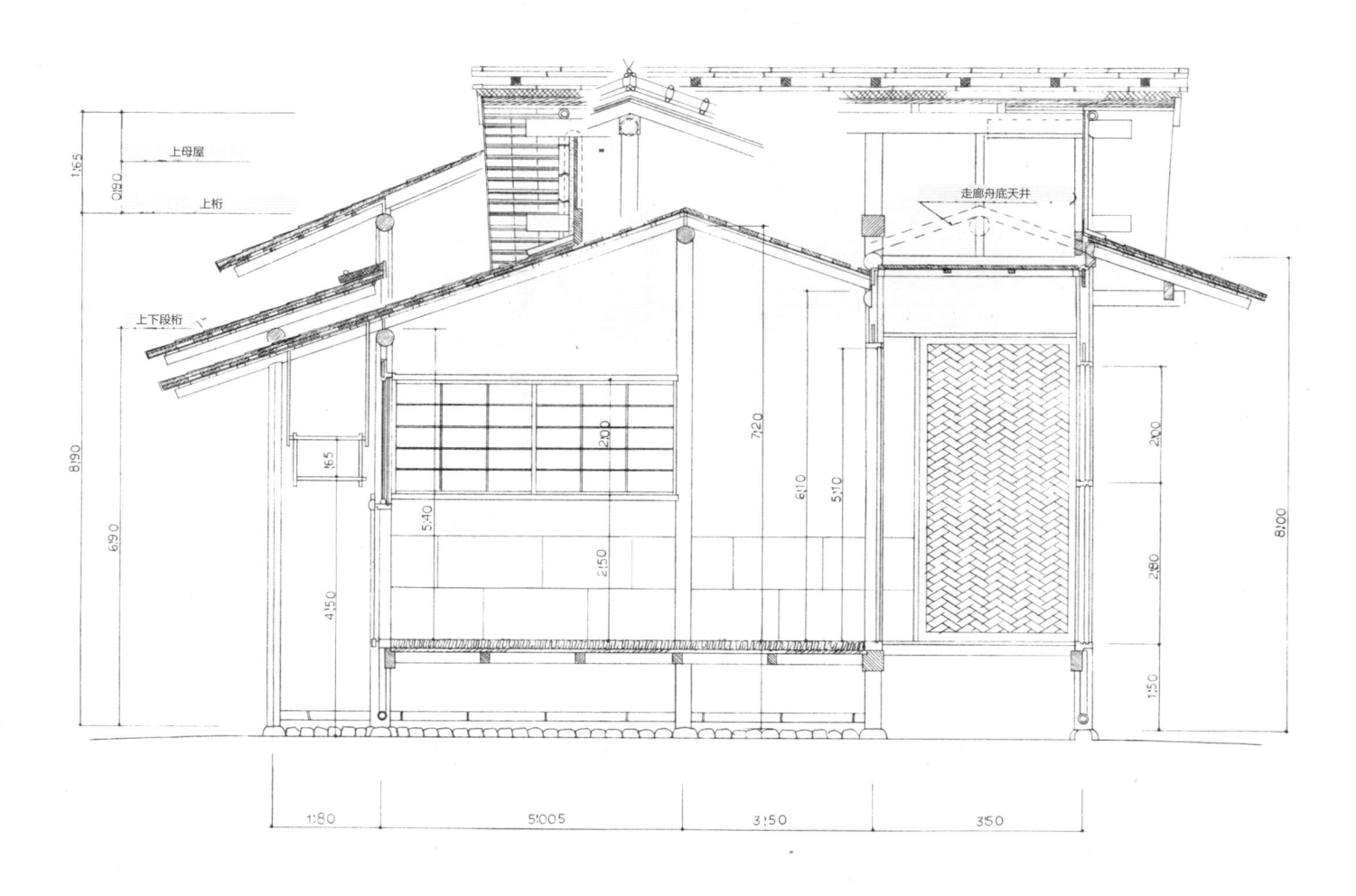

矩计图（房屋平面布置图） 比例尺1∶30

蓬声庵 实测图

柏庵

所有者	铃木与平
所在地	静冈县清水市
建造年份	昭和四十九年（1974年）
造园年份	昭和五十年（1975年）
设计	茶室、露地、笛吹严
施工	茶室、笛吹严、铃与建设株式会社
露地	笛吹严、深泽壮太郎

柏庵在表千家不审庵仿作的基础上加了水屋，设有广间八叠，再加入了寄付五叠。

从外腰挂到中门，就进入了内露地，一路可行至内腰挂，景色都如同深林般寂静清幽。

建筑的外观和内部的构成始终贯彻着千家流的传统手法，露地的构成亦是如此。

东侧（蹲口一侧）立面图　比例尺1:100

西侧立面图　比例尺1:100

北侧立面图　比例尺1:100

南侧立面图　比例尺1:100

柏庵　实测图

中门　　　　　　　　　腰挂

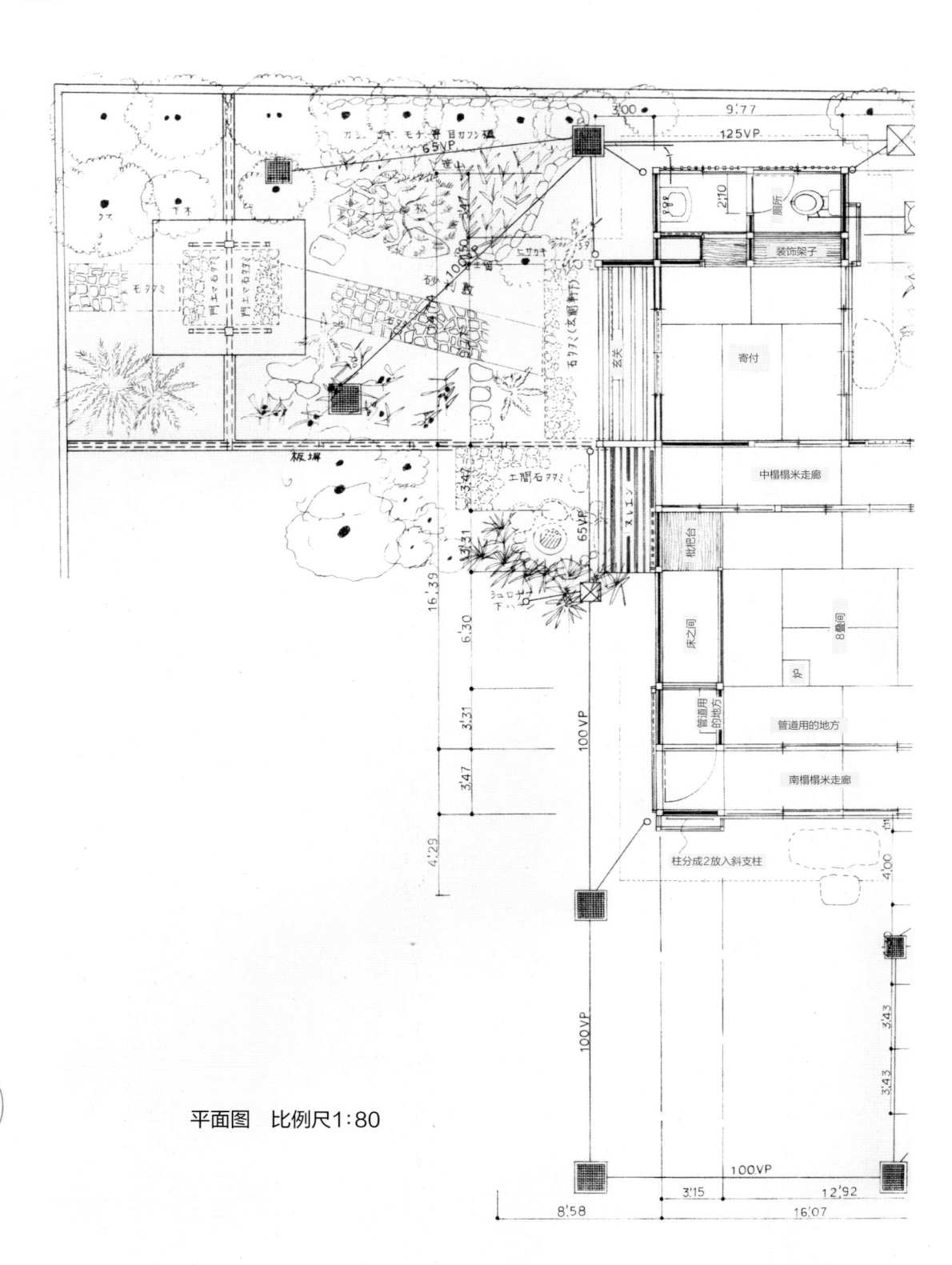

平面图　比例尺1:80

柏庵　实测图

飞石和茶道口　　　　　　　　　尘穴　　　　　　　　　　　　蹲踞附近

キャラボク	紫杉
スキ	杉木
シコロチワ	棕榈竹
サンゴジュ	珊瑚珠
アオキ	青木
マサキ	大叶黄杨
イワナンテン	筒花木藜芦
サカキ	常青树
カナメモチ	光叶石楠
ゴロタ	铺圆木
タカノハススキ	鹰尾羽芒草
ラカンマキ	小叶罗汉松
ゴヨウマシ	五针松
ボテ	木瓜
ウメ	梅
ツバキ	山茶
オオムラサキ	大紫蛱蝶
イヌシデ	樺木
ヤマモモ	杨梅
ヒサカキ	柃木
クス	樟木
モッコク	厚皮香
サカキ	杨桐
アズマザサ	东小竹
カクレミノ	半枫荷
ニシキギ	卫矛
アラカシ	青冈
ツツジ	杜鹃花
ドウダン	日本吊钟
ハクチョウゲ	满天星
クロガネモチ	铁冬青
ハマシノブ	铁杆蒿
ツワブキ	大吴风草
ヒノキ	扁柏
オカメザサ	倭竹
シャシャンボ	南烛
カシ	栎树
ヤブコウジ	紫金牛

柏庵　实测图

躙口内侧　　　　躙口和沓脱石

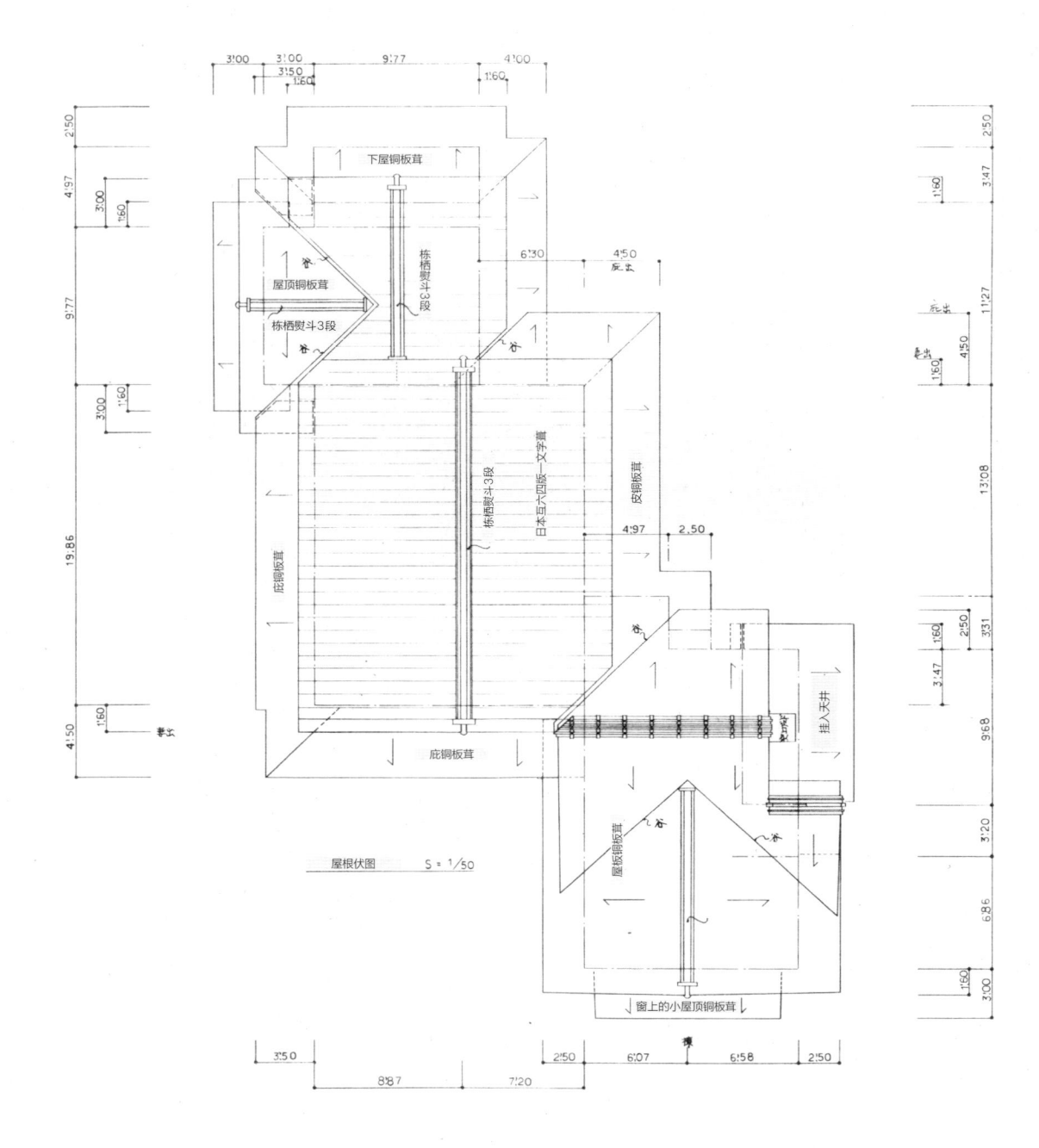

屋顶平面投影图　比例尺1:100

柏庵　实测图

地炉和中柱

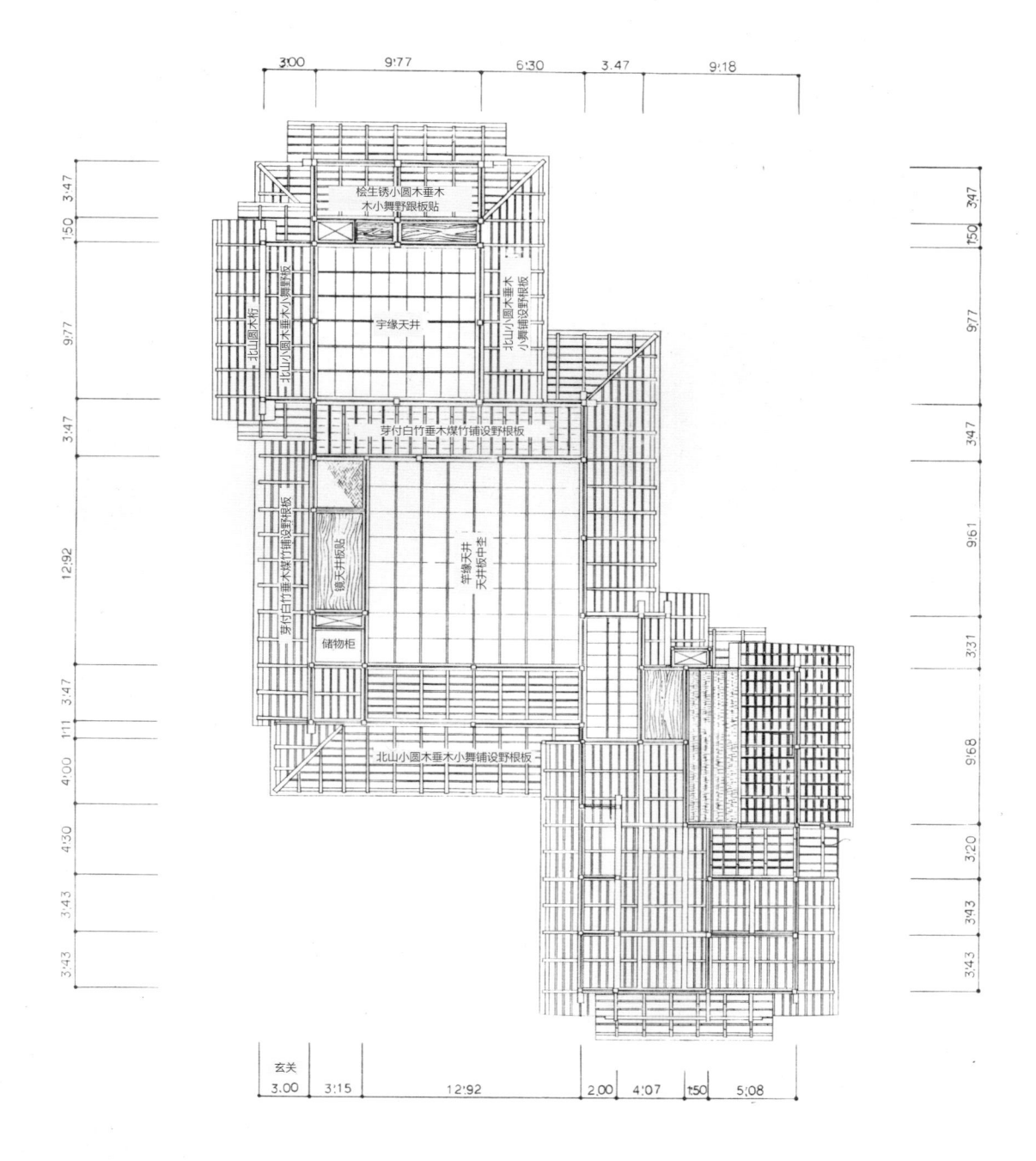

天井平面投影图　比例尺1:100

柏庵　实测图

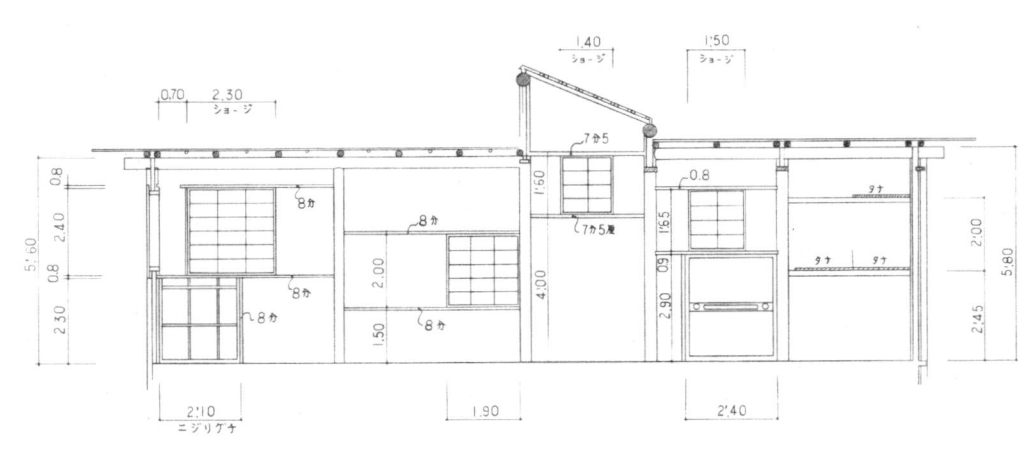

茶室东侧（内侧）立面图　比例尺1∶50

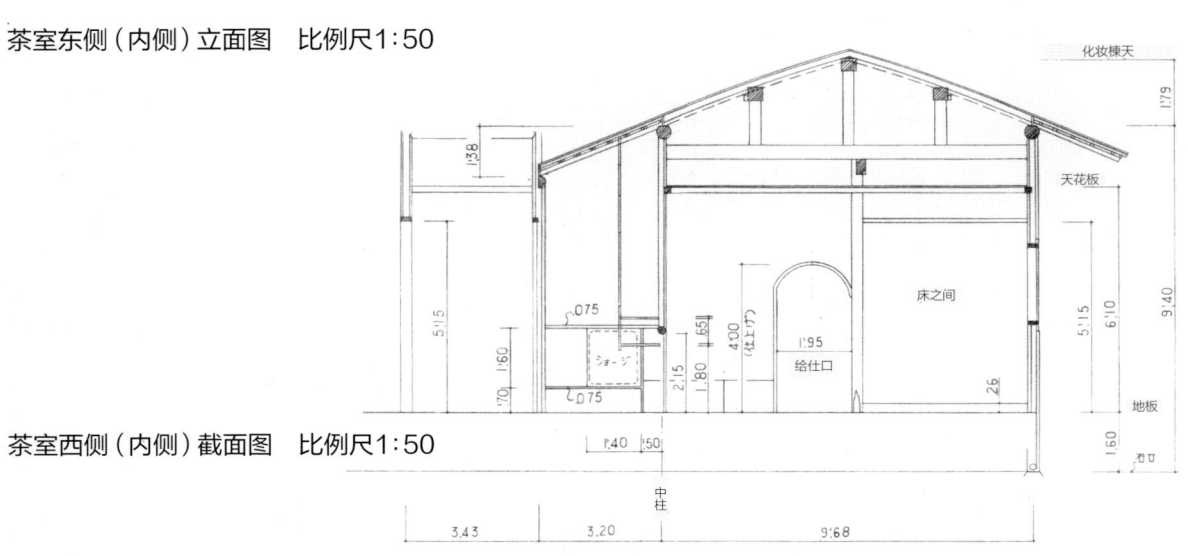

茶室西侧（内侧）截面图　比例尺1∶50

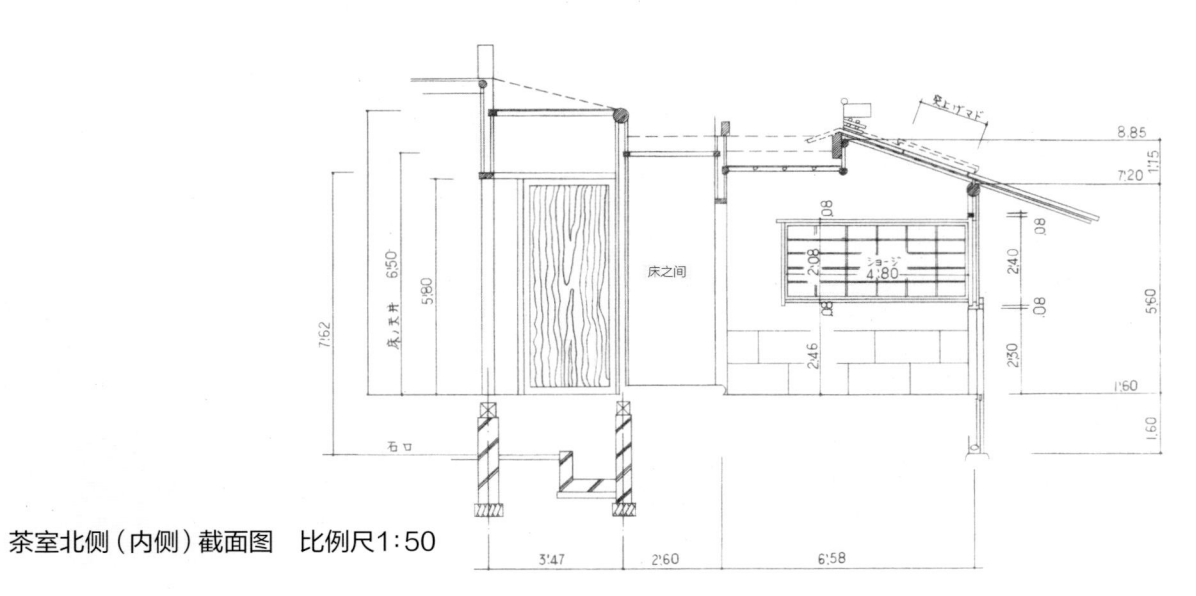

茶室北侧（内侧）截面图　比例尺1∶50

柏庵　实测图

	所有者	岩崎与八郎
兴庵	所在地	鹿儿岛县鹿儿岛市
	建造年份	昭和五十年（1975年）
	设计	茶室 西川富太郎
	施工	茶室 丸富工务店

兴庵是薮内家的燕庵的仿作。是坐落于邸内的独立茶室，隔着水屋，设有广间七叠半。

这是世传薮内家的织部所偏好的燕庵的仿作。是在薮内家十二世猗猗斋绍智的直接指导下建造的，内外都忠实体现了原作的手法。

水屋以及广间的构成也很有薮内家的风范，体现着行家技艺。

蹲距

平面图　比例尺1:100

キャラボク	紫杉
スギ	杉木
シロモジ	椴椤竹
サンゴジュ	珊瑚树
アオキ	青木
マサキ	大叶黄杨
イワナンテン	筒花木藜芦
サカキ	微青树
カナメモチ	片叶石楠
ゴロタ	铜圆木
タカノハススキ	鹰羽芒草
ラカンマキ	小叶罗汉松
ゴヨウマツ	五针松
ボケ	木瓜
ウメ	梅
ツバキ	山茶
オオムラサキ	大紫蛱蝶
イヌシデ	椋木
ヤマモモ	杨梅
ヒサカキ	柃木
クス	樟木
モッコク	厚皮香
サカキ	杨桐
アズマザサ	东小竹
カクレミノ	半枫荷
ニシキギ	卫矛
アラカシ	青冈
ツツジ	杜鹃花
ドウダン	日本吊钟
ハクチョウゲ	满天星
クロガネモチ	铁冬青
ハマシノブ	铁线蕨
ツワブキ	大吴风草
ヒノキ	扁柏
オカメザサ	翠竹
シャシャンボ	南烛
カシ	枳树
ヤブコウジ	紫金牛

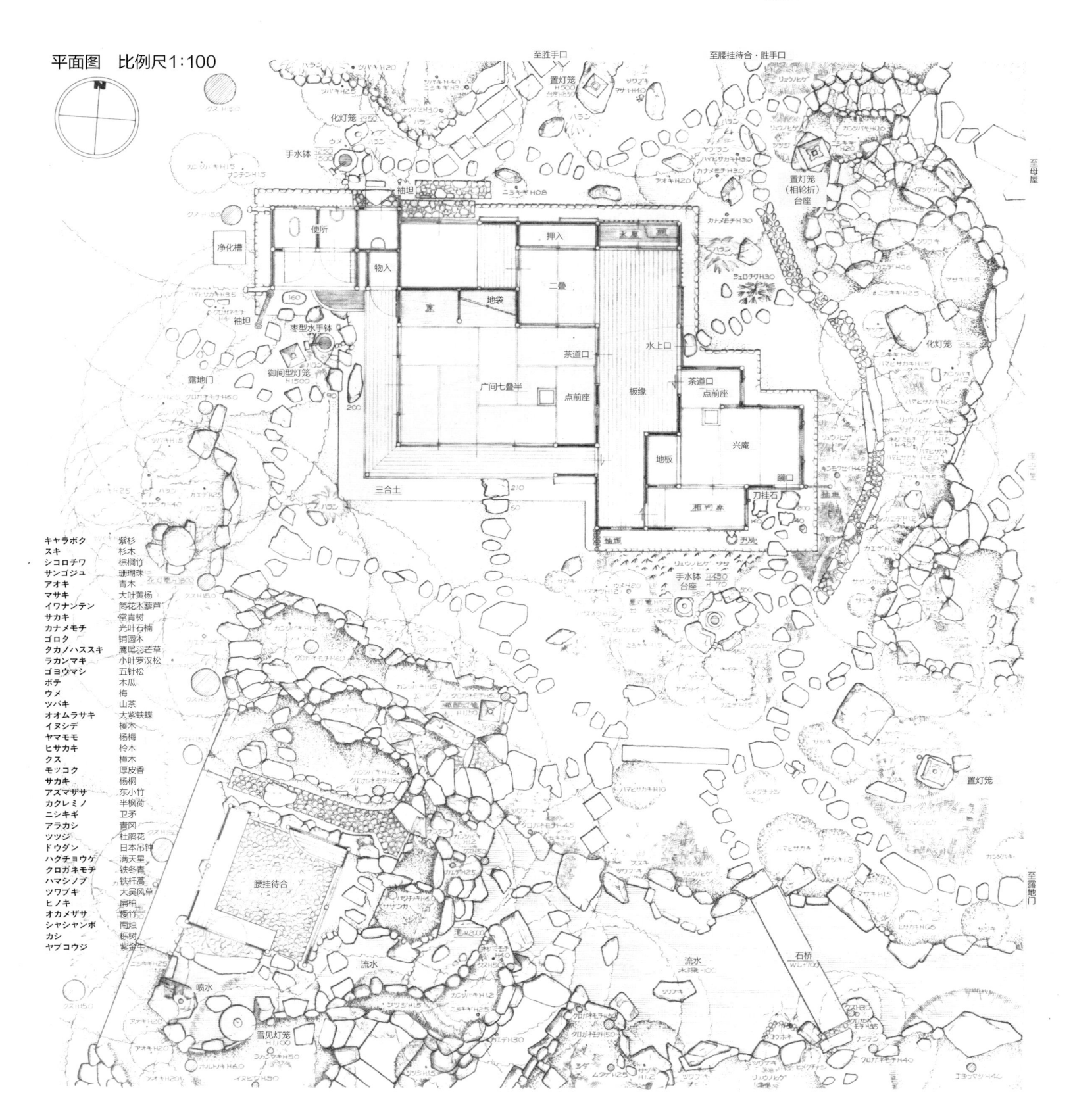

兴庵　实测图

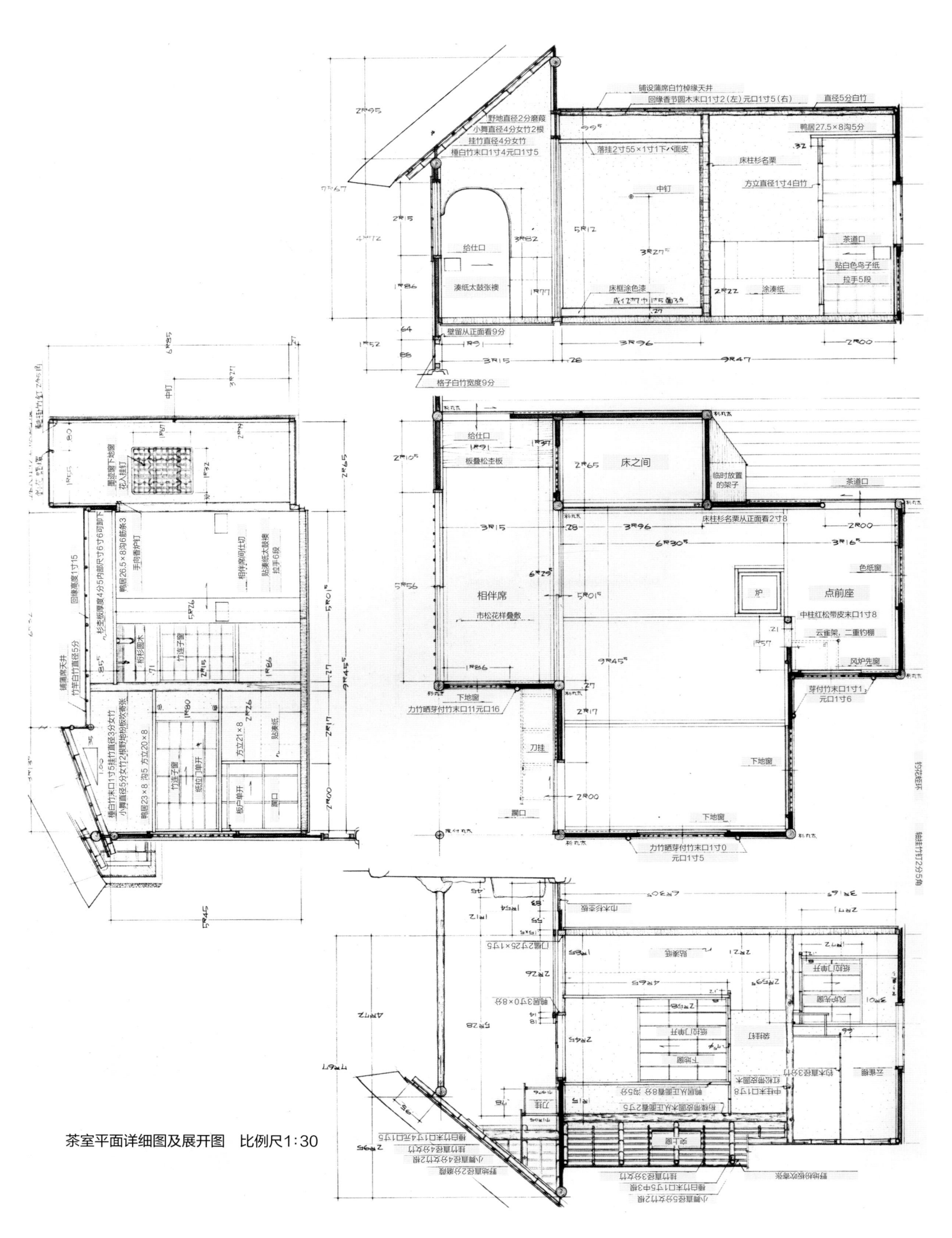

茶室平面详细图及展开图　比例尺1∶30

兴庵　实测图

兴庵 实测图

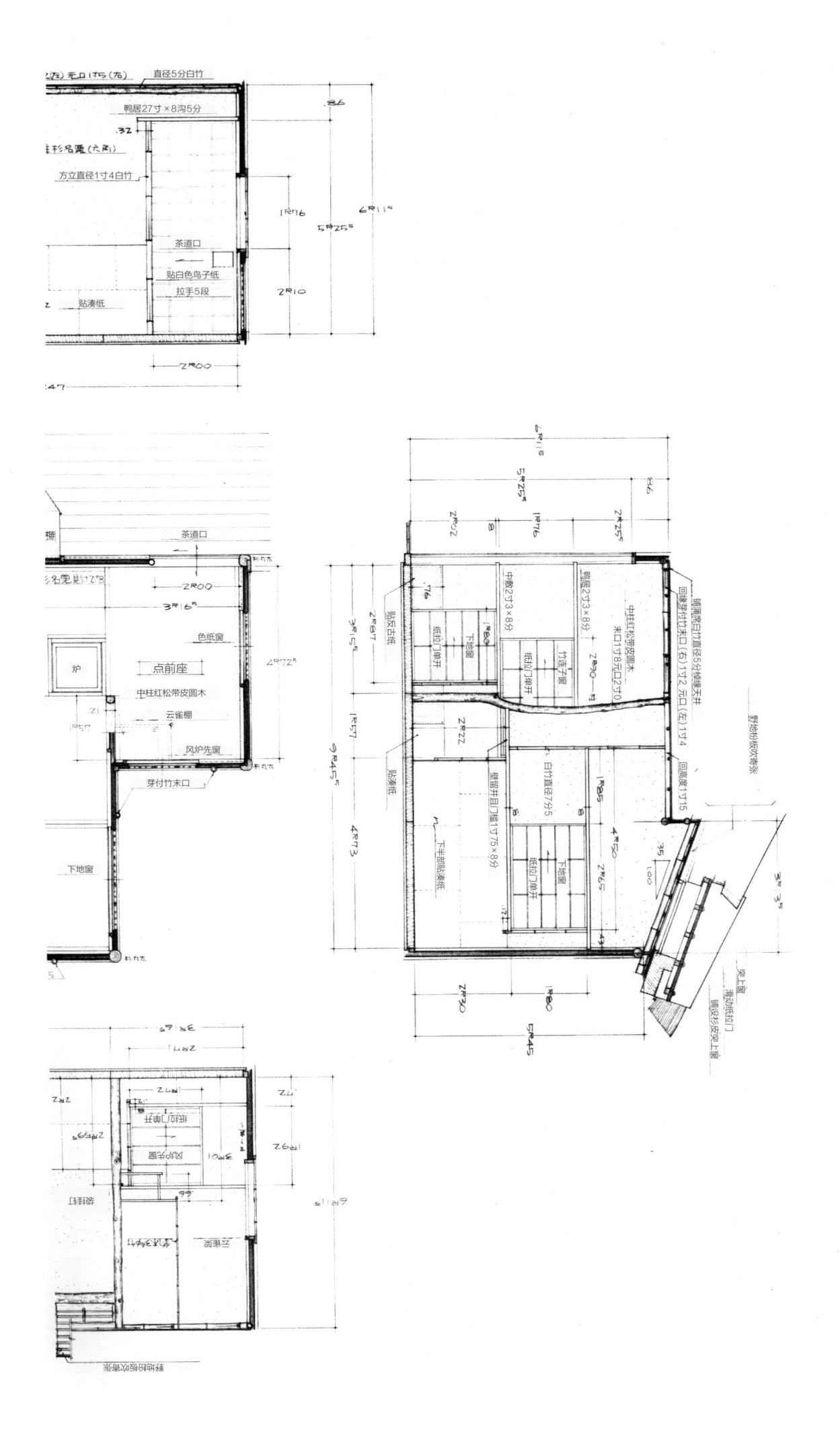

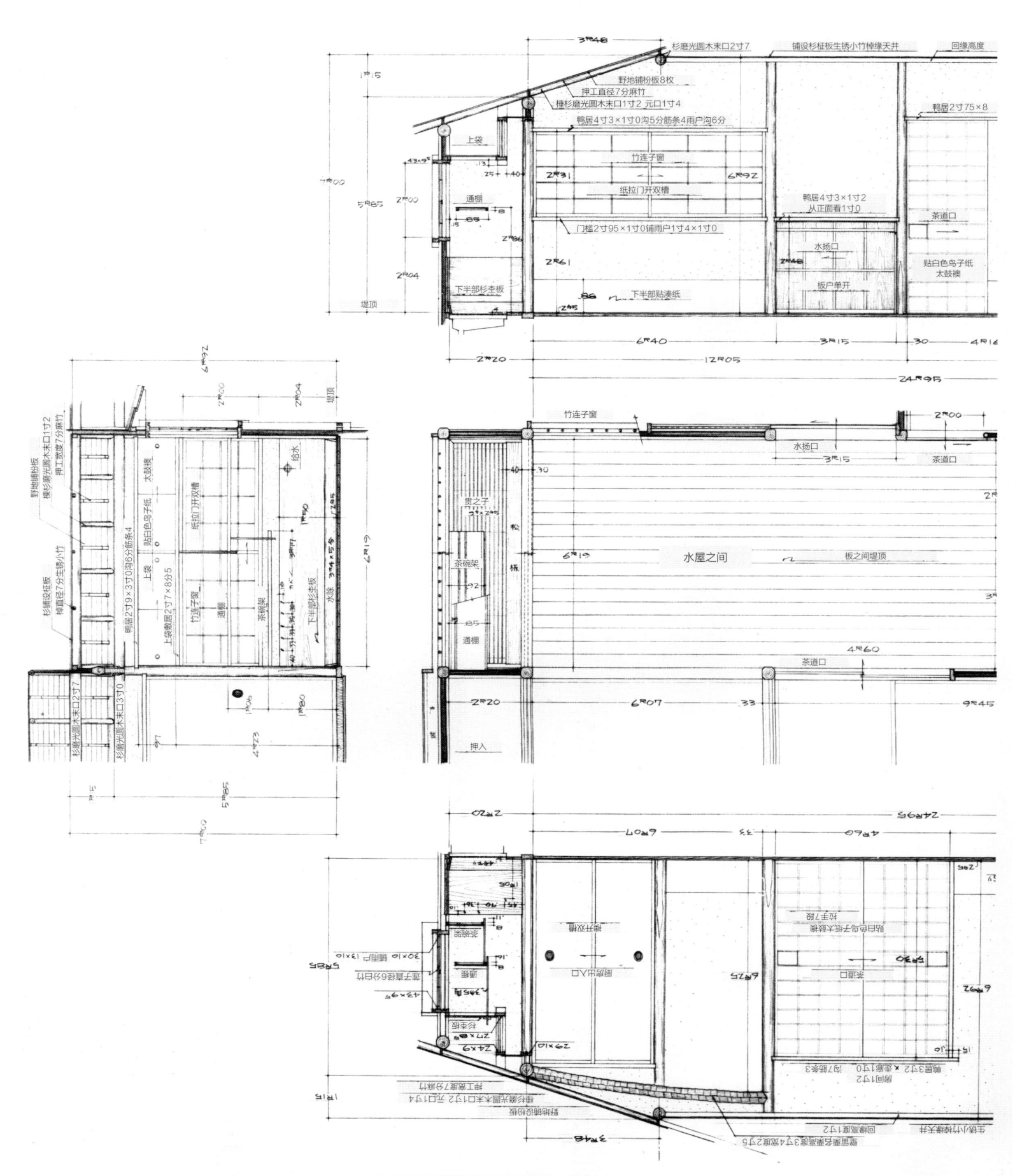

水屋平面详细图及展开图　比例尺1:30

兴庵　实测图

兴庵　实测图

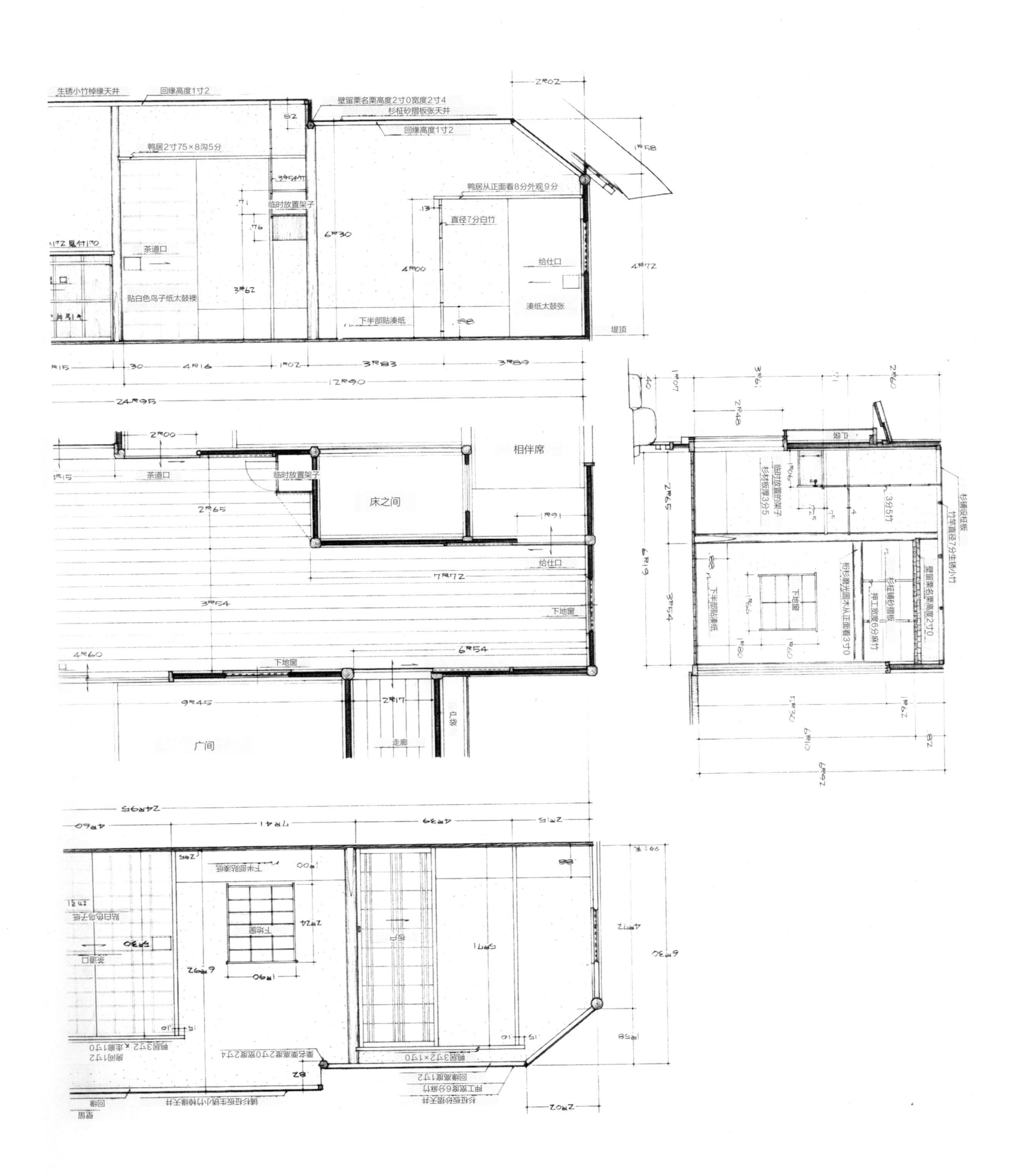

总论

茶室与露地的意义及构成
中村昌生

我曾询问过数寄屋匠人茶室制作的基本原理。对方回答说："全部都是凭借茶之感而成。"还有另一位擅长创作茶室的茶匠曾告诉我："说到底，茶室其实是由茶组成的。"那时还年轻的我对这类名人的见解很不满，仍在不断地思考茶室到底是什么？建筑技术和茶道之间到底有着怎样的关联？此时，我才终于理解了这两位所说的话。

说到底，茶室是为了茶道而建的建筑。其表现及技术中有着服务于茶道的特殊基调。虽然茶室是举行茶事的设施，但是它的功能却不仅仅是茶事功能，还是将茶道精神具象化的形象物。换言之，即便只考虑其作为建筑物的身份，也必须是萦绕着茶道气息的建筑。

茶道以"侘"为理想境界。相传村田珠光的子嗣宗珠在下京曾运营过茶室，其运营的茶室被称为"市中隐""山居之体"等。可见茶道世界追求的是草庵风般的清寂。主人在茶室接待拥有向往侘寂地住在山间草庵的圣洁心神的客人，客人也被那种游弋于物外之境的心境所呼唤。所谓茶道，可以说原本就是指这种游乐。也正因为这点，茶道的全部都以简洁的表现原则为要义，建筑和各种道具的手法都追求原始和自然。在早期的茶书中有这样的记载："座敷之模样，以避免异风，避免张扬，手法精妙，不争相竞争为宜。"这也就成为茶室造型风格的基调。古往今来的茶匠们和工匠们极力避免张扬，不断追求自然的结构和匠心，在技法中不断加入新的思考。世人常说的数寄屋建筑的传统理念也就在这过程中逐渐确立。

露地是为茶道而建的庭院，茶室与露地是合为一体的。利休曾说"露地景观，属数寄之要"。这句话告诉我们步入露地的那一刻就已经进入了茶道世界。

简单来说，露地是通往茶室的道路。过去曾被书写为"露地"。从绍鸥四叠半等茶室中可以看到初期的露地是细长的道路，距离茶室较近的部分被称为"胁之坪之内"（坪之内：只有墙面包围而没有植物的小空间）。其被认为是城区中每家与每家之间夹着的"廊地"。天正十六年（1588年）前后，三条鸟丸馒头屋町的道彻居宅与有着纵深"八间九寸"的"数寄屋通道"（同町轩别帐）的居宅入口不同，特别设置通往茶室的入口和道路。得益于这种做法，在居住区中也能保留一定空间，使茶道世界隔绝于日常生活之外。正如"市中隐"，茶道世界超脱于世俗世界，是遵循"出世间之法"的游乐。因此必须为茶室设专用通道。露地就如同隔绝世俗世界的结界。

利休将这样的露地称为"浮世之外之道"，是可以清除世俗之尘的地方。绍鸥时代，也会在胁之坪内摆放手水钵，这是对露地而言最重要的设施。即便不久之后坪之内发展演变成了更宽阔的庭院形式，露地也没有沦落为仅用来眺望的庭院，其通往茶室的深刻内涵一直没有改变。由飞石和延段组成的苑路进一步构成了露地的动脉。另外设置了矮门，作为隔绝浮世的结界。露地口到中门，再到茶室的躏口之间都被矮门衔接起来，共同构成了露地空间。加之，手水钵也被纳入蹲距石组之中。茶室的屋檐被取消，入口成为躏口，腰挂和刀挂被作为露地不可或缺的设施添置。苑路把这些设施衔接起来，将客人引至茶室。有意将动线设计成迂回曲折的形式，避免露地口径直通往茶室。即便是在条件有限的敷地（院子），也会尽可能延长道路，将茶室布置在深处，加深"山居"的意境。在苑路周围恰到好处地移栽些树木，营造出身心都被净化的闲适幽寂的山间气息。在绝对称不上大的有限空间里设置动线，精心搭配树木、围篱等元素，构建出广阔幽深的山间景色，就是露地的建造目标。茶匠们都致力于发挥创意，营造这样的空间造型。

如果露地口到茶室的距离较长，就会采用中门和围篱营造二重或者三重的空间感，将露地分成内露地和外露地。而不论露地空间多么宽阔，都不适合将内露地做大。因为不能让用于中立（茶事中场休息）的内腰挂距离茶室太远。如果是二重露地，习惯的做法是将腰挂也分成内腰挂和外腰挂，雪隐（厕所）也分成外雪隐和内雪隐。过去会在内雪隐中运用砂雪隐的形式。虽然这样的设计使露地结构变得复杂了，但却因为露地没有顶棚和地板，保持了与茶室的连贯性，使其成为茶道世界中的元素。

茶室以四叠半大小为界限被分为"广间"和"小间"。广间是以使用台子（放置各种器物的棚架）的书院茶为前提建造的。小间与之相反，以不使用柜架的草庵茶为建造原则。四叠半的空间是可以使用台子的，这样的空间大小既适用于广间，也适用于小间，这时的座敷安排就充分体现了相应的风格。一般而言，茶室通常是指小间。即便是四叠半以下，最小一叠半（一叠台目）的空间内，也需要花费很多平面设计心思。

说到茶室的平面，首先会考虑如何根据客座位置安排点前座。之后才能针对点前座设置炉切方式，再继续根据位置调整座敷的宽狭感和客座的布置等。这对茶室氛围营造起到很大的作用。在这基础之上，继续确定出入口、床之间，茶室的平面构成就基本完成了。出入口分为客人用出入口和亭主用出入口。客人用出入口有躏口（小爬洞）和设有障子的贵人口。也有不少茶室同时设置这两种。亭主一侧的出入口有为了点前而设的茶道口。也有用于直接向客座提供怀石料理或点心的给仕口。根据具体格局，仅设置茶道口虽然也没什么不便，但是如果不设置给仕口就无法充分发挥茶室功能的情况也是有的。

茶室内必须设置床之间。床之间可以有效提高座敷的整体功能和意境，同时也是茶室风格的象征。因此，古往今来对床之间的形式创意可谓是多种多样。如果是小间，标准的床之间是台目床。以纵深二尺四寸左右的框式叠床为原则，设置在客座一侧。虽然床之间前面的位置是上座，但是也有将床之间设在亭主一侧的点前座胜手付位置。这些都可以根据建造者和使用者的考虑灵活安排。考虑到客人入席后会首先观看床之间，所以为了方便客人观看，并且让尽可能多的客人可以入座，时至今日，精心安排床之间的位置仍然是重要的原则。床之间除了挂物（挂轴），还会钉上挂花入（装插花的花器）的钉子。柱钉（在床柱上挂花器而打入的钉子）、大平壁（床之间内侧的墙壁）的向钉（又称中钉，是用于挂花器的钉子）、床天井的蛭钉（在顶棚上挂花器而使用的钉子）都是些基本元素。这样的床之间周围的花钉也就承担起了类似于书院的饰棚（装饰置物架）的作用。但是却并没有固定在一个地方，而是随时都可以变换装饰方式，打造多种多样的风格。

如果是在四叠半以下的狭小空间里接待客人，就要再多花些心思营造出空间独立性。将墙壁的阴角都涂回（把直角做圆滑涂泥）起来，配置几扇窗户，将材料的尺寸进行精细的搭配，消除席间的拥挤感。天井结构也发挥着很重要的作用。较低的天井可以加强席间的一体感。灵活使用化妆屋根里可以营造出室内的高度感。灵活使用落天井可以将室内变为上下层的错落结构，让客座天井显得更高。在这样的设计下，虽然是小间，但天井的构成充满了变化，使室内的贵人席、相伴席、点前座的座席区别变得很立体，同时也能消减低压感。

室内的明暗度设计对神经敏感度的要求最高。窗户的大小及配置设计会使室内的明暗分布产生微妙的变化。同时，窗户不仅用于采光，还兼具通风、换气的功能。也可以为席间增添开放感，打造出视觉景观。通过奇思构想充分发挥窗户的复合功能可以打造出理想的茶道世界。

因为要打造出大小在四叠半以下、高度六尺有余的狭小空间，所以每个部分的尺寸都不能出现浪费，需要完美结合，一旦出现些许的尺寸差异，就会对视觉感受造成很大的影响。并且，有的部分（例如出入口）还应进行一定的控制。为了打造出"粗糙自然"清寂的理想茶室，轩桁（檐梁）和天井的高度等等都应尽量控制。对于务必追求充满和谐及安定感的空间构成的茶室创作而言，窗户的各个尺寸的微妙选择也是重要的课题。

关于本卷所记载的茶室和露地的实例，除了古典实例，基本以较新的作品为主。如何看待、批判、活用这些作品完全取决于各位读者的数寄之心，这一点毋庸置疑。

茶室与露地的历史
神谷升司　日向 进

茶的起源

茶是在平安时代初期由空海、最澄等人从中国引入的。那时候的茶是团茶（砖茶），方法是一边把水煮沸，一边加入茶的煮茶法。到了宋代，使用茶筅（点茶时用于不停搅拌抹茶的器具）点茶的抹茶法逐渐普及，这是荣西发展起来的方式，被作为可以加强五脏功能的仙药和克服睡意的兴奋剂使用。随着生产量的增加，茶被作为嗜好品普及到更广泛的阶层，广至僧侣、武家、贵族、平民。

"斗茶"这一茶事集会形式出现的契机是生产的扩大，喝茶的习惯从南北朝进入室町时代。斗茶是通过四种十服（四种茶、引用十服）、百服的形式进行品种饮茶竞技，和连歌一样是中世纪最盛行的游乐休闲娱乐活动。

另一方面，历代室町将军根据以往公家传统建设公家设施"寝殿"之外，还会在纵深的庭院中设置被称之为"常御所""会所"等的接客场所。当时，这些会所是特别为了连歌和斗茶之后的宴会而设置的社交场所。那个时候，因为与中国有交易往来关系，所以以宋、元为主的绘画和器物等美术品大量传入日本，这些艺术品都被称为唐物，被奉为珍宝。举办娱乐宴会的会所就使用了各种的唐物进行装饰，奢华热闹非凡，除了供客人们赏玩，还会被作为博弈奖品。

在这种极尽奢华的氛围下，出现了"婆娑罗"风潮。近江的守护职佐佐木道誉就是代表人物，他们对"婆娑罗"的追求之举也被生动地记载在《太平记》中。

婆娑罗的世界过于喧嚣嘈杂，不久后，自由的游宴氛围和充满活力的竞技性也不可避免地逐渐失去了生气。换言之，在缺乏秩序的"唐物庄严"的世界里举行的斗茶这一茶事集会，以"殿中之茶"的茶会形式在殿中被洗练，成为一种活动。

殿中之茶

随着茶会逐渐变得规范化，座敷饰（房间装饰）也逐渐确立了一定的规范。

最开始的"唐物庄严"只注重炫耀数量，杂乱摆放。不久就演变为基于一定规范的座敷饰。也就是说，使用押板（展示台）、付书院（凸窗）、违棚（展示架）这类的摆设装饰手段逐渐成形，一直到室町时代中段，在书院造这一建筑形式范畴内定型。在这样的座敷饰秩序中，殿中之茶也应运而生。

运用唐物的座敷饰的规范初具规模，洗练的状态从能阿弥、相阿弥集大成传播的《君台观左右帐记》《御饰书》中也可窥见一二。这些当中，也记载了义政的小川御所和东山殿的实际座敷饰的样子，从中可以得知殿中之茶是如何在座敷空间内举行的。

殿中之茶中最显著的特征是"茶道间"和被置于茶道间的"茶道棚"。茶道棚有间口（正面横宽）为一间和半间的，是可以移动的置物装置，但是也有固定的茶道棚。其功能是摆放所有茶道所必需的道具，装饰方法也有约定俗成的规范。茶道棚包括相当于台子装饰的部分，如果将这部分单独分离开，就成了"台子"。这里的"台子"是茶道棚的简化形象，也被视为殿中之茶的分身，之后"台子之茶"被奉为书院茶的象征。

茶道间通常是邻接主室的次间，或者地板低一阶的落间，例如义教的室町殿常殿所的"御汤殿之上"，义政的小川殿对面所（室町时代以后的武家屋敷内的设施，用于主从关系的人行面对面的礼仪）的次间"东之落间"，东山殿会所石山间的"西御茶道间"。同时，会有同朋众和御茶道奉行伴在旁边，专门负责映衬和点茶。

换言之，喝茶的场所（客座）和点茶的场所在空间上是分离的，茶道间是单纯的点茶场所（茶立所），在殿中点评茶道的特质。

绍鸥四叠半

被称为茶道开山始祖的村田珠光原本是南都称名寺的僧人。当时的奈良盛行"淋汗茶道"，被称为珠光首席弟子的古市澄胤是淋汗茶道的主办者胤荣的弟弟，所以珠光对充满活力的"婆娑罗"百姓茶道也有所了解。他潜心钻研"茶数寄"，传承了义政的同朋众能阿弥的《君台观左右帐记》，所以被认为同时吸收了殿中之茶的方式。

关于珠光的功绩，相较于具备庄严礼法及礼仪形式的"殿中之茶"，他确立了以"主客同坐"为原则的"座敷之茶"这一方式。以"粗糙的"座敷创作为目的的珠光茶座敷中具体体现了多少程度的"山居"草庵理想不得而知，但是山上宗二曾记载道"四叠半座敷，珠光之举也。所谓真座敷，鸟子纸白张付、天井无杉板檐、板阁子、宝形一间床"。

得益于武野绍鸥，这种初期的四叠半被确立为与侘茶道相符的建筑空间。

山上宗二对绍鸥四叠半的传承如图。这样看的话，茶室朝北，四叠半有附属的"面坪之内"和"胁之坪之内"，胁之坪之内的两端设有类似户口（房门）的入口，是通往茶座敷的通路。面坪之内有簀子缘（竹帘木板走廊），座敷东侧连接着两间四叠半的座敷。南侧四叠半房间连接的付书院，北面的四叠半房间有竹子的簀子缘。

室内有桧木角柱、白张付壁（张贴空白纸张的墙壁），天井是长片板张（木板），共同营造出书院造风格。

虽然设有纵深为二尺三寸的一间床之间，但是窗框并未采用真涂（涂漆）的方式，而是采用了"栗之树，一层一层涂黑十遍"的方式。

天井高七尺一寸这一规格在当时可以说是非常低的。随着发展，鸭居（门顶框）内高也被"降低至低于一般高度"。鸭居内高较天井"低七寸"，所以高度在六尺二寸左右，与利休的草庵茶室没有什么不同。这也是体现了"小矮门"的理念，低平的室内环境是茶座空间个性的基本条件。

绍鸥四叠半的视觉闭锁性不仅体现在茶座敷上，还体现在面坪之内。面坪之内作为光庭（采光井）在"仅四尺七寸"（《石州大工之书》）的狭小空间内传递了"以不让客之目光移动为宜，御茶中注入感情，名物中注入心意"这样的以不显眼为宜的主旨理念。

设在茶座敷前面的边沿部分，是供客人中途休息等候的场所。在设定高度时，要确保客人在坐下来等候时看不到外面，土墙上混入小石，以增添"小石显现的午后"（《池永宗作茶书》）这样的风情。

绍鸥的茶座敷中设有面、胁两个坪之内的原因被认为正是以绍鸥屋敷的地块环境为前提条件制作方案的。这间四叠半将会被建在什么样的环境中不得而知，假设一下，如果被建在位于堺市中的绍鸥屋敷内看看吧。

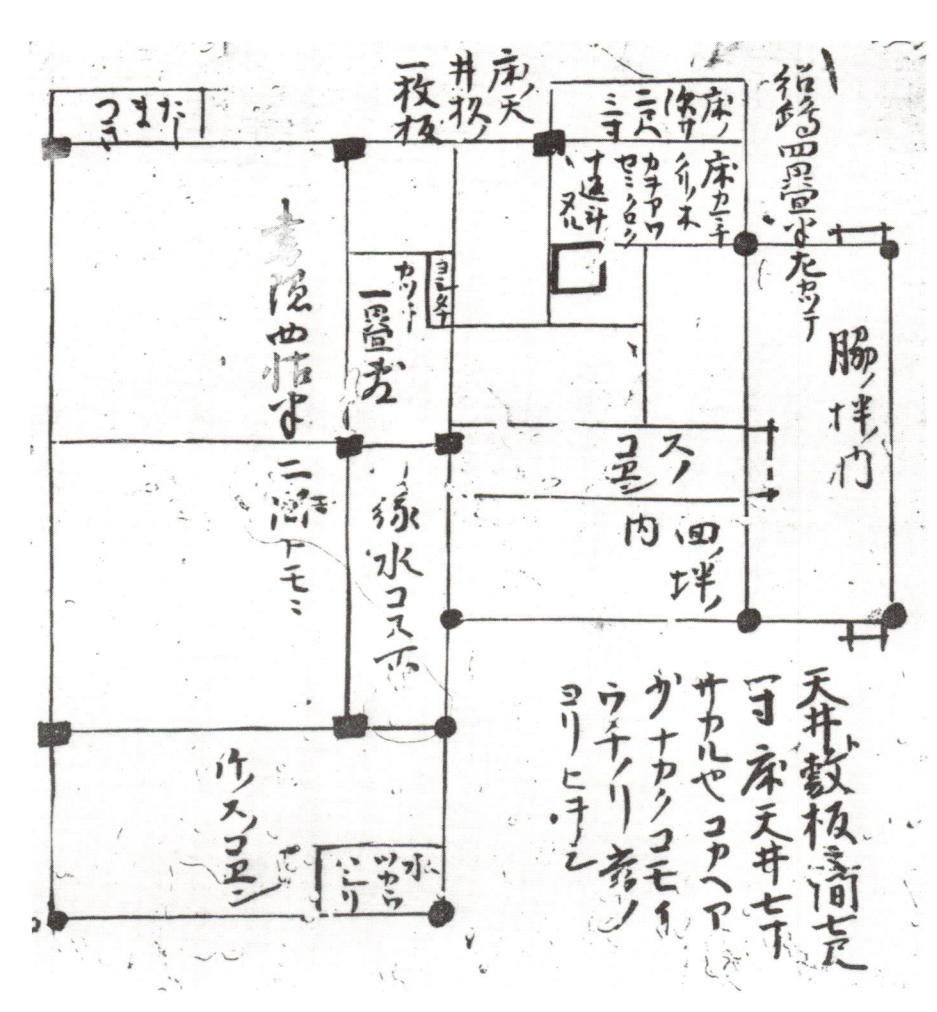

绍鸥四叠半

当时一般的町屋的横宽并没有那么宽。一般会在住居部分的旁边设有细长通道，可以假设这是通往茶屋的道路。举个例子，来看看京都三条乌丸馒头屋町吧。关于位于邻接六角堂的下京中心的宅地布局，是有相关记录的（《三条乌丸馒头屋町轩别帐》天正十五年）。根据记录，大多数的宅地横宽在二间左右。其中，名叫"道彻"的人拥有横宽约为五间的屋敷地，这里似乎设有数寄屋。在外面的大道（乌丸通）上开有横宽"半间八寸"、纵深"八间九寸"的"数寄屋通道"，这是通往数寄屋的道路。

正如这个例子，代入住居部分的旁边设有细长通道通往茶室的情况，针对绍鸥的屋敷也可以进行假设。只有与邻家夹着的细长通道才是"露地"，"胁之坪之内"将露地的一部分进行切分，从日常生活空间中隔离出了一席之地。同时，"胁之坪之内"也与茶座敷融为一体，进一步发展成为构建茶道场所的茶亭露地。

初期的露地虽然是绍鸥时代的"坪之内"的简洁版存在，但是后来慢慢因为小矮门和枯木户成为二重、三重露地，还增加了腰挂待合、雪隐等设施。

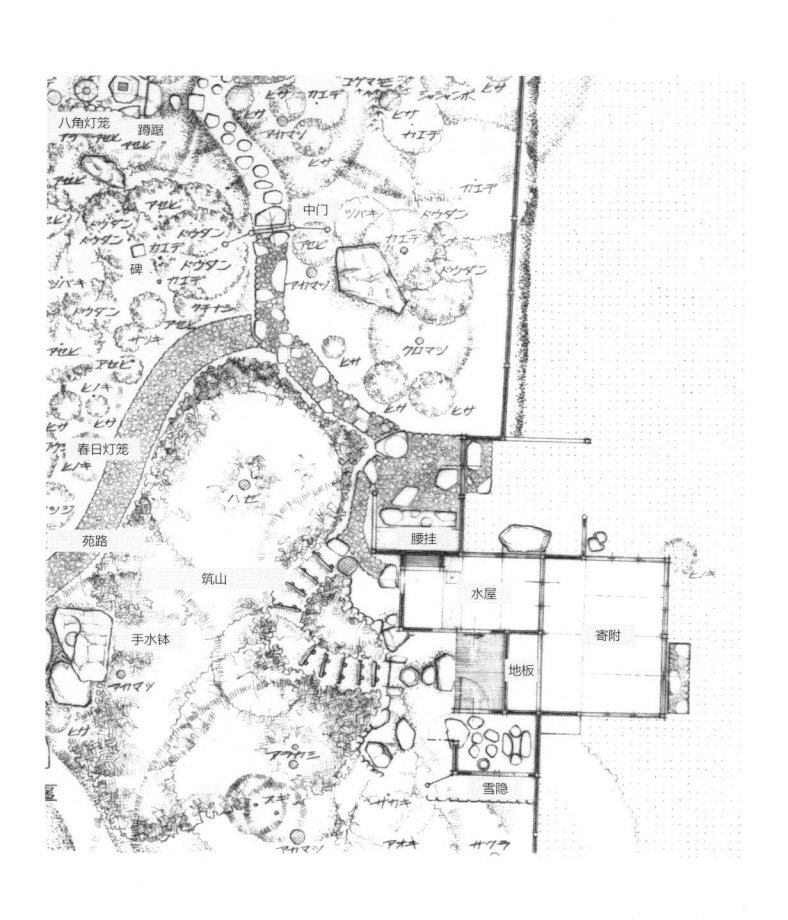

多彩的茶会

从绍鸥的茶座敷可以看出茶座敷是以设有走廊的四叠半和"胁之坪之内""面坪之内"为基础逐渐定型的，但是成为草庵茶室还有其他的必要契机。除了在使用唐物营造庄严氛围中举行殿中之茶，早期也有过对惬意氛围中享受轻松对话的茶道形式的尝试。"淋汗之茶"就是风吕（澡堂）和茶道的结合体，盛行于文明年间前后的奈良市民之间。淋汗茶道是可以进行"一党若族相交"，持续举行泡澡、喝茶、办酒宴的充满活力的休闲娱乐宴会。在风吕的周围摆放着字画挂轴、插花、香炉等装饰物，偶尔除了风吕还会设有临时"茶屋"，里面有"黑木之棚"，摆放着各种各样的器物。

不久后，连公家的邸宅中也设置了民间盛行的淋汗茶道之中的茶屋。享禄三年（1530年）四月，被邀请到万里小路邸的鹫尾隆康就在黑木造茶屋中杂谈，之后"于茶屋一饮"（《二水记》）。万里小路邸的"茶屋"中，还增添了轻松的宴会游乐、歌舞乐曲，似乎并未特别局限于茶道专用设施。公家邸宅的庭院中，有各种各样的别出心裁的设施，例如可以享受眺望乐趣的二层座敷等。

茶屋在爱好惬意的游乐的公家社会阶层中特别盛行，其传统也在进入近代后逐渐以桂离宫的月波楼、松琴亭这样的极其讲究的造型形成了。

茶屋同时作为茶道设施发展以后，也可以说逐渐成为茶座敷的雏形。

大永年间前后，举行了"下京茶道"的宗珠（珠光的养子）在自己家里也建造了茶座敷，记载为"茶屋"。正如"宗珠茶屋御见物，山居之体尤有感诚可谓市中隐"（《二水记》）所述，在都市俗尘之中，深林"山居"的闲适意境围绕着茶座敷。这样的环境，以喜欢将茶屋散布在庭院间的公家为首，也成为不断创造侘茶的茶人的一个理想映射。

过渡期的茶室

利休给我们留下了土间付四叠半的范例。（《石州大工之春》）其特征之一是绍鸥以来的缘（廊檐）消失了。前面设有被墙壁包围的土间，一端设有小矮门。土间到座敷的入口处有双扇障子。这样的格局可以看作是绍鸥四叠半中的胁坪之内延伸到了座敷前。

室内的构成依然是采用了削平棱角的角柱，柾板的平天井，一间床之间，以书院风为设计基调。同时，也采用了下地窗、风炉先窗、火灯口等手法。而且天井高六尺五寸，较绍鸥四叠半更低。

可以说通过消除给建筑带来格式感的缘的设计，使这座茶座敷的建筑造型与书院座敷完全绝缘了。

其实从座敷的使用方法来考虑的话，缘也曾承担着重要的功能。关于缘的功能，可以放置刀，也可以供中途休息等候使用。之所以承担着这些功能的缘消失了，是因为露地中出现了腰挂、刀挂这样的设施。因为土间（坪之内）有土墙，所以要通过开窗来采光。关于窗户的创意，出现了下地窗、连子窗这样的粗糙自然形式。再把土间的墙壁打掉，就发展成了土间庇（土庇）。这样，小矮门就与座敷的入口直接连接起来了，出现了"躏口"这一形式。同时，土间庇的空间是屋内和屋外的中间领域，露地的飞石飞入这个空间内，躏口作为邻接点使露地与茶座敷融为一体，最后，茶道场所就形成了。在缘消失、土墙确立的同时，草庵风的风格也形成了。

床之间

"床"在书院造中原本是指"上段"（上座），也就是为贵人设置的座席，用于指代座敷中高一层的空间。会在上段设有"押板"，是座敷装饰的核心装置。殿中茶之汤被"一座（同席）建立"的精神取代后，侘茶的方式逐渐确立，主客在狭小的座敷空间内集会。虽然町众积极地推动了侘茶的发展，但是他们也在与公家贵族交流的过程中将他们自身的茶之道变得更加稳固。因此，即便是在主客同坐的座敷内，依然保持对客（贵人）的尊敬。这种精神体现在建筑上，就是象征着贵人座席的"床"的设计。茶室的床不仅可以有效地为狭小的座敷空间增添一些宽裕感，还可以统合押板、付书院、违棚这类的座敷装饰的装置功能。而床也会反过来影响书院造座敷的押板，并且随着茶道的普及，和形式、名称一起都被吸收到茶室的床之间设计中。因此，床被认为是从茶座敷出现之时就已经被加入其中了。

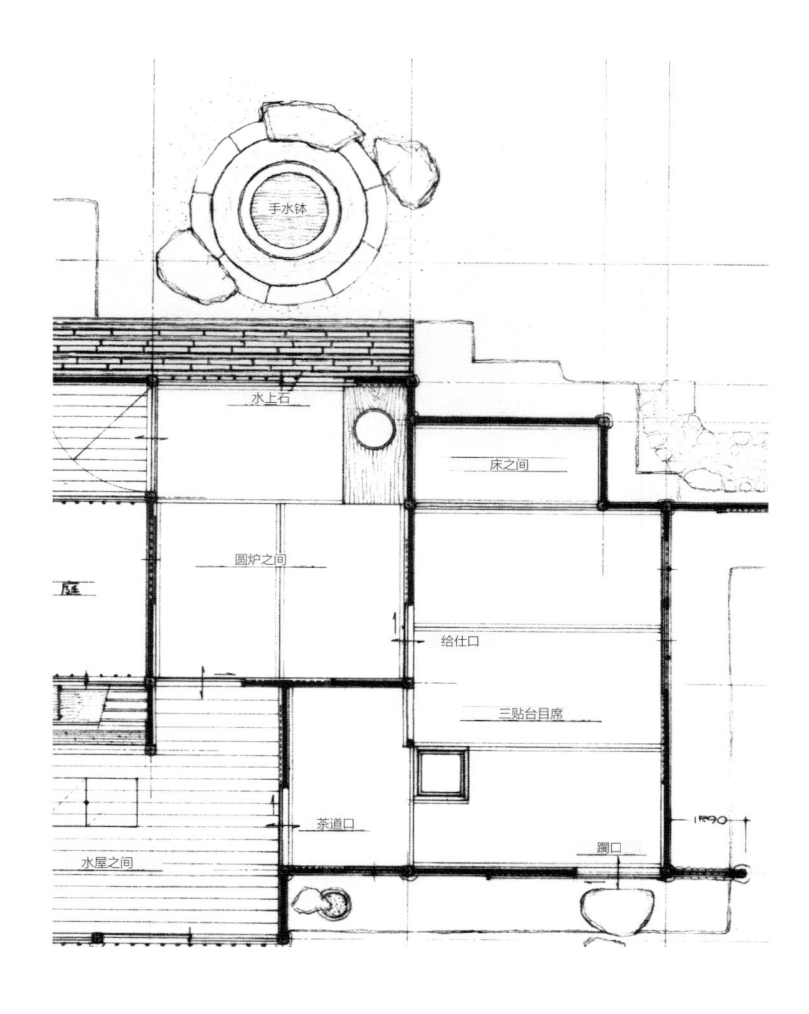

一间床之间，采用张付壁（张贴纸张的墙壁）的床之间形式是从绍鸥以来就被遵循的传统。但是利休于天正十年（1582年）前后在大阪的三叠目中制作了五尺床。在不审庵，首次在被作为"即便只拥有一件唐物的人"的茶室四叠半中进行了尝试。但是床的墙壁还不是土墙，而是贴了淡墨色的纸。虽说是淡墨色的纸，其实是将"白色的鸟子和纸"改造为淡墨色的纸，彰显侘茶道风格。之后，这个床之间被缩小至横宽四尺三寸。也就是台目床。相传正是其子少庵借用了二条屋敷中的二叠台目尝试，将台目床设计加入到了茶座敷中。

天正十五年（1587年）的北野大茶会中的利休四叠半和次年正月之前完成的京都聚乐屋敷的四叠半中都尝试了横宽四尺三寸的土壁床，聚乐屋敷的二叠中还尝试了"室床"。室床是指将床之间内部的墙壁和顶棚上涂泥，并将各转角的部分涂抹成圆角的形式，让人感受到侘寂空间的茶道精神。

就这样，利休在床之间这一贵人座席及装饰名物的场所中也融入了侘茶道的思想。

台目结构

利休有在大阪建造的"细三叠敷"的图流传于世。(《山上宗二传书》)根据该图,采用了点前座为台目叠,地炉为台目切,设有钓棚的三叠敷。图中虽然看不到中柱,但是被世人推测实际是存在的。在这间座敷参加过茶会的客人神谷宗湛曾在作品中以"次间"代指点前座。也就是说,中柱的袖壁是一直延伸到地板的,所以才会感觉到点前座是"次间"。之后少庵在复兴时也是这样做的。

利休尝试的这样的点前座位于距离床前客座非常远的下座位置,有意营造出次间的存在感。这也体现了殿中茶之汤中的茶道间的理念,让结构显得更加谦逊,在草庵建筑结构中进行了创新。发展到这里,就与书院茶道的台子茶道完全脱离了,茶座敷的草体化(简化)也完全形成了。

另外,因为点前座的天井会比客座低一阶,或者设为化妆屋根里,所以通过增加台目结构可以使室内的立体结构充满变化感,构成多样的室内空间。

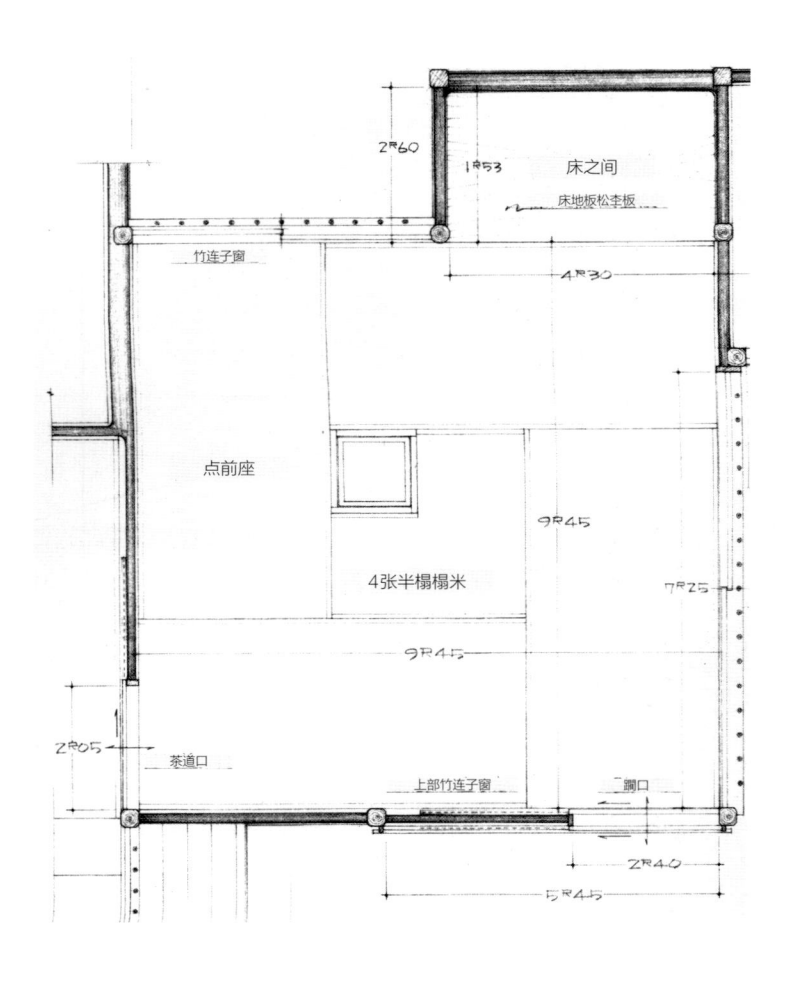

利休的茶室

正如"即便只有一件唐物的人,都用于四叠半的茶室"(《山上宗二传书》),绍鸥时代的四叠半的产生与名物的权威紧密相连。希望从名物主义中解放出来,创立侘茶空间的利休为了缩小四叠半直接跨过三叠,潜心钻研将空间缩小到称之为极限的二叠、一叠台目。

"绍鸥时代为止,专注于没有茶道具的侘茶",因此三叠敷已经被认为是"侘数寄"的座敷了。但是这里的"侘数寄"是指拥有"一件道具"的人应该享受的境界。对于追求与名物绝缘的侘数寄境界的利休来说,拥有一件名物的人的"侘数寄"场所三叠敷是差强人意的。

利休致力于在没有方向性的正方形空间内营造亭主与宾客之间的极限紧张关系,追求侘寂造型设计。通过缩小亭主与宾客的距离,极小的空间可以使"推心置腹"氛围更加浓厚,但视情况而言,这种氛围也有可能会让人感到无法安定。利休曾说过"不管说多少次,小座敷空间内的茶道本心都属至难之事""即便是四叠半也与草庵的心境不同"。

被称为利休偏好的京都山崎妙喜庵茶室"待庵"就充分贯穿了不允许一寸浪费的严格造型思想。

延伸到土庇之下的飞石的重点原则是不浪费一丝一毫的步行。三斋曾评论称"道安将石子排列整齐,利休让石子充满侘寂感",正是基于"自然侘寂为上,造作刻意为下"这种美学理念。

二叠隅炉(将地炉设置在点前座内、亭主的左前方)的空间融合了富有变化感的天井结构,消除了柱;将墙壁内侧涂泥,并将转角部分涂抹成圆角的手法,在客座侧设有两个下地窗,用纵横的竹勾勒出线条,运用与客座相同的处理方式采用荒壁(粗墙,用灰泥涂抹的墙壁)的室床加强了与茶室的一体感,活用下地窗和连子窗营造微妙的阴影效果,使用加了稻草粗墙隔出来的空间简直如同与外部世界隔绝的小宇宙。使用极其克制的手法营造尖锐的紧迫感是一贯奉行侘寂精神的造型原则。

利休集大成的侘茶道被其弟子细川三斋、古田织部、织田有乐等人继承。利休确立的草庵传承了利休流,而他们又在这基础之上增添了多样的空间。同时,利休的侘茶风还被作为风靡一时的织部、远州等武人的范例,由其血脉千家及其道统传承下来。

细川三斋

三斋被认为是利休茶道的忠实尊奉者。与织部的茶风形成对比。但是，他不仅仅是单纯地模仿利休作风，还创造出了三斋独自风格的茶室。

三斋曾在京都的吉田屋敷中创作了长四叠的座敷。此座敷是朝北的，有榑缘（边框上盖有薄木板的阳台）和濡缘（木板窗外的窄走廊），在缘先处设有手水钵。似乎是在书院内隔出的一块空间内建造的座敷，所以三个方向都是开放的格局。

床是正面宽为四尺的室床，床柱是栗木的皮付柱，相手柱（床之间两侧都设置柱子，这两根柱子被称为二本柱；如果只设置一根床柱，那这根柱子就被称作相手柱）是杉木丸太，床框运用了"真之框"。点前座为一叠，中央立着中柱，前方半间有袖壁，炉为向切炉，在丸叠（一张完整的榻榻米）上运用了台目叠的手法。茶道口是火灯口，缘做了涂泥和圆角处理。

为了围住书院的缘先，使用了草庵要素。在侘寂格局中还体现了真涂框这样的样式。

三斋在其作品长冈休梦邸中也有建造了偏好的茶室，但是设有露地，在露地中映射了三斋独自的意境。

外露地全部撒砂，内露地全部铺栗石，上面撒有红色小石子，增添了色彩。但是，关于露地撒砂和小石的手法，"外露地撒砂实属无礼之举，小石可铺于外路，海石铺于坎惣庭"（《古田织部正殿闻书》）有与三斋这种尝试不同的见解。

织田有乐

有乐是信长的亲弟弟，比起武人的天赋，其作为茶人的天赋更胜一筹。秀吉和利休都认为其相较于其他的茶人群体独具一格。针对其在台子方面的传承，秀吉评论为"假使成为近年数寄的能者"，更被利休命令要有所传承。继承之后，利休曾传授"在茶道方面已经没有什么可以进一步学习的了，皆按照自己的创作动机极尽台子创意吧"。

有乐自己经常尝试回归原点确立茶风，尊崇珠光、绍鸥，

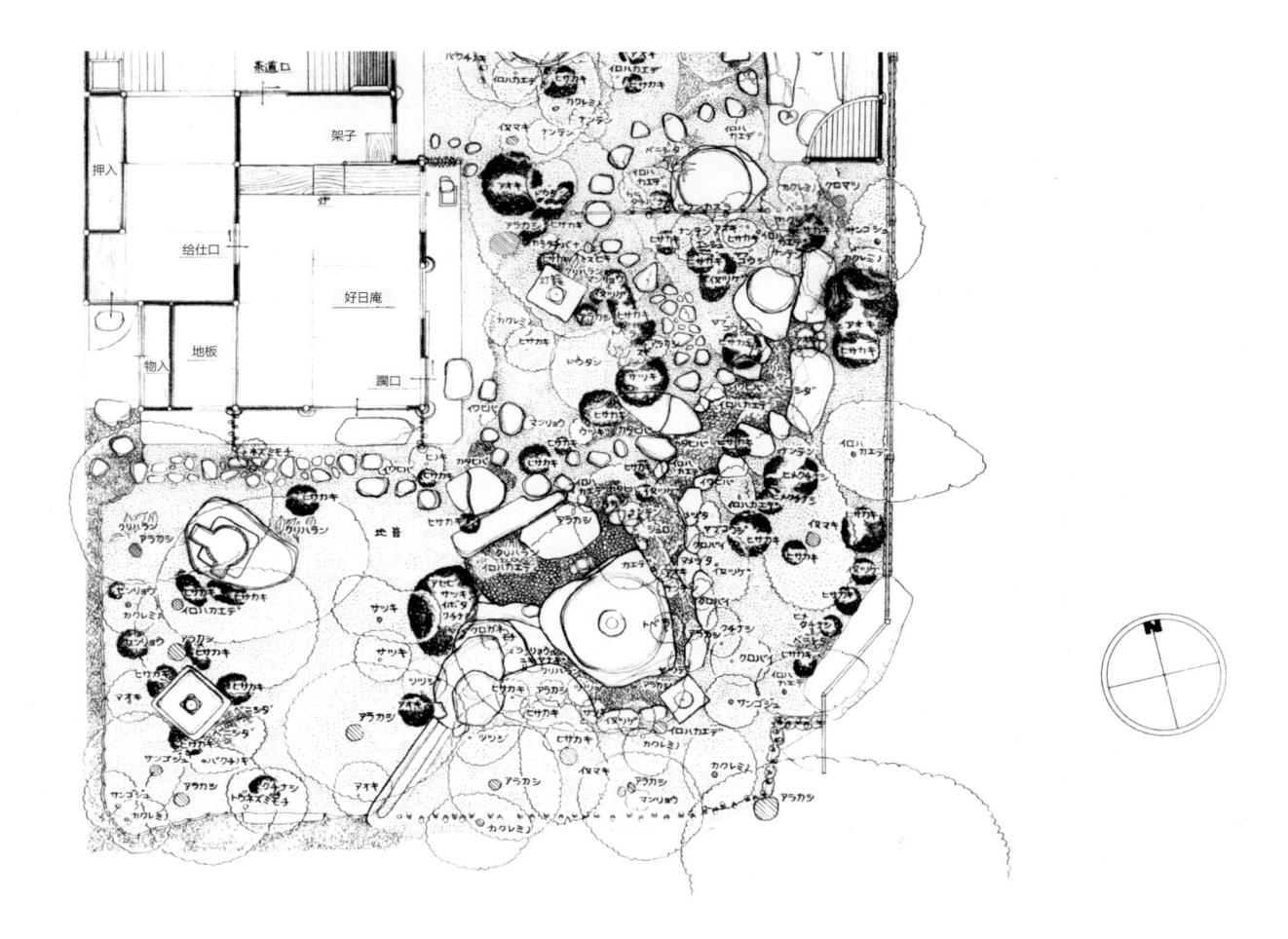

曾修复了京都醒之井的珠光井户，也曾在晚年的隐居场所建仁寺塔头正传院建造绍鸥的供养塔。

有乐立足于"茶道本意为招待客人"这一茶道观，"数寄屋以六叠或四叠半为宜，茶室以三叠半为宜，二叠半一叠半等会使客人难受"（《喫茶织有传》），对在二叠敷中融入侘寂精神的利休及继承了利休侘茶精神的宗旦进行了批判。

但是，有乐自己也有几个独创的小间。在大阪的天满屋敷中，除了四叠半还有二叠台目座敷。有樽缘，"杉桁缘降低敷居的厚度，使叠看上去为上段，接待尊贵客人时去掉障子，座敷可以作为上段，在缘处铺设缘座，供相伴人入席"（《茶道正传集》）。这样，樽缘部分也可以用作相伴席，叠的部分比作上段。京都的二条屋敷中也有带板缘付的二叠台目，将板缘布置为相伴席后，狭窄拥挤的小间也变得宽敞起来。

西本愿寺好像也有有乐偏好的二叠。相传这个座敷中设有七个窗户。现在坐落在三溪园内的春草庐三叠台目也被认为是有乐的偏好，好像也被称作九窗亭，据说设有九个窗户。有乐偏好这种多窗格局的原因也许是可以通过微妙的明暗对比打造出复杂的空间感，追求设计的变化感。

有乐晚年隐居的场所是正传院，有乐在书院的东边建造了茶室。这间茶室如今被称为"如庵"，被迁筑到了现在的犬山。

近四叠半的平面中设有台目床，台目点前座设计成向切炉，中柱立于炉先处，火灯形中嵌着板。床胁铺有三角形地板，打造出了倾斜的墙面效果，目的是为了让茶道口到客座的亭主服务动线变得顺畅。腰张使用旧日历，用竹条编排窗（有乐窗），设有袖壁、土间庇，打造出了不让躙口显露在正面的外观结构，被认为具有独创性，彰显了随心所欲的精神，但是最为瞩目的还是中柱的结构。

利休确立的台目格局中，中柱在点前座和炉、袖壁、钓棚等的中心位置，将客座和点前座隔开的同时又保持着连贯性。利休曾说"在四叠半中设中柱的设计实属新颖"（《细川三斋御传授书》）。但是有乐在如庵中将中柱设定为相对于床之间的另一个空间格局的中心，自由地发挥了中柱的功能，此举被认为是实现了利休一直未摸索成功的设计。

九昌院茶室中有很多独特的设计，例如竹中柱，高五尺六寸二分、宽四尺七寸五分这样的大火灯口等。但是这样的有乐作风对于继承了利休侘茶的宗旦而言，曾这样批判过"望着"空间上方窗连子的紫竹编排纹样""这不应该出现在数寄，有乐公茶道着实无趣"（《松风杂话》），认为是无法赞同的风格。

有乐的露地内也有与众不同之处。《松屋会记》"庆长十四年十二月十二日""四条半，布置在左，露地为桧，枯叶一丛、罗汉松一丛，有草坪、水钵为石踞"。露地之中似乎种植了一整片的草坪，桧及枯叶、罗汉松一丛一丛地栽种好了，蹲踞的水钵利用了基石。

有乐认为招待客人是第一要义，潜心于"要保持自己的创作理念"，创造出了与利休的空间格局极其不同的草庵茶室。

待庵

古田织部

利休去世后，织部作为茶人很快声名鹊起。他以师从利休的侘茶为核心，进一步设计适应武家社会阶层的茶道形式，开始了崭新的侘寂造型。

织部创造的带有相伴席的三叠台目格局广受好评，武家社会阶层毋庸置疑，在民间也快速普及开来。该造型被称为燕庵形式。燕庵形式这一名称普遍被认为是来源于京都薮内家的燕庵。织部的用意基本都被融入其中。当初的燕庵据说是织部送给薮内家初代剑仲绍智，而这又是最为正统的，所以这个造型的茶室就被称为燕庵形式了。

通过双扇障子隔出相伴席，为这种形式增添了多种功能性。

相伴席是被这样使用的。原则上是不设置隔区障子，但是会为单独一人的客人设置避免"席位过宽，过犹不及"的障子。亭主在会席间提供点心时，提前打开双扇障子中距离床之间近的那扇。再次招呼客人的时候，再把障子放好（《数寄之书》）。如果来了四五位客人，就把双扇障子都撤掉。如果是四位客人，则安排三位客人入座中间客席，另外一位入座别叠（另一张榻榻米）。但是如果天气非常寒冷，有时即便是五位客人，也应该放置障子。如果客人比较多，从上座开始的两位参观完床之间和地炉之后，为了方便其他客人行动，会先将上座两位客人暂时引到别叠（相伴席），请两位暂时落座，待最后一位客人参观完毕落座后，再将上座的两位客人引导回床之间的座席（《茶谱》）。如此，通过灵活运用相伴席达到了扩大座敷的效果。

"古织曾在三叠台中招待十三位，如同在广间一般举行了茶事"（《织部闻书》）。可见这种格局结构也完全可以应对"大型聚会"。

说到相伴席的使用方法，针对来自长谷川道茂的"通口之内一叠之所，叠之下板敷以杉之桁缘如何"这一疑问，织部的回答是"通口（给仕口）贵人接待之时，取此处之叠敷以圆座，引导相伴者落座于此，取一叠进行板敷则三叠之所成为上段，是以招待贵人之外常敷叠"（《茶谱》）。在迎接到贵客后，取相伴席的叠，设为板敷，则可以

敷居为界使座内变为上座。而相伴席的天井的通常布置手法是化妆屋根里。

在燕庵形式中布置台目格局也是通常的手法。而且在点前座旁的墙壁上会布置色纸窗。关于以色纸窗为座敷之"数寄屋之窗多为明亮心得之事，是以应尽量确保明亮，以色纸窗为之，座敷之景成也"（《古田织部正殿闻书》）。加之点前座为台目叠，搭配炉、中柱、色纸窗，营造出舞台效果。

原本为了采光而设的床之间的墨迹窗（在床之间设置的窗户，大部分都是下地窗的形式，窗内侧挂有障子）上配有花钉，内侧挂有花入，座敷之外嵌有挂障子。以下地为外侧，内侧设有障子，使原本的下地窗模样相反，将下地的组格子也变成座敷一景。

织部一定会在茶道口的方立（门两侧立起来的细长板子）上使用竹。他认为为了避免往外搬运水桶时撞到方立，采用边缘圆滑的竹比较好。选用竹未必一定是追求功能性的结果，

燕庵

但是因为方立使用竹,正如"框宜选择真涂"(《茶道秘抄》),主张床框采用黑涂法。为了使叠、障子的新颖显眼,"数寄屋全部采用色付"(《织部闻书》),墙壁采用"以赤土涂也,数寄应全采用新的上涂,或仅柱际采用上涂,中间采用色纸,也实属趣事"(前揭)。

织部将这般素材的融合作为视觉上的构成原理,以绘画结构为主体组合墙面,从而组建空间。同时对草庵素材类的竹和茅无法割舍的爱意,主张茅葺,正所谓"数寄屋以茅茨为定法"。外壁也大多使用力竹(增加在下地窗中的间柱),被视为匠心要素。

利休和织部的作品风格可谓是两个极端代表,"飞石之于利休为六分重在渡,四分重在景为宜,之于织部为四分重在渡,六分在景为宜"(《石州三百条》)。"渡"是指飞石的行走容易程度,"景"是指飞石的配置美感。织部在露地中加入了"景",在积极发展二重露地的同时,注重视觉效果和丰富的茶苑景趣,潜心钻研石头的摆放方式、素材的组合方式。

织部灯笼也是值得一提的设计。织部并不把石灯笼视为简单的照明装置,而是作为景充分发挥"火之影"的效果。在样式方面,不会一味使用格式化的社寺(神社和寺院)灯笼,而是选择符合露地的灯笼。"灯笼直柱之本台石不宜,柱之本直入地为宜,灯笼高度以平衡为宜,做低可使心情愉悦,高度不定,是以应凹入为之"(《织部闻书》)。不使用台石(石灯笼下方的基础、基坛),直接将竿插进地的构造。这样的石灯笼是织部的设计,在以后的露地构造中,这样的石灯笼也成为不可或缺的元素。

锁之间

茶事前后,换个地方进行"招待"的习惯从室町时代开始了。进入天正十年(1582年)后,变得更加兴盛。是书院与广间不可缺少的茶道设施。但是利休针对这一风潮曾严厉劝诫过"离开小座敷,务必在四叠半或书院行宴请之事,实为鲁莽之举"。而织部却增加了连接"小座敷和书院之间"(《秘藏传心》)的 "锁之间"设计,并将锁之间真正合并到茶会形式中。

小座敷(茶室)的聚会与浓茶结束后,将客人从通口引至锁之间,以淡茶招待,继而在书院进行招待的茶会方式是由继承了织部的远州发扬的。

织部的锁之间的原则是设上段、付书院、叠床,一直在袋棚设置钓釜。通过与锁之间的合并使用,以前无法在小间尽其用的器物也可以摆放供客人观赏了。同时,为拥挤的小间的茶事增添了一些开放感。又因连着书院,所以可以做到包含草庵、袋棚、台子三种阶段的茶事,随着草庵的普及,锁之间也发展起来了。

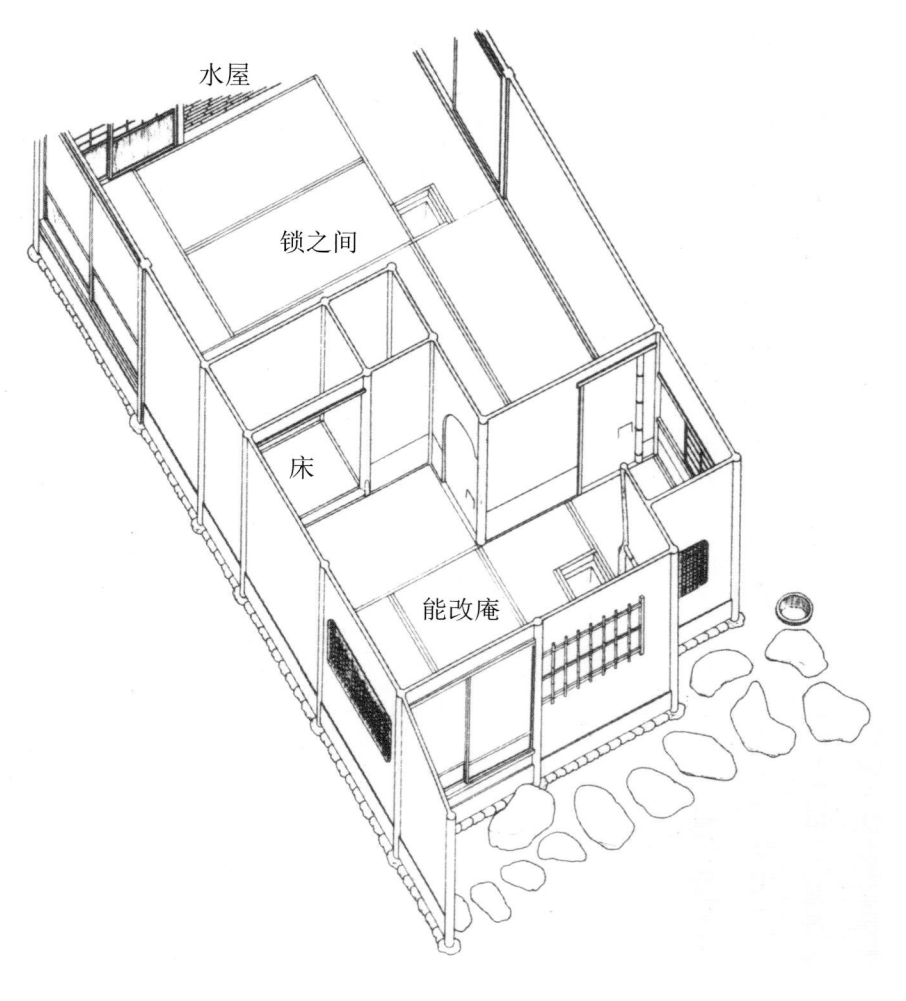

石州好能改庵复原图

小堀远州

织部针对三叠台目确定了燕庵形式,远州则针对四叠台目的茶室确定了两种类型。

建于伏见屋敷的四叠台目是在织部的三叠台目的下座处增加一叠的格局。但是,蹰口的设置位置偏中央。因此,客人的动线被分为二,可以将床前设为贵人席、对面一端的一叠设为相伴席。从床前到点前座的天井为平天井,下座(相伴席)的一侧为化妆屋根里,充分凸显了不同座席。台目格局的点前座在客室中央,进一步打造出了舞台效果。给仕口也是朝向床前的贵人座。座敷的特点就是通过蹰口或者出入口相互之间的位置关系将身份的上下关系变得轻松明快。

而且远州设置的窗户比织部多,增添了多窗趣味。在伏见屋敷的例子中,突上窗布置在土间庇、相伴席、点前座三处,其他墙面上还有八扇窗,合计有十一扇窗。织部曾说"大目之上,突上窗为无礼之事"(《织部闻书》),但是远州却屡次尝试过,使点前座具有舞台般的照明效果。

远州也曾在洛东高台寺建有四叠台目。床之间和点前座都在里侧,整个平面形式具有双方向性,与传织部偏好的奈良八窗庵和四圣坊的四叠台目等平面形式一样。但是,步入给仕口的地方铺设一尺二寸宽的板叠,使亭主一侧的两个出入口与客人一侧的出入口相对,这是远州的创意。

在南禅寺金地院的茶室(三叠半台目)中,曾尝试让床与点前座并列。这种格局有大名茶之风,试图将点前座也放入座敷装饰范围内。

远州的草庵茶室在本质上与有乐和织部的思路是一样的。他的特色是在以前的书院设计中加入点茶所,将以往依靠草庵风素材的茶室转变为以书院为素材的茶室,完成了书院茶室。

为了展示所拥有的大名道具,除了书院和锁之间,还在茶室也设置了付书院和饰棚。最终结果是茶室也被书院化,增加了在点前座中立中柱的格局。大德寺龙光院的密庵,特别是松花堂的泷本坊、伏见屋敷中设有两个床、棚、付书院等复杂座敷饰,就是属于这种布局的茶座敷。

大德寺孤篷忘筌是远州晚年的作品,是使用粗角柱、张付壁、粗长押(横木),充满书院造的设计风格。正是放弃了中柱结构,才完全脱离了草庵,完成了书院化。座敷外面有带勾栏(围栏)的广缘和落缘,保持了定式格局。

但是,缘先处有矮的手水钵(铭"露结"),轩内的敲处有笔直的飞石小路,穿过缘先的下半部分,加入中敷居,在上半部分设置紧闭障子的装置,可以遮蔽夕阳。运用缘先的手水钵和灯笼凸显出内露地的风景,自然地引入座敷。落缘先(矮走廊尽头)立着杳脱石,位置较低的中敷居也起到了小矮门的作用。草庵露地的构成就在这样的缘先格局中应运而生,虽然外在表现完全脱离了草庵风格,但是其核心还是遵循草庵风格。

(神谷升司 里千家学园讲师)

(日向进 京都工艺纤维大学讲师)

露地的建筑 建部恭宣

露地口

露地内会设置各种设施。这些设施共同构成了茶道场所，而且还承担着相当重要的功能。茶会招待的客人入席之后，钻过"露地口"。无论是一重露地、二重露地还是三重露地，都会运用高墙和围篱规划区域，设置露地口是比较常见的手法。露地口代表着通往与世隔绝的"茶道"这一"出世间"的大门。

在表千家流派中，从表门步入板石敷的小路，从正面看高约七尺五寸的墙将露地围了起来。高墙的一端设有露地口。在里千家流派中，从兜门步入霰敷（散石状）苑路，到达门口，但是右手边的高墙上有敞开的露地口，钻入露地口后，右侧是外腰挂，左侧是寄付的无色轩。在薮内家流派中，正对西洞院大路的黑漆浆涂高墙南端设有露地口。

像这样将露地口设在高墙的一端的手法是很常见的。但是也有另外设置通往外露地的出入口"外露地门"的。外露地门根据结构形式以及屋顶葺材分为很多种类，即便是萱葺门、柿葺门、桧皮葺门、小瓦葺门、以下大和葺、板葺、竹葺等非常简单的手法也可以划分各种各样的形式。门扉的种类有很多，经常运用的有竹格子户、板户、木贼户、萩张付、网代户等。

外露地门与居宅的正门以及社寺等庄严的大门不同，彰显着轻快、潇洒的侘趣之意。

寄付、腰挂待合、雪隐

客人在进入露地口之前，首先在袴付、寄付集合等候。客人可以在这里整理衣服仪态，等待其他的客人。关于待合，据《茶谱》与《织部闻书》记载，在利休时代就已经成形。

有乐偏好的建仁寺塔头正传院的待合为片流屋顶（单面坡屋顶），铺设一叠地板，设有宽八寸五分的板床。在这种简单的室内床布局中，也有在一角设置切丸炉或切隅炉，并设棚的。

如果是单独建造寄付，则设在主屋的大门或者大门附近的一间。不论怎样，大多寄付都会连带下腹雪隐。

进入露地的客人，在腰挂等待亭主的迎接。设置在外露地的被称为"外腰挂"，设置在内露地的被称为"内腰挂"，仅仅是名称的不同，结构形式方面没有什么差异。但是，一般而言，内露地会比外露地狭窄一些，内腰挂也自然会规模小一些。

茶会中会设置圆座、烟草盆、火钵等。尽头处的客人是低于正客的，所以与圆座并排，烟草盆置于其旁。被招待的客人在这里等待的时候可以观赏附近的景色。

利休之前也设置腰挂，《石州三百条》曾记载露地还未被分为二重、三重时，腰挂就已经出现了。

现在，最广泛的腰挂形式是屋顶为柿葺（厚0.3厘米的木板铺设的屋顶）或者杉皮葺（杉木树皮铺设屋顶）的片流屋根这种轻快的结构。三面被墙包围，内部设有榑板张的腰挂。也有像里千家外腰挂那样将腰挂的一部分用丸竹张，像表千家外腰挂那样将叠和板分开的形式。古式的堂腰挂形式流传至今的有桂离宫的四腰挂（也称为万字亭）等等。立于松琴亭东边略高地方的万字亭采用柱间九尺四寸四分的萱葺宝形造（茅草方形屋顶），将四个榑板的腰挂组合成万字形。在松琴亭举行茶会时会用到中立。

据说土间内设有井户的孤篷庵的腰挂待合（《乐翁立式布局图》）和四面被墙包围着通过矮门进出的形式也深受石州喜爱，所以利用书院等缘的一部分打造腰挂的事例着实不少。

雪隐通常分为设置在外露地的"下腹雪隐"和设置在内露

地的"砂雪隐"。如果是三重露地的话，则设置三处雪隐，分别是露地口之外的是下腹雪隐，露地口之内的榑板雪隐，内露地的砂雪隐。但是利休时代末期前后，似乎砂雪隐变得只具备欣赏功能，只有外露地的下腹雪隐具备使用功能。

因为砂雪隐本身不具备使用功能，所以也被称作"饰雪隐"，被作为景观设置于内腰挂附近。因此，其风格以轻妙简洁为宜，常采用柿茸和杉皮茸的顶棚，偶尔也会有采用萱茸的。但是，萱茸的厚度不能过厚也不能过薄，可以说需要亭主极其用心。

中门

"中门"被设于内露地或者中露地的入口处，根据整个构造形式，从最轻微的木户（猿户）到体现稍厚重结构的萱门，可以列举出多种多样的形式。门扉以露地门为准，有板户、丸竹张付、荻张付、网代户、竹格子户、枌木户等，相较于露地内的门扉多了几分简朴的趣味。

作为木户的代表，利休所偏好的猿户（附有猿的简易木质锁的中门）和石州所偏好的猿户广为人知。《茶谱》中记载了"利休流猿户之图"。据此图，径为二寸四分的栗丸太被作为掘立柱使用，高五尺五寸四分。门扉是在坚栈上做板横张，使用丸竹三根固定，固定竹的形式采用角柄。

木户还有其他形式，比如角户、枝折户、半蔀和伏见城，都饱含了各种情趣。

"梅见门"是最普通的形式，通常在两根的掘立柱中插入腕木（托架横木），采用杉皮茸等切妻屋根的栋门形式，这种门极其简朴。不审庵的梅见门立有两根面皮柱，使用斧头抛光过栗八角的门楣较低，钻过梅见门就进入了露地。门扉是竹格子户，横栈上打有丸竹（采伐后未经任何削割的竹），营造出了朴素且侘寂的景致。

据《今日庵指图寸间帐》（中井家藏）记载，里千家的中门采用"屋根木贼茸"，但是现在都是按照玄玄斋偏好所做的竹茸门了。屋根是切妻造，割竹（竹片）交互排列，蜷羽（切妻造屋顶的尖端）处配以丸竹，屋脊也使用径尺寸稍大的细竹木贼张开了两扇簧户（将木条作为横向的主干，再以纵向的大间隔插入竹枝）。

利休形式的萱门相传"栋木（屋脊）高度离地不超过七尺七寸，垂木（缘）四根，鸟踊三条，栋长五尺二寸，轩梁八尺，广小舞（连接檐前垂木前端的横木）巾角七尺"，基本与立在残月亭前的露地的萱门一致。现在是立有杉档丸太的控柱（防止墙等倾倒的支柱）四根来固定轩，但是原本是在插在斧头抛光的柱上的"腕木门"的形式。

相传武者小路千家官休庵露地的中门是直斋的偏好，这种形式也被称作"编笠门"。柿茸的屋根整体形成编笠状的曲面，被指摘应是将唐破风的屋根草体化的设计，但是彰显了极其富有独创性的造型。虽然东本愿寺涉成园以及大德寺孤篷庵客殿前等处也可以见到编笠门形式，但是孤篷庵的轩较短、形式稍稍有些不同。

关于中潜的构造形式，有记载称"杉的掘入柱上做墙，用较潜口稍大的户。退于板屋根两侧，户尻留出不刷，无长窗障子，全部采用帘"（《茶道筌蹄》）。表千家中潜就是典型的实例，就设置在露地口里侧的外腰挂前面。如同冲立（轻便屏风）的高墙上开有潜口，墙体两端立有斧头抛光的栗六角柱，再加以杉皮茸切妻的小顶棚。矮门较蹲口稍大，敷居的高度距离石口一尺五寸有余。户尻边还有纵长的下地窗，加以力竹（间柱）。

矮门的设计使客人的目光聚焦在深处展现的露地风景。对露地而言，必须具备与凡尘俗世隔绝的功能，但是此结构却并未过分强调这一点。真珠庵庭玉轩的入口从外部乍一看觉得是蹲口。但是，穿过矮门就进入有内露地的"内坪"这一结构也有其显著的特征。那就是将中潜拉近茶室，并添加屋根，使内露地屋内化。露地是与茶室一体的，甚至可以说露地是没有屋根和天井的座敷。庭玉轩就生动地说明了茶室与露地的这种特殊关系。

茶室的施工　笛吹严

关于房主（也称"业主"）

即使是收到了"想建造茶室"的委托，也不清楚对方究竟想要建造怎样的茶室，是否想要使用这种方法等具体的要求内容。有很多人只说想建造茶室，认为茶室只有一个形式。一般而言，如果内心已有某种既定的形式，那么只要按照如此这般的风格完成就可以解决了。但是，这是以能够深入了解房主内心为前提的。使用者和建造者之间如果能够心灵相交，建造者就很幸运。反而揣测按照自己的喜好建造是否合适，努力建造成让对方喜欢的样子是非常困难的。茶室完成后，说不定会与房主所想的感觉不同。将房主的想法意图放入自己心里，在此基础上建造茶室是于建造者而言极其重要的前提条件。也有这种离谱的时候，房主对茶道完全不了解，仅仅读了些书，就想紧挨着住居建造茶室。更有甚者完全不考虑敷地和周围情况。

有时，建造茶室的目的非常明确。例如正在教授茶道，所以想要用练功席；老了以后想要一个人或者夫妇二人享受茶道。这种时候，就可以很清楚地洞察房主的想法，很快开始建造计划。并且，茶室的设计风格也会自然而然形成。

最近出现了很多茶室的照片，房主头脑中也会有一些印象图。但是有很多外行会将计划和立面图、外观割裂开考虑。我们在规划的时候，也会多多少少考虑外观。如果有些细节无论如何也不符合的话，就重新思考一遍应该怎么做，再进行修改和调整。而绝对不会出现最后的立面图与自己的思考不符这种情况。

小间与广间

无论是广间还是小间，在茶室结构特色方面，以桁天（横梁）为首，各部分都比较矮。这种结构与一般建筑性结构不同，有其特殊考虑。换位到普通的建筑上，是绝对不合理的结构。因为梁是不会露出在房间里的，这种结构会比较脆弱，会导致房屋出现问题。

相较于一般的建筑，茶室的建筑结构存在很多无法特立独行的地方，目的是为了服务于茶道，因此在发展过程中逐渐定型。

即便是挂入天井，设有天窗，高度也控制在伸手可以轻易碰到的范围内，不会提高高度。原因并不单单是设计和氛围，更是为了使用方便，甚至有些使用方面原本就存在这一限制。一间片流小间，即便轩桁等低至四尺五寸到五尺，只要是片流结构，看轩里侧都会觉得其他地方特别高，这也是轩桁高会出现违和感的原因。

从技术角度看，制作小间是最符合茶室风格的。但是，随着最近越来越多的茶室变成了公共茶室，所以出现了很多用于多人共同赏茶的大间茶室。当然，在个人住宅中，广间和小间也都有建造。但是，如果试着从古老的茶的形式考虑，茶室最开始是包含在座敷之内，后来渐渐加入了新的理念，逐渐成为现代数寄屋。在我的头脑中，变成丸太造之前，茶室是绝对不会以广间的形式存在的。茶室内布置炉切格局，只要不影响茶事，无论怎么建造，对于座敷整体而言都无伤大雅。

也可以将小间的氛围添加到座敷之中，营造侘寂感。但是，如果想要让茶具有品格，对座敷进行比较严重的破坏，又会怎样呢？虽然座敷具备某种程度的高规格氛围，但是我觉得应该还是不错的。如果要将小间的氛围添加到广间，最大的问题是天井的处理方式。其次是四叠半切和台目切，这些都可以按照小间的手法来做。假如座敷很大，加入了这种形式，或许也还是适合多人茶事。如果是小间，只要确保点前的格局，点前座就有了小间一般的氛围。

用材方面，广间还是首选丸太和面皮。只要是对内高没有一定的要求，则应尽可能压低。如果想要尽可能贴近小间的氛围，则必须考虑建具（内窗隔扇）使用太鼓张，墙壁使用锖土（铁锈色的土）。

大工（木匠）和左官（瓦工）

即使收到同一份设计图，不同的师傅做出的作品也有所不同。"有好的大工、有好的左官，也有好的屋根葺。每个领域都有最顶尖的人。虽然听不进去其他人说的话，但是听得进去我说的。所以我要用他。"确实，这些人的技术是顶尖的。但是不知不觉间，氛围也出现了微妙的变化。所以，如果不是有在一起合作过几次的大工，很难完成完美的建筑。如果能够常年一起合作，例如柱的木取（锯木料）就只要注意重要的部分，确定使用场所，之后相对放手不管，最后也能按照建造者的偏好完成。

粗细的圆物（丸太）的调和，柱、桁、棰、木舞的尺寸的调和，这些都关乎茶室的一呼一吸。无论在图纸上敲定过多少次尺寸，因为对象是自然物，习惯了这一属性的人会达到恰到好处的效果。这些都是大工的技艺。

自己绘图、自己调色，整体的样子和大小平衡都会有助于完美造型的呈现。所以，以前的大工，如果有高雅的品格，与文化人有交往的话，可以做出非常好的作品。站在建筑领域上层的人如果不能和匠人一起合作，那就无法提高数寄屋的质感。

而现在，站在上层的人都和大工越来越疏远了。依然按照过去称之为"栋梁"，但却早已不是过去的栋梁，现在即使水平并未达到一定程度的人也被称为栋梁了。并且，匠人学习的时间越来越少了。一直根据自己学过的概念理论去做是很困难的。而在优秀的人那里学习过的人，即使只是照搬其做法，也可以顺利地完成工作。

墙壁

村间非常厉害的左官对土的掌握水平非常高超。如果让这样的人来做，可以做得非常好。熟练地筛土、做成粉后保存起来，他们会为了这些作业不顾一切，会将从山里采的土做成非常好的建筑用土。或者在田间深挖，滤掉上土（浮土），保留黏性充分的土，混以砂石、荻，就成了非常漂亮的建筑用土。根据需要，也会将其全部溶于水，筛滤。前些日子，我在某处有过亲身经历。从田里带来了黑土和赤土，两种的黏性都很充分，都可以用于荒壁。将两种土混合后，涂于荒壁后再用水溶解，过筛，涂中层时增加一些砂和细的荻（麻刀、草筋）。这时，用电风扇吹荻，将粗的和细的分开。涂完中层后，砂也渐渐变细了。最后的成品与聚乐无异。关于最后的色彩感，虽然我曾要求仅用赤土即可，但是最后的成品非常漂亮。

在锤炼的过程中，土的状态也传递到匠人体内吧。土的触感是不能仅凭视觉感受的。要触摸，用自己的身体感知黏性程度。凭借这种感觉完成的作品和按照既定比例混合的作品是不同的。就连颜色也是这样，比如再试试多加点砂看看，都是根据采来的土的情况来思考。如果再继续锤炼一番，想法还会变化，会再进行其他的调整。

茶室的结构

相较于普通的町家建筑，茶室建筑的柱子更细一些，墙壁也更薄一些，这些都是茶室建筑中存在的问题。因为要在如此之细的柱、如此之薄的墙的基础上建造出非常坚固的建筑。虽然单独看某些局部是没问题的，但是建筑物小、高度低，成为一体物之后，就变得与脆弱表面完全相反颇为坚固。

要如何让其成为坚固的一体物呢？靠足固（立柱间加固的横木）、桁、加入中间的贯（横木），再运用内法，添入其他家具设备，也就是"装入物件"。

墙壁方面，小间的高度相较于座敷还不一半，但是墙的强度却差不多，甚至更大。正是因为如此，所以才如此坚固吧。

足固工法将建筑物牢牢地紧固。即使是小的建筑，运用足固后也会成为坚固的一体物。

关于贯，高度虽然不高，反而数量比普通建筑的数量多。

都被运用在建筑之中。因为杉木的性质特别稳定，所以过去的贯一般使用杉木。最近会使用进口木材，如果是进口木材，取柾木（直木纹木材），彻底干燥是尤其重要的。柾木的加工完成度无论多高都存在风险。即使是一般的建筑，也会时而制作成通贯，时而深深钉入，时而使用楔子。现在的建筑感觉都是批量物，所以感觉茶室的工法是一种特殊技术吧。但是，因为使用了丸太，所以柱和仕口变小，这点也属于特殊技术。组合全都变微，就连榫头都变小了。

曾出现过这样的事件，薄墙突然翘曲，太鼓襖打不开了。这是因为墙壁内的贯的问题。贯一旦出现了问题，根本无法修理。所以认真选择贯是最重要的。如果贯本身存在问题，墙壁就会翘曲。如果是必须做到特别薄，薄到只有一寸，那么无论什么材料都没办法。做好贯相关的工序，认真选择贯的材料关乎墙壁的性命。如果不牢记这一点，在其他方面如何努力都没有办法。认为制作墙体的核心人物是大工，所以墙壁就是左官的问题是不通行的。最近出现了这种风潮，只在乎墙壁表面，不在乎墙体内在。这是因为建筑人员想让墙壁看上去内在没有问题，所以把表面装饰工作做得很好，企图这样蒙混。不管怎么说，墙壁作为构造结构的一部分，应该认为其取决于大工。用什么样的土，用什么样的材料，做出什么样的颜色和效果，这些都是不能脱离墙壁构架单独思考的。如果说日本建筑的特质体现在了墙壁上，那么数寄屋建筑就是最能反映这一点的。

关于地板的结构，即便不特别考虑用于茶室，现在的一般建筑物在地板方面也是非常简朴的。板比较薄，根太（托梁）比较细的话，无法使房间坚固。建成十年后，如果叠变得松松垮垮，那么不仅是叠的问题，而且因为地板的拼接紧密度不够高。现在，一般住宅的地板都非常偷工，至少希望茶室的地板能够稍稍精细一些。虽然地板的组装做工已经变得无法逃避了，如果能够将大引（支撑地板和根太的横木）一起结实地打入结构体重，整体建筑也会很坚固。

很多人觉得天井的结构一定要遵循真、行、草形式，不然就很不顺眼。但是我却不这么认为，制作的时候也不会拘泥于此，会让天井进行一定程度的变化，如果能做得漂亮，就可以营造出好的氛围。虽然不知道是不是只有平天井才能营造出这样的氛围，但是平天井的风格其实是非常稳重成熟的，所以如果讨厌热闹喧杂的话，平天井是非常顺心的。如果做平天井，不得不考虑的是板的宽度和纹理。再加上棹缘（竿缘）的处理。材料和配色也会产生巨大的影响，所以一定要慎重考虑，不然就会沦为俗气的座敷。

茶室的屋根与神社完全不同，很多时候会采用与骨梁挠度反向的手法。同时这种形式也将侘寂感体现得非常充分。我在建造茶室时，如果是瓦葺，会对轩先的勾配（坡度）进行四寸五分左右的调整，栋在三寸左右。使瓦葺反凸后，瓦与瓦的交接部分会出现空隙，这是把铺在上层的瓦的里侧稍微削掉一些，就可以适配了。但是毕竟没有办法把所有的瓦一片一片削切，只能调整比较严重的部分。削切后，瓦总归受了损伤，使用年限会缩短。桧皮葺、柿葺、铜板葺等相较于瓦屋根，坡度可以稍微缓一些。过去，屋根葺匠人会进行反凸调整，现在已经基本没有人会这么做了。所以在做母屋、棰、野地板（桁条）时，会有些微妙的曲线。这种时候，并不会在棰的下方强行嵌入，进行反凸。会调整小屋束（架在横梁上支撑屋顶的柱）的长度和仕口的情况制作出曲线。萱葺屋根也是极具风情的，但是萱现在很难入手。如果是萱葺，则尽可能减少叶，使用根茎部。虽然叶子多，但是持久度却可以达到三倍。

材料和木取（锯木料）

对于建筑，我认为最重要的是柱。确定一间的布局和设计后，所需的材料也基本就在头脑中组合好了。即便材料的处理、组合、种类都一样，也会出现粗糙和简朴等不同感觉，所以各种元素的组合是最重要的。如果要营造侘寂感，就使用相对粗糙的材料。所谓粗糙，或保持皮付的状态，或选用带裂纹和节子的木头，当然有时也会对斧头抛光，进行漂亮地削切，用其营造出与原材料完全不同的风格。而且，大小的平衡也很重要，有时会出现因为大小的平衡协调破坏了茶室的氛围，最终成品和自己的理想背道而驰。即使选取的是脏的材料、弯的材料、非常粗糙的材料，对大小平衡影响最大的依然是如何加工、如何组合。即使是丸太，也不是说只要相同直径，细口和近根切口整齐，组合起来就一定完美。这样的技法称不上是艺术。

如果要追求自然木材的乐趣，尺寸非常整齐的材料反而很难用。因此，极端地讲，是不使用尺寸的。自己亲手抓着材料时，头脑中思考要怎样嵌入，削切到什么程度，再把这些指示给大工。

木取的墨付（在木材上绷墨线）是可以让木材充满粗糙感。在进行墨付的时候，总会觉得有些地方怎么都做不好。虽然准备了桁，但是粗度如何？会去思考这些细节。再一次削切后，再确认一遍和其他部分的组合情况，才有信心做出最后的决定。虽然在现场，工作会一步一步进行下去，但也时常会推翻重做。

中柱

像不审庵仿作那样的台目结构座席，特别是中柱、横竹、天井的丸太等，即使是在图纸上描绘出来了，也很难看懂。特别是看上去弯曲的中柱是房间的中心，就成了在设计上是可以与床之间匹敌的重要部分。

从感觉上来说，我个人比较偏好轻快一些的设计。红松的皮付直材很有趣，有段时间推荐了很多。直材的节间隔较长，我喜欢这种笔直顺滑的感觉。弯曲的中柱反而是有些年岁的木材比较好。接下来，中柱的袖壁的强度也是一个问题。袖壁强度在设计的时候是非常重要的，如果不能如自己规划的那样弯曲，就会加入锯齿，纵劈，嵌入楔子。有时候甚至会为了制造弯曲度花费一两个月。

中柱的径为二寸的台目格局给人以庄严感。所以以前即使是二寸，也会像笋面（床柱正面的柱脚处做出的竹笋状削面）一样磨平。无目敷居（没有推拉门的敞开式敷居）的宽敞度很引人注意。因为敷居要控制在一寸八分到二寸，所以中柱也被限制了。中柱立起后，必须要给人安全感，无论多么弯曲，根部都必须保持一定的笔直。从这点来看，石州的慈光院茶室的中柱也有一两个特色。使用这样的丸太，也是需要一些魄力的。对面的茶道口设有角柱，多少感觉些厚重。亭主床的床柱如同无意间插入太鼓柱。虽然这根中柱是皮付丸太，但不管怎么说，材料给人一种用过多年的感觉，虽然看上去很像水松，本身的质地也非常好。中柱有力的重量感完全不逊色于袖壁，有一种特别的向天井弯曲的效果。墙壁很旧，虽然不知道崭新时是怎样的，但是不单单是中柱，整体的感觉都深得我心。因变旧而变得凌乱不堪是多么让人厌恶啊，还是清爽一些比较好。如果直说脏，肯定会招致责骂，

但是在天井方面，我还是对房间内都是平天井这种简单的设计充满好感。与其说这间茶室和中柱是"凄凉的"，不如说它是饱含"低沉苍老""庄严"的。在这个时代，如果有人想要建造这样的茶室，那么我会觉得他是非常内行的。

露地的施工　　川崎顺市郎

町家的茶庭

现在一般的庭院大多是用于鉴赏的。在鉴赏之中，再做个菜园，就兼具了实用功能。但是露地这一茶庭结构的主要用途却不是鉴赏，而是另有用途。在举行茶会时，顺畅自然地使用露地是极其关键的。这也是一般庭院与茶庭的最大差别。

用于鉴赏的庭院，从大庭院到住宅庭院有很多种类型。不过说到露地的庭院、茶庭，从我今日的建筑立场来看，分为茶庭连接主屋的建筑和在庭院中单独设置露地庭院。总的来说，虽说是茶庭，但是面积所占比例很小，其意义就在于使用小的面积体现自然之风。

在京都的古中京町，也有我喜爱的建筑，过去在御池街道上，现在已经什么都没有了。那里的老宅是故居，外表是高墙造的建筑物，挨着主屋有席座。进入玄关的地方全部由板石堆积而成，结构风格极其简朴。

玄关旁设有茶室。从玄关到茶室由旁边的板石路连接起来。外侧由大围墙包围，庭院有三四坪，沿着土墙和大墙种有一棵红松。红松下有散发着南北朝时代气息的石灯笼。当然，这灯笼也不是作为露地的灯笼使用的，被认为或许是用于平庭（平坦的庭院）的灯笼，但是却没有台座，深插到竿的一半以上，用于照明，此外还种植了两三根厚皮香树。轩内也没有非常宽广，因为主人偏好古物，所以蹲口处也使用了东大寺伽蓝石一半的碎片。

这里的露地并不是今日我们所见到的那种茶庭，茶庭到书院座敷的途中布置了方形竹篱，栽种了最富西洋风格的广叶杉。其他的就没什么了。有种只看土墙壁的感觉，是非常简朴且萧条的庭院。

连接

露地由飞石连接而成，蹲口附近的蹲踞、手水钵是主要的局部结构。

虽说飞石只是用来行走的，但却不能死板地排成一列。纵观古老的庭院，可以看出飞石的布置方法从很久以前就是多种多样的。

我们在选择飞石的材料时，会寻找最能体现真正的自然初始之貌的飞石。脚要踏在飞石的朝上面，所以尽量不使用有坑洼的石头。一旦有坑洼，下雨时或者洒水时就会积水。因此要选择脚踏上去舒适的、不会跌倒的、表面漂亮的石头。不过也未必是只要朝上一面是平滑的、美丽的就可以。如果使用加工过的飞石，从加工工法角度考虑，是很有乐趣的。加工的和自然的姿态是不一样的，角和缘都是固定的，所以虽然要进行加工作业，也不会辛苦。但是，却很难像对待自然石头一样进行品味。如果是自然石头的飞石，一个石头的周围多少有些纹样。对这些纹样的组合，飞石和飞石之间的拼配方式，如果不能和石头自身的纹样很好地调和在一起，就会变得很刻板。这种石头与石头的连接和接点就是对自然石头的原始之貌的利用。

因为用于露地，所以飞石不能使用过大的。广间茶室的飞石会使用稍微大一些的，小间茶室的四周可以使用一只脚大小的，过去会混合使用五寸多的单脚可以踩上去的飞石。将这种小石头和稍大的石头的平衡关系协调好，就可以将茶室附近变为美丽的一景。如果小路很长，不会只用自然石头，还会使用葛石（缘石）石材，或者用叠石打造成庭院小路风格，也就是说会使用各种手法使外观有所变化。如果走上去的时候，身体会摇晃或者脚下会绊住的话，入席时就无法行走。这种事对于茶事是十分不妥的。所以施工者在布置飞石时必须特别注意细节。

也就是说，如果要布置飞石，就想用真正美丽并且具有实用性的石头。正是因为这些，才导致布置飞石是件难事。

蹲踞和石灯笼

蹲踞当然是非常重要的局部。在蹲踞中，会在对面立一个被作为照明使用的灯笼。而这个蹲踞的布置方法分为三种，降蹲踞（高桐院的袈裟形水钵）、蹲下屈身使用的蹲踞、稍微弯腰使用的蹲踞。普通的蹲踞基本都是采用下蹲使用的形式。

蹲踞的材料很多，包括在姿态良好的自然石头中做个水洞的钵及相应的加工物、茶人搭配组合好的灯笼和石塔的部分（台座、塔身、屋顶）等。也有使用很久的基石，在当中开洞后使用。周围布置汤桶石和手烛、前石这类的役石，把钵围起来，共同组成蹲踞。

石灯笼归根结底是由茶人进行判断的。在一般的鉴赏庭院中，如果灯笼有欠缺会不太好、不吉利，尽量使用没有损伤的完整灯笼。反之，即使露地并不很完整，如果使用了有韵味的、有年代感的灯笼，即使有欠缺，也有其独特的趣位。以前的茶人会说八分饱为宜，相较于过满，有些许欠缺的反而更好。使用有欠缺的灯笼，从某种程度上也可以理解，也可以品味出不同的趣味。旧的比新的更具有美感，制作出来的作品也让人更加赏心悦目。近些年，很多灯笼作品都是作为蹲踞的照明，令人不十分满意。作为仿作，如果完全仿制，制作出非常一致的灯笼，会被视为完整的仿作；但是如果完成度不高，只是为了展示古旧，那就是忘记了基本，作为石造的印象并不好。

作为照明使用的灯笼，置于平庭时，被称为火上石。考虑到蹲踞需要下蹲使用，如果放置带有台座的灯笼，就会觉得和蹲踞不匹配。露地的灯笼位于蹲踞的旁边，所以低一些会给人安全感，平衡感也比较好。当然，在露地的通道之间也会设有五尺或者六尺左右的灯笼。如果使用镰仓时代或南北朝时期的物品，则六七尺的比较好。

经常使用的灯笼说到底还是插花的织部灯笼。特别是经常会被作为蹲踞的照明使用。今时今日会少一些了，也使用寄灯笼。寄灯笼也是有欠缺的，但是基本是插花形。即使有台座也会拿掉，使用竿。施工者将寄灯笼漂亮地展现是需要技艺的，如果不充分研究石造的美丽之处，是很难做到的。

轩打（用三合土固定布置石子）

虽然可能有人觉得轩打是非常简单的，但是，深入研究后发现如果不能很好地理解轩打的比例、轩打的厚度，是无法打造好的，最后就无法营造出安宁的氛围，因为轩打和飞石也是有关联的。大多数轩打的高度和飞石的高度差不多，哪怕飞石稍微高一些也不会破坏视觉效果，但是需要好好协调轩打和飞石的朝上一面的高度比例。

制作露地庭院时，轩打的高度和飞石的高度，从躙口到蹲踞的衔接，都是重中之重，如果这些出现错误，茶庭整体就会被破坏。

敲（三合土）

轩打是与茶室关联非常紧密的场所，制作轩打时，自古以来都是采用深草敲。深草土是在京都大龟谷找的土，现在已经没有优质的土了，所以使用代用。如果是代用，一种是本式敲，是在有黏性的山土里混入石灰，另一种是向土里加入白水泥混合成敲。

敲颇费功夫，土的情况及混合的方法很难。即使是混合，也要在现场把土握在手里，让土只有一点点会顺着指间漏走的程度是最好的。在现场混合好的土如果含的水分过多，就要避免加工时用抹子把表面抹得光溜溜。另外，现场的土如果是赤土或者有黏性的土，就成了土打的轩打了。我曾经有过这样的体验，没有好的深草土了，所以在现场的土里加入石灰混合，制作了土打的轩打。土打实在非常费工，不太会做，但是如果真的没有材料，也还是要做的。

敲的速成方法是抛离过去的工法，在土中混入水泥。但是如果石灰放得过多，轩打的面就会变白，变得不稳重。

躏口的踏石

接下来，蹲踞通往躏口的飞石布置方法也是非常关键的。躏口附近的第一石、第二石、第三石之间的连接一直都让人很伤脑筋。

首先，从躏的狭窄处到茶室，必须是快乐地进入茶室。所以石头要稍微大一些，一尺五六寸左右的比较好。使用大块的躏石也会让人感受到一种强烈的豪爽感。总之，要让两只脚都站在上面时很稳。和躏口之间的空间要保证四五寸左右，两三个人都可以站得下。从躏前往下一块石头时，躏口处的飞石布置方式最引人注目，所以在追求视觉变化感的同时，还要让客人可以快乐地进入茶室。同时，除了飞石还会在躏附近摆放控石。如果在布置躏口附近的飞石时不考虑这些，关键的躏口的景色就不会好看。

因为躏石和飞石的形态不同，所以平时要一直用心寻找发现可以运用到躏之中的素材。现在，连质地很好的石头都很难入手。虽然有很多庭石店，但是也有可能逛一整天都找不到好石头。

延段

延段的用途是为飞石之间的苑路增添变化感，其材料必须是朝上面质地好，体型较小的石头。霰零（圆石子铺成的小路）等充满设计创意，也可以加上长石，同时使用大小石头铺设。在蔓草间铺设旧瓦，或者使用井户瓦，用这种设计代替飞石，成为景色之一。

为了避免飞石过于单调，在飞石之间加入一些变化感就是延段的作用，有时也会加入葛石来增添设计感，但是不做任何跨越的长石，保持飞石原本的平凡姿态，我觉得也是不错的。

尘穴

茶室周围摆放的尘穴现在也成为景观之一。尘穴分为布置在轩打内和轩打外。

如果是布置在轩打内，尘穴的缘就会保持较缘取高出五分或一寸的高度。但是，在轩打内会和轩打的上面同样高，不采用缘取会更自然。大体上，尘穴的直径在六寸或七寸，并且设有名为观石的形状漂亮的石头。尘穴的里面放入尘箸，靠在观石上。所以观石也称箸持石。尘穴的石头也兼具摆放箸的功能，朝上面非常好，基本上连小灯笼都可以摆放得了。观石的朝上面多使用平面的石头，但是却基本没有使用有三角尖的姿态不太好的石头。

如果是设置在外面的轩打，则和轩打很相似。尘穴也有很多种类，外腰挂旁使用的尘穴就和屋檐下的茶室使用的尘穴不一样。轩打内使用圆的是很常见的，外面则使用有角的。如果用于大的腰挂，一般是一尺二寸、一尺三寸有角的和长方形的。尘穴大的话，观石当然也要大。主要还是要根据当时的景色摆放，必须注意，避免出现不妥。

栽种

关于茶庭内的栽种，原则是尽量避免栽种开花的树木。茶室之中，亭主会根据意境布置插花，如果在庭院观赏过花朵，亭主作为茶室舞台装置精心准备的插花惊喜就丧失了。同时，露地追求的意境是洗涤内心，头脑清晰冷静。

露地的栽种从过去到现在都是橡树这种叶子较小的常绿树。如果栽种大叶树，就会显得氛围很喧闹。但是最近厚皮香、光叶石楠等也逐渐变少了。落叶树的话，避免使用橡树、梓、枫树等种类繁多的树木，极其相似的单色搭配是与露地的庭院很相配的。

冬天的时候，露地铺上一层枯松针，保持冬天的自然温度。当然，此举也是为了保护露地的苔藓，以及营造自然的松林意境。松叶使用鲜艳红色的红松针。以前好像是使用绿色的叶子，最近会在十一月铺上枯松针，所以枯松针的色彩也是景观之一。铺的方法有很多，如果茶室在高的台地上，风一吹松针就散了，用麦秆扎成三组，就成了固定松针的边饰了。但是，用三组麦秆来固定感觉有些煞风景，所以选择与松针颜色相近的，即使用来做固定也不显眼的棕榈绳和竹竿。如果飞石的四周也撒上的话，松针在飞石上四散，显得很粗糙拙笨。所以只在苔藓面撒一些，与飞石（小路）之间保持些距离。

洒水、引水筒、井栏

举行茶事时，往露地洒水是非常重要的一个环节。正午、夜晚都会举行很多种类的茶事，但是白天的时候会将灯笼的火袋（灯膛）到笠（伞状顶盖）的部分都进行洒水。夜晚，会将明灯放入灯笼的火袋中。不管怎么说，洒水都会让人感觉清净，可以怀着纯净之心进入茶室。迎接时、中立时、即将离开时，分别洒三次水，周到地招待客人。

以前，洒水的时候使用引水，把水放入桶，舀上来，用手分多次反复洒水。看上去简单，其实也是件难事。如果出现积水，就要用抹布擦拭。

即便是空井，也经常会设有井栏。以前洒水到露地、茶室所需要的水都是由这个井供应的。现在这个井已经只剩下空壳了，也会配备装饰井栏。

图书在版编目(CIP)数据

日本建筑集成：全九卷 / 林理蕙光编著. -- 武汉：华中科技大学出版社, 2022.12
ISBN 978-7-5680-8575-5

Ⅰ.①日… Ⅱ.①林… Ⅲ.①建筑史-日本-图集 Ⅳ.①TU-093.13

中国版本图书馆CIP数据核字(2022)第126369号

日本建筑集成（全九卷）
Riben Jianzhu Jicheng

林理蕙光 编著

出版发行：	华中科技大学出版社（中国·武汉）	电话：	(027) 81321913
	华中科技大学出版社有限责任公司艺术分公司		(010) 67326910-6023
出 版 人：	阮海洪		

责任编辑： 莽 昱　康 晨　刘 韬　　　书籍设计：唐 棣
责任监印： 赵 月　郑红红

制　　作：北京博逸文化传播有限公司
印　　刷：广东省博罗县园洲勤达印务有限公司
开　　本：787mm×1092mm　1/8
印　　张：268.25
字　　数：650千字
版　　次：2022年12月第1版第1次印刷
定　　价：4680.00元 (全九卷)

本书若有印装质量问题，请向出版社营销中心调换
全国免费服务热线：400-6679-118 竭诚为您服务
版权所有 侵权必究